数据科学与大数据技术

R 4 编程入门与 数据科学实战

[美]马塔·威利(Matt Wiley)
[澳]乔舒亚·威利(Joshua F. Wiley)　　　著

孙云华　郭涛　　　　　译

清華大学出版社

北　京

北京市版权局著作权合同登记号　图字：01-2021-6298

Beginning R 4 From Beginner to Pro

by Matt Wiley, Joshua F. Wiley

Copyright © 2020 by Matt Wiley, Joshua F. Wiley

This edition has been translated and published under licence from Apress Media, LLC, part of Springer Nature.

本书中文简体字版由 Apress 出版公司授权清华大学出版社出版。未经出版者书面许可，不得以任何方式复制或传播本书内容。

本书封面贴有清华大学出版社防伪标签，无标签者不得销售。

版权所有，侵权必究。举报：010-62782989，beiqinquan@tup.tsinghua.edu.cn。

图书在版编目(CIP)数据

R 4 编程入门与数据科学实战 / (美) 马塔·威利(Matt Wiley)，(澳) 乔舒亚·威利 (Joshua F. Wiley) 著；孙云华，郭涛译. —北京：清华大学出版社，2023.4
(数据科学与大数据技术)
书名原文：Beginning R4: From Beginner to Pro
ISBN 978-7-302-62938-2

Ⅰ.①R… Ⅱ.①马… ②乔… ③孙…④郭… Ⅲ.①程序语言—程序设计 Ⅳ.①TP312

中国国家版本馆 CIP 数据核字(2023)第 038505 号

责任编辑：王　军
装帧设计：孔祥峰
责任校对：成凤进
责任印制：丛怀宇

出版发行：清华大学出版社
　　　　　网　　址：http://www.tup.com.cn，http://www.wqbook.com
　　　　　地　　址：北京清华大学学研大厦 A 座　　　　邮　编：100084
　　　　　社 总 机：010-83470000　　　　　　　　　邮　购：010-62786544
　　　　　投稿与读者服务：010-62776969，c-service@tup.tsinghua.edu.cn
　　　　　质 量 反 馈：010-62772015，zhiliang@tup.tsinghua.edu.cn
印 装 者：天津鑫丰华印务有限公司
经　　销：全国新华书店
开　　本：170mm×240mm　　印　张：22.75　　字　数：471 千字
版　　次：2023 年 6 月第 1 版　　印　次：2023 年 6 月第 1 次印刷
定　　价：99.80 元

产品编号：093136-01

译者序

随着时代的发展，数字化已经渗入人们生活的各个角落，当今社会的发展验证了"科学技术是第一生产力"的论断。编程语言在整个数字化发展进程中是必不可少的工具。只有通过这个工具，才能对杂乱的数据进行有效的分析处理。

现在，越来越多的人想要走进数字化这个领域，不仅是成年人，甚至有很多儿童都逐步开始了编程语言的学习。正是在数以万计程序员的共同努力下，才有了现在各种便捷的数字化服务。编程语言有很多种，本书将专门讲解一种难度较低的解释性语言——R语言。

本书的两名作者均为从事编程以及教育方面的专家，他们用详尽的语言，以初学者的角度进行知识点的讲解，每个细节都手把手教学，以让读者悉数掌握所有知识点，在每章的结尾都安排理论与实操相结合的习题。与同类书籍相比，除了内容详细，本书最用心的一点是尽可能地避免运用生僻的专业术语，如果无法避免则会追加详细的解释，以便读者理解领会。

本书的开头部分对主程序、运行环境以及相关程序包的安装做详细介绍，除了介绍本书学习相关的程序包，还延伸介绍一些其他的功能极为强大的程序包，以供读者了解。此外，可圈可点的是，本书针对不同的操作系统，详细讲解了每一步的操作过程。后续则从简单的数据导入导出开始构建使用基础，并形成相应的知识框架。

R语言在此处主要用来进行数据的处理分析，也就是通过R语言来运用统计学的相关知识。本书的绝大部分内容讲述如何将R语言与统计学结合并应用。首先从如何运用R语言抽取完美样本开始，到如何运用R语言分析样本以达到分析总体的目的，例如，概率分布、相关性、回归关系、假设检验、方差分析等方面的知识，其中尤为重要的一点是，如何运用R语言实现数据的可视化。可视化不仅可以让不易于观察的数字呈现更明显的规律，还便于验证数据的准确性。

读者通过本书的学习，不仅能掌握R语言的用法，更能将R语言与统计学知识相结合。在数字化高速发展的今天，掌握数据处理的必要技能，将让生活与工作更加便捷。

由衷希望各位读者可以如书名一样，通读完本书即可从初学者成长为专家。

作者简介

Matt Wiley 领导维多利亚大学的机构有效性、研究和评估部门，同时负责促进战略和单位规划、数据知情决策、州/地区/联邦问责制度的发展。作为一名终身数学副教授，他曾在数学教育(加利福尼亚州)和学生参与(得克萨斯州)活动中获奖。此外，Matt 拥有加利福尼亚大学和得克萨斯 A&M 系统的计算机科学、商业和纯数学学位。

除了学术成就，他还参与合著了三本关于流行的 R 编程语言的图书，并担任一家统计咨询公司的管理合伙人近 10 年。他还拥有使用 R、SQL、C++、Ruby、FORTRAN、JavaScript 语言的编程经验。

作为一名程序员、出版作家、数学家和变革型领导者，Matt 总是将写作的热情同解决逻辑和数据科学问题的乐趣融为一体。无论是在会议室，还是在教室，他都喜欢采用动态的方式与跨学科和多元化的团队进行合作，使复杂的想法和项目变得易于解决。

Joshua F. Wiley 是莫纳什大学脑与健康特纳研究所以及心理科学学院的讲师。他在加利福尼亚州大学洛杉矶分校获得博士学位，并完成了初级保健和预防方面的博士后培训。他的研究采用先进的定量方法来解释心理社会因素、睡眠和其他与心理和身体健康有关的健康行为之间的动态关系。他独立开发或与他人共同开发了许多 R 语言程序包，包括用于运行贝叶斯尺度-位置结构方程模型的 varian 程序包；将 R 语言链接到商业 Mplus 软件的 MplusAutomation 程序包；用于更快逻辑运算的额外运算符；用于诊断、效应大小和轻松显示多级/混合效应模型结果的多级工具；辅助 JWileymisc 进行数据探索或者加速分析的函数。

技术评审员简介

Rachel Winkenwerder 是维多利亚大学的数学系副教授，并担任机构有效性、研究和评估部门的助理主任。她曾任教于中国和美国得克萨斯州的中高等教育机构，具有丰富的数学教学经验。Rachel 对情景化课程的实际开发有着深刻的理解。她最近在高等教育方面的工作包括共同主持她所在机构的课程和教学委员会、审查区域认证的叙述以及主导学术评估。她将统计学方法的课程与 R 编程语言相结合，且拥有计算机科学、数学和教育学学位。

致　　谢

真诚地感谢我们所有的学生，多年来，他们给予了我们许多重要且丰富的经验。

前　　言

　　本书内容在某种程度上严格符合本科生的数学课程要求，也可以将此称为本书的"核心"。在这方面，本书可能适合添加到初级或中级统计方法课程中)。此外，根据最后几章的内容，它也可能适用于社会科学(例如心理学或社会学)的高年级本科课程。

　　除了以上这些目标，本书旨在让读者通过 R 编程语言的实际应用，亲自体验统计思维。理论是难以被忽视的，技术和理论将通过模型、视觉效果和其他直观的方法来呈现。本书真正的目的是以容易理解的方式分享复杂的数字构造语言。这种实际应用——有时也可称为经验和定量分析能力——旨在使读者能够批判性地思考和探索日益复杂的数据集，更准确地描述和总结大量信息，然后进行分析、建模，最后将结果清楚地传达给专业和非专业人士。

　　本书由两部分构成。第一部分旨在有效地逐步引导读者安装 R 编程语言，并了解其所需的基本计算机环境。本书将尽量避免"技术用语"，坚持使用日常用语，在最初阶段尽可能快地引导读者并灵活地转向研究实际的统计数据。第二部分介绍统计学，依次为总体、样本、描述性统计、概率、分布、相关性、回归、置信区间、假设检验和方差分析(ANOVA)。本书在不回避技术数学理论的同时，首先引入统计学思想的概念。本书的内容将从读者阅读阶段就帮助读者亲自参与学习中的实践操作，目标是建立一个坚实的、真实的、连贯的上下文关系，从而使理论更具有相关性。作者的目的是写一本使读者"能在日常生活中使用统计学"的书，而不是写一本完成考试之后很快就被遗忘的书。

　　最后，虽然本书适用于本科课程，但也将提高读者使用 R 编程语言的能力，并为使用 R 语言进行研究、数据科学、机器学习、动态报告和可视化定制奠定基础，因此，本书也非常适合希望掌握 R 语言的有一定经验的数据分析师、希望获得更强的技能和掌握统计学知识的研究生，以及任何喜欢学习数据和统计相关知识的人。

　　感谢你花时间和精力阅读我们的书。请务必通过本书封底的二维码下载源代码及获取书中网址，并参与本次学习实践。如果有任何问题，请随时与我们联系。

目　　录

第1章

R 语言的安装

学习统计学的第一步就是安装程序，整个过程就像是观看魔术师的表演。首先，需要了解一些应用统计学的知识，并学习如何编程。虽然这些内容看起来很困难，但请不要放弃。本章将逐步介绍 R 语言的安装，无论是使用个人计算机，还是使用公司/机构的计算机进行学习，本书都将用日常用语提供每一步的指导。如果需要，本书也将给 IT 部门提供足够的完整材料(适用于企业/机构学习者)。

值得一提的是，通过学习使用 R[16]语言进行统计性思考，不仅可以学习免费的开源软件，还可以从第一天开始就像在"现实"生活中一样使用统计学知识。另外，还可以学习一些其他非常有用的应用技能。

本章涵盖以下内容：

- 从 CRAN [2]下载最新版本的 R 语言，并安装在 Windows 或 mac OS 操作系统的计算机上。
- 下载 RStudio 软件并安装在 Windows 或 mac OS 操作系统的计算机上。
- 了解 RStudio 软件的项目环境。
- 通过应用一些基本的 R 语言代码来检测安装技能的掌握情况和对相关知识的理解。

如果你对 R 语言已经有所了解，并希望直接学习统计学的相关知识，可以先在表 1-1 中查阅本书所需要的软件。如果想要按照本书的规划学习，请继续阅读本章内容。

表 1-1　R 语言技术栈

软件名称	网址
R 4.0.2	网址 1-1
RStudio 1.2.x	网址 1-2
Windows 10	网址 1-3
macOS	网址 1-4

1.1 技术栈

表 1-1 中的技术软件往往以一定的顺序相互作用，这种项目运行所需的软件列表被称为技术栈。如果安装 R 语言时遇到问题，首先要做的就是将技术栈分享给帮助解决问题的人，因为计算机的操作系统可能与正在运行的 R 语言版本不一致。本书是采用 R.Version()[["version.string"]]编写的，未来的 R 语言版本应该不会出现太大变化，因此本书中的内容可以持续实践操作。

1.2 操作系统升级

R 语言对计算机操作系统(如 Windows 或 macOS)的版本不做强制要求，但最好是最新的版本。最新的版本有两个好处：首先，需要安装的 R 语言和 RStudio 软件均为最新版，它们都是在最新的计算机操作系统上进行测试的；其次，大多数技术类型的学习与工作更倾向于保持最新的软件版本，而且有一个目前被大众熟悉的系统版本将帮助你更好地克服学习中遇到的困难。

1.2.1 Windows

更新到 Windows 10 系统很简单，在操作系统的搜索栏(Windows 标志右边的放大镜处)输入 "check for updates"，然后选择 Check for updates System settings 选项，随后在弹出的 Windows Update 对话框中单击 Check for updates 按钮。上述步骤成功后，就会出现包含当前时间的文本 "Last checked: Today"。

实际安装 R 语言之前，可以先验证计算机是不是 64 位操作系统，因为计算机也有一定可能是 32 位操作系统。同样，在 Windows 操作系统搜索栏输入 "About your PC"，就会出现一个标题为 "About your PC System settings" 的选项，单击该选项，打开一个包含计算机操作系统信息的界面，从中可以看到该计算机系统类型为 64 位还是 32 位。无论是哪种情况，在安装 R 语言时都要记住这一项。

1.2.2 macOS

R 语言需要在最新版本的 macOS 上运行，这极为重要，因为不同版本的系统安装过程不同。在写这本书的时候，最新的系统版本为 macOS Catalina，在你阅读本书时，可能会发布 macOS Big Sur 或者更高级版本，可以通过网址 1-5 获得关于系统升级的更多帮助。

1.3　从 CRAN 下载并安装 R 语言

操作系统更新之后，即可下载最新版本 R 语言。撰写本书时，R 语言的最新版本为 4.0.2 (2020-06-22)，可于网址 1-1 中下载。但是，安装的 R 语言版本会根据计算机操作系统的不同而略有不同，所以需要选择最适合自己的版本。

1.3.1　Windows

在 Windows 10 上安装 R 语言需要使用网络浏览器(如 Chrome、Firefox 或 Edge)访问网址 1-1，网页上有一个标题为 "Download and Install R" 的文本框，单击 Download R for Windows 选项，跳转到链接网址 1-6。因为需要安装基础版本的 R 语言，所以接下来单击 base，跳转到链接网址 1-7，网页顶部的第一个链接就是 Download R 4.0.2 for Windows (XX megabytes, 32/64 bit)。

当阅读并学习本书的时候，R 语言很有可能更新到 4.0.2 以上的版本，兆字节也有可能略有不同。此时，只需下载最新版本，只要主版本仍旧是 4.x.x，本书的全部内容就可以实践操作。

下载完成后，打开保存 R-4.0.2-win.exe 文件的 Downloads 文件夹。大多数情况下，网络浏览器会弹出一个提示框提醒文件位置，如果没有，可以先按住键盘上的 Windows 键再按下 E 键，打开 Windows 资源管理器窗口，通常，窗口左侧有一个标题为 Downloads 的文件夹。

一旦找到 R-4.0.2-win.exe 文件，双击它就可以开始安装。选择继续，并接受所有默认选项，根据需要单击 Next 和 OK 按钮。

1.3.2　macOS

为了让 R 语言在 macOS 上更灵活地运行，建议使用几个附加工具。

在安装 R 语言之前，需要从 App Store 下载安装 Xcode 工具，安装完成后，记得打开并选择接受条款，否则该工具可能不起作用。

安装 Xcode 工具之后，还需要安装命令行工具。首先打开终端(如果找不到，请尝试使用 spotlight 搜索)，然后输入 xcode-select --install，之后按 Enter 键运行。如果遇到任何访问问题，可能需要启用 root 账户，可以在终端中输入 dsenableroot，然后按 Enter/Return 键启用 root 账户。

> **注意**
>
> 如果终端要求输入密码，请输入登录 Mac 计算机时使用的密码，然后按 Enter/Return 键。在终端输入密码时不显示字符，但字符已经输入。

安装 XQuartz/X11 工具。访问网址 1-8 下载并运行该文件，遵循屏幕上的指示完成安装。

登录网址 1-9 并按照说明获取必需的工具和库。例如，访问网址 1-10，根据指示下载并安装 gfortran 8.2 工具。

虽然 R 语言本身不需要，但很多扩展 R 语言功能的程序包可能需要一些额外的工具。

访问网址 1-11，并按照 Install Homebrew 的步骤安装 macOS 版本的 homebrew 工具。如果遇到任何访问问题，可能需要启用 root 账户，可以在终端中输入 dsenableroot，然后按 Enter/Return 键，启用 root 账户。

打开终端(可以通过搜索终端或者在启动里面查找)，输入 brew install openssl，按 Enter 键，安装 openssl 工具，以允许 R 语言安全地从互联网上下载文件和程序包。

打开终端(可以通过搜索终端或者在启动里面查找)，输入 brew install libgit2，按 Enter 键，安装绘图包所需要的 libgit2 工具。

最后，访问网址 1-12，单击 Download R for (Mac) OS X，下载 4.0.2 版本的 R 语言。下载完成后，确保将它安装到计算机的应用程序中。

1.4 下载并安装 RStudio 软件

首先，恭喜你完成了 R 语言的安装，但还有一个软件需要安装。尽管 R 语言本身很强大，但它的工作环境很苛刻，通常都是在集成开发环境(Integrated Development Environment，IDE)中进行编程。在本书的案例中，需要安装 RStudio Desktop 软件以添加便于观察的视觉效果，辅助我们更好地"看到" R 语言反馈的结果。RStudio 软件使人更容易专注于统计学的学习。

访问网址 1-13，并选择 RStudio Desktop Free 选项。同之前一样，请自行选择与操作系统相符的版本。

1.4.1 Windows

访问网址 1-13，选择 RStudio Desktop Free 选项，之后就可以开始安装 Windows 版的 RStudio Desktop 软件。撰写本书时，最新的版本为 1.3.1056.exe，在网址 1-14 上

的第二步"Download RStudio Desktop"中可下载最新版本。

　　与 R 语言的安装一样,仅需单击下载按钮,并记住网络浏览器保存文件的位置,然后双击运行 textttRStudio-1.3.1056.exe 文件进行安装。安装过程中需要接受所有默认选项,并根据需要单击 Next 或 OK 按钮。

　　以上程序安装需要计算机是 64 位操作系统,如果不是,则需要访问网址 1-15 下载并安装 RStudio 的旧版本。

1.4.2　macOS

　　访问网址 1-14,并选择 RStudio Desktop Free 选项,之后就可以开始安装 macOS 版的 RStudio Desktop 软件。撰写本书时,最新的版本为 1.3.1056.dmg。此外,还要确保 R.app 和 RStudio.app 能够访问所需的磁盘资源。

　　请按照网址 1-16 的指南要求,为程序运行提供必要的权限。

1.5　RStudio 的使用方法

　　现在,已经完成了 R 语言和 RStudio 软件的安装,可以第一次打开并运行 RStudio 软件。单击 RStudio 图标运行该软件,可以看到,程序窗口的一大部分由顶部的一小条图标和三个大窗格构成。左边的大窗格被称为 Console,在该窗格中有文本显示"R version 4.0.2"(或者其他刚下载安装的 R 语言版本)。在右侧,有两个较小的窗格,上方的窗格是 Environment 窗格,它应该暂时没有内容。下方的窗格是 Files/Plots/Packages/Help/Viewer 窗格,它展示的是文件目录。

　　第一步(仅需执行一次)需要设置一些默认选项,确保软件设置与本书相同。

　　在顶部的菜单功能区上找到并单击 Tools 选项,在下拉菜单中选择 Global Options,之后将会弹出 Options 菜单,此时应该已经打开了如图 1-1 所示的 General 选项卡,需要确认 General 选项卡的 Basic 栏中的以下几个选择没有被选定:

- Restore most recently opened project at startup(启动时恢复最近打开的项目):未选中
- Restore previously open source documents at startup(启动时恢复以前的开源文档):未选中
- Restore.RData into workspace at startup(启动时将.RData 恢复到工作区):未选中
- Save workspace to .RData on exit(退出时将工作区保存到.Rdata):Never

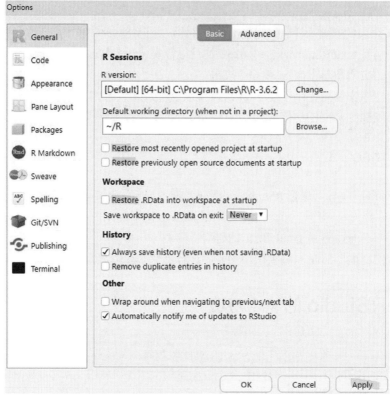

图 1-1　RStudio 软件 Options 菜单中的 General 选项卡

设置完成后，单击 Apply 按钮。

在关闭 Options 菜单之前，为了增添学习过程的趣味，请单击图 1-2 中的 Appearance 选项卡，然后选择以下选项：

- RStudio theme(RStudio 主题)：Modern
- Zoom(缩放)：根据个人喜好设置
- Editer font(编辑器字体)：根据个人喜好设置
- Editor font size(编辑器字号大小)：较大的字号让阅读更清晰，较小的字号则可以优化显示器空间
- Editor theme(编辑器主题)：Vibrant Ink(可根据个人喜好设置)

最后，单击 Pane Layout 选项卡，确保自己的选项与图 1-3 中的设置相匹配。

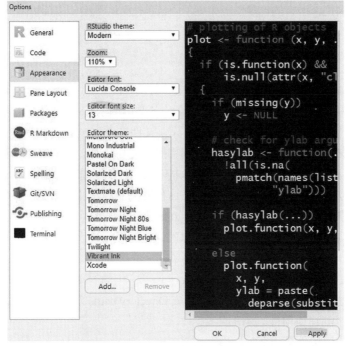

图 1-2　RStudio 软件 Options 菜单中的 Appearance 选项卡

图 1-3　RStudio 软件 Options 菜单中的 Pane Layout 选项卡

到现在为止，所有的设置已经完成了。请单击 OK 按钮，为此后的学习内容做好准备。

新项目

到目前为止，RStudio 软件的默认设置已完成，可以开始构建第一个项目。为项目创建一个文件夹，用于保存已经完成的工作，文件夹会包含一些 RStudio 软件特有的文件，这些文件可以为处理错综复杂的构想提供便利。对于一个项目中应该包含多少 R 语言文件，没有明确的答案。如果把本书作为课程的一部分，那么为每一章的学习内容单独建立一个项目是很有意义的。在这种情况下，项目名称最好为章节的标题。此外，整本书中的代码是在一个名为 BeginningR_2020 的项目中编写的。

现在，需要为每章构建一个项目，以确保能够轻松地启动、关闭和打开项目。

为启动一个新项目，首先在左上角菜单栏上选择 File，选择 New Project 选项。然后使用 New Project 向导，选择 New Directory 选项卡中的 New Project 栏，填写 Directory name，此处建议使用 01Installing。一旦完成 Directory name 的填写，就可以单击 Create Project 按钮，创建新项目。

此刻你已经进入第一个项目中了！

首要任务是创建一个新的、空白的 R 语言文件。在顶部功能区的 File 栏下方有一个白纸上方带加号的小图标，单击这个图标，从新文件的列表中选择第一个名为 R Script 的文件。这个空白文件现在是可见的，在左上角的窗格中可看到一个标题为 Untitled 1 的选项卡。之后需要单击光盘形状的 save 图标，将这个文件命名为 MyFirstRScript.R 并保存。完成操作后显示的内容如图 1-4 所示。

图 1-4　RStudio 软件的新建与保存示例

如果之前的步骤没有差错，那么现在显示器上应该有四个窗格。左上角的窗格名为 MyFirstRScript.R，它是一个脚本或代码窗格，将在这里面进行大部分的工作。右上角是 Environment 窗格，它仍然是空的。右下角是 Files/Plots/Packages/Help/Viewer 窗格，现在 File 栏的 project directory 选项里面应该包含三个文件，分别是.Rhistory、01Installing.Rproj 和 MyFirstRScript.R。最后，左下角是 Console 窗格，当前应该显示 R 语言的版本信息。以上是发生改变的内容，接下来将依次简要讨论每个窗格的用途。

当前保存 MyFirstRScript.R 文件的脚本窗格是输入 R 语言代码的地方，可以把它想象成 Word 文档或者 PowerPoint 幻灯片。该窗格会存储已经编写的代码，且在激活或运行代码之前，什么都不会发生。这个脚本区将成为程序区，但现在这个程序是空白的。接下来很快就会学习如何使用这个区域，这意味着你即将通过 R 语言第一次编写程序并成为一名程序员。

Environment 窗格显示程序存储在内存中的数据、对象或者变量。现在这里什么都没有显示，但本书之后的部分程序会在此窗格中显示一些数据。

Files 选项卡显示了项目的工作目录，用于此项目的任何文件都需要位于这个目录中，这一点很重要。R 语言需要知道用于获取统计分析信息的 Excel 文件或者数据文件的位置，这些文件都需要位于目录文件夹中。但是，这个窗格不仅仅展示了 Files 选项卡，Plots、Packages、Help 和 Viewer 的选项卡也存在于这个区域中。可以依次单击这些选项卡，其中，Plots、Files 和 Help 是最常用的选项卡。之后返回到 Files 选项卡。

最后是 Console 窗格。这里是运行代码的地方。RStudio 软件有两个存在代码的地方，一个是存储代码的脚本区，一个是运行代码的控制台。

现在已经结束了即将用于学习统计学的四个区域的介绍，在结束本章之前，还要确保一切都可以正常运行，因此现在需要开始第一次程序编写。

1.6　R 语言脚本的编写

对于编写的第一个程序，在确保 R 语言正常工作的同时，也希望得到一些有趣的结果。本书将展示每一行代码及输出。按照脚本操作的时候，需要将代码输入脚本区域，并用鼠标单击拖动(或者按住 Shift 键并使用方向键突出显示代码)想要运行的代码，然后在 Windows 操作系统中按 Ctrl+Enter 键，或者在 macOS 操作系统中按 Cmd+Enter 键运行代码。

需要注意，使用常规的 Ctrl+Enter 键时，需要按住 Ctrl 键，然后按下 Enter 键，最后同时松开两个键。同样，在 macOS 运行时，需要按住 Cmd 键，然后按下 Enter/Return 键，最后同时松开两个键。这是从脚本区域运行代码的最简单的方法，与每次都用鼠标单击运行相比，可以节省大量的时间。

统计学中，经常将同一类型对象的两个部分之间的联系或关系定为研究对象，例如，随着车辆重量的增加，每加仑英里数(一种燃料效率的衡量标准)会减少。为了研究怎样使用 R 语言来探索这种物理概念，首先需要简单观察第一个数据集。

mtcars 数据集源于一本很久之前的汽车杂志。在脚本区域输入 mtcars 文本，并突出显示此文本，之后按下 Ctrl+Enter 键，以下 32 行 11 列的数据就会显示在屏幕上。

```
mtcars
##                      mpg  cyl  disp   hp  drat   wt  qsec  vs  am  gear  carb
## Mazda RX4            21    6   160   110  3.9   2.6   16   0   1    4     4
## Mazda RX4 Wag        21    6   160   110  3.9   2.9   17   0   1    4     4
## Datsun 710           23    4   108    93  3.8   2.3   19   1   1    4     1
## Hornet 4 Drive       21    6   258   110  3.1   3.2   19   1   0    3     1
## Hornet Sportabout    19    8   360   175  3.1   3.4   17   0   0    3     2
## Valiant              18    6   225   105  2.8   3.5   20   1   0    3     1
## Duster 360           14    8   360   245  3.2   3.6   16   0   0    3     4
## Merc 240D            24    4   147    62  3.7   3.2   20   1   0    4     2
## Merc 230             23    4   141    95  3.9   3.1   23   1   0    4     2
## Merc 280             19    6   168   123  3.9   3.4   18   1   0    4     4
## Merc 280C            18    6   168   123  3.9   3.4   19   1   0    4     4
## Merc 450SE           16    8   276   180  3.1   4.1   17   0   0    3     3
## Merc 450SL           17    8   276   180  3.1   3.7   18   0   0    3     3
## Merc 450SLC          15    8   276   180  3.1   3.8   18   0   0    3     3
## Cadillac Fleetwood   10    8   472   205  2.9   5.2   18   0   0    3     4
## Lincoln Continental  10    8   460   215  3.0   5.4   18   0   0    3     4
## Chrysler Imperial    15    8   440   230  3.2   5.3   17   0   0    3     4
## Fiat 128             32    4    79    66  4.1   2.2   19   1   1    4     1
## Honda Civic          30    4    76    52  4.9   1.6   19   1   1    4     2
## Toyota Corolla       34    4    71    65  4.2   1.8   20   1   1    4     1
## Toyota Corona        22    4   120    97  3.7   2.5   20   1   0    3     1
## Dodge Challenger     16    8   318   150  2.8   3.5   17   0   0    3     2
## AMC Javelin          15    8   304   150  3.1   3.4   17   0   0    3     2
## Camaro Z28           13    8   350   245  3.7   3.8   15   0   0    3     4
## Pontiac Firebird     19    8   400   175  3.1   3.8   17   0   0    3     2
## Fiat X1-9            27    4    79    66  4.1   1.9   19   1   1    4     1
## Porsche 914-2        26    4   120    91  4.4   2.1   17   0   1    5     2
## Lotus Europa         30    4    95   113  3.8   1.5   17   1   1    5     2
## Ford Pantera L       16    8   351   264  4.2   3.2   14   0   1    5     4
## Ferrari Dino         20    6   145   175  3.6   2.8   16   0   1    5     6
## Maserati Bora        15    8   301   335  3.5   3.6   15   0   1    5     8
## Volvo 142E           21    4   121   109  4.1   2.8   19   1   1    4     2
```

这是一个很好的原始数据示例，每辆车都有很多信息，且同类信息都位于同一列。此时，需要运用计算机的强大功能来处理数据。本章将投入大量时间来练习 R 语言，而不是马上学习统计学知识。此刻,可以通过将这些数字输入计算器中,以检验本章的学习成果。但是,你能想象将所有这些数字输入计算器吗?

我们不需要示例中的全部内容。事实上,此案例只需要讨论车辆重量(wt)和每加仑英里数(mpg)之间的关系,不必使用所有的信息。在 R 语言中,可以使用"$"运算符进入数据列来实现一次只查看一组数字。接下来,在一行中输入 mtcars$wt,按 Enter 键移到下一行,再输入 mtcars$mpg,并将两行突出显示,最后,通过按 Ctrl+Enter 键 (macOS 的 Cmd+Enter 键)运行代码。此时应得到如下结果:

```
mtcars$wt
##  [1] 2.6 2.9 2.3 3.2 3.4 3.5 3.6 3.2 3.1 3.4 3.4 4.1 3.7 3.8 5.2 5.4
## [17] 5.3 2.2 1.6 1.8 2.5 3.5 3.4 3.8 3.8 1.9 2.1 1.5 3.2 2.8 3.6 2.8
mtcars$mpg
##  [1] 21 21 23 21 19 18 14 24 23 19 18 16 17 15 10 10 15 32 30 34 22 16
## [23] 15 13 19 27 26 30 16 20 15 21
```

从现在开始,本书将不再提及脚本的输入、突出显示或者按 Ctrl+Enter 键(macOS 的 Cmd+Enter 键)等操作,而是简单地讨论构想,以及如何将这些构想转化为代码,并展示这些代码及输出。如果在 R 语言中运行代码遇到了障碍,且无法继续进行,可以在网上找到一些有用的视频来获得帮助,此外,寻求教授或者导师的帮助也是不错的选择。

得到车辆重量和每加仑英里数的数据后,若想从视觉上观察这两类数据,可以编写一个运用 plot()函数的程序,使这两个数据集可视化。此时,还需要确保所有系统都与 RStudio 软件和 R 语言兼容。

在 R 语言中可以运用 plot()函数进行图像绘制。此函数将接收一个或多个输入(在本例中为车辆重量和每加仑英里数),并提供输出(在本例中为两个数据对的图像)。如果对代数中的 x 轴和 y 轴有一定了解,就会知道,期望输出的图像如图 1-5 所示。首先需要将看到的代码精确复制到脚本窗格内,并突出显示,然后运行代码。之后,图像将在 Plots 窗格中显示,该窗格之前切换在 Files 选项卡。切记,可以在任何时间单击返回 Files 选项卡,且可以导出图像。现在,可以向全世界分享编程得到的第一幅图像了。在编程中,这种类型的第一个程序有时被称为"Hello World"(因为最初学习编程的时候图像和可视化效果还很少见,所以第一个程序就只是将 Hello World 打印到控制台——那是一个艰难的时期!)。现在,不仅可以直观地看到 20 世纪 70 年代的旧数据集,还可以将任何可以进入 R 语言的数据集可视化,编程已然是一种强大的工具。

```
plot(x = mtcars$wt, y = mtcars$mpg)
```

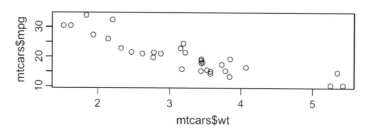

图 1-5 由 mtcars 数据库中车辆重量和每加仑英里数两组数据构成的图像

　　在观察图像时，有一些特性需要注意。随着 mtcars\$wt 在 x 轴的增加，mtcars\$mpg 在 y 轴减少。该结果符合期望：汽车重量的增加会导致燃油效率降低。在自己的系统上运行此代码得到的图像看起来会略有不同。图 1-5 中宽度大于高度，但是纵横比(图像的高度和宽度)可以更改，因此这会导致相同的数据产生看起来略有不同的图像。为了更好地对此进行理解，图 1-6 使用了相同的数据，但宽度与高度大致相等。

```
plot(x = mtcars$wt, y = mtcars$mpg)
```

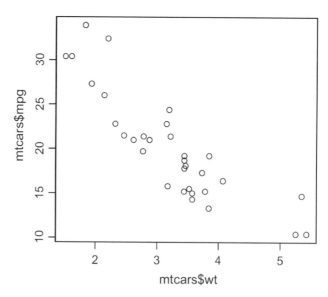

图 1-6 由 mtcars 数据库中车辆重量和每加仑英里数两组数据构成不同纵横比
的图像，此时高度与宽度大致相等，而不是宽度比高度大很多

　　在 RStudio 软件中，把鼠标光标移到面板之间的边缘可以看到多向箭头，单击并绘制可以调整 RStudio 面板的大小和形状，此时，图像也将自动更新为相应的形状。

　　第 2 章将探索更多有趣的图像，本例仅是一个良好的开端。接下来，再次单击保存图标，然后选择 File 窗格，并选择位于文件菜单末尾的 Close Project 选项。关闭项目之后，可以单击屏幕右上角的×图标关闭 RStudio 软件。

下次打开 RStudio 软件时，如果想要回到第 1 章的项目，可以先选择 File 窗格，此时在 Recent Projects 界面会有一个链接到 01Installing 项目的选项。此外，还可以使用 Open Project...导航到项目文件夹。

1.7　总结

本书将用章总结来结束每一章的学习。本章总结如表 1-2 所示，表中详细介绍了一些有助于快速参阅的条目。这些条目也可以作为指导课后练习的非常有用的工具。

表 1-2　章总结

条目	概念
R 语言	一种统计编程语言
RStudio 软件	为 R 语言提供集成开发环境(IDE)
CRAN	综合 R 档案网络
mtcars	与车辆相关的常用数据集
$	一个按名称访问列数据的 R 语言指令
plot($x =, y =$)	绘制含 x 轴和 y 轴图像的函数的名称

1.8　练习与融会贯通

本节将通过做一些练习题来检查你的进步与成长。理论核查部分会提出批判性思维的问题，最好用书面方式或口头方式回答。统计学的美妙之处在于将结果成功地传达给利益相关者或者其他听众。有时这些听众非常专业，有时则不是。练习题部分则对本章探讨过的概念进行更直接的应用。

1.8.1　理论核查

1. 在 RStudio 软件的脚本窗格使用了 mtcars 数据集。如果在 RStudio 软件的 Console 窗格的提示符 "¿" 下面输入 mtcars，并按 Enter 键，会发生什么？将此操作与在 MyFirstRScript.R 文件中突出显示并运行 mtcars 代码的结果进行比较。

2. 在 MyFirstRScript.R 文件中可以通过 plot($x =$ mtcarswt, $y =$ mtcarsmpg)代码得到图 1-6。如果运行 plot(mtcarswt, mtcarsmpg)代码，将得到什么结果？可以在 Console 窗格运行 plot(mtcarswt, mtcarsmpg)代码吗？这说明了什么？

1.8.2 练习题

1. 之前的练习中已经使用 mtcars 数据集绘制了关于车辆重量和每加仑英里数的图像。现在使用相同的 plot()函数，通过更改输入内容来创建每加仑英里数位于水平的 x 轴且重量位于 y 轴的图像。

2. R 语言中还有一个名为 iris 的数据集。运用与本章所学的处理 mtcars 数据集相同的方法，观察此数据集中 Sepal.Length 与 Petal.Length 两列数据，并创建一个 Sepal.Length 位于水平的 x 轴、Petal.Length 位于 y 轴的图像。

第 2 章

程序包的安装与使用

完成 R 语言与 RStudio 软件的安装并学习相关知识后，接下来就该探索 R 语言的另一个功能了，该功能将有助于统计学的学习。

第 1 章编写的第一个 R 语言脚本运用了 plot(x = mtcars$wt, y = mtcars$mpg)函数，随后右下角的窗格中就像魔术一样出现了一个图像，只不过这并不是真正的魔术，而是 R 语言在偷偷地使用图形程序包[15]。

什么是程序包？当程序员编写需要频繁使用的代码时，倾向于给代码起一个名称，这些名称就叫作函数。一个 R 语言程序包通常是将一个或多个函数集合在一起以完成一个常见或相似的任务，且将这些函数收集到一个程序包中更利于多人共享。R 语言是免费的，世界上有很多优秀的科研人员都在使用。每个人都有解决某些特定类型问题的技能，因此通过程序包分享编写的函数，可以让所有人共同获益。

第 1 章使用的 plot()函数，是由 R 语言核心编程团队程序员共同在脚本中编入了一些函数，用于创建图像(包括 plot()函数)，并且把所有的代码放在图形包中。

使用 plot()函数不会带来额外的工作，因为 R 语言默认包含一些非常实用的程序包。但是大部分程序包都不是默认包含的，因为这些程序包不是每个人都需要的，且默认包含它们会使下载 R 语言更耗时。因此，程序包保存在 CRAN 上，需要的时候即可下载。程序包的数量比本章将要介绍的内容丰富很多，如果需要了解有关程序包的更多信息(或者想要自己编写)，请参阅 *Advanced R 4 Data Programming and the Cloud: Using Postre SQL, AWP, and Shiny*[23]以获取更多信息。

本章涵盖以下内容：

- 程序包可以为 R 语言添加额外功能。
- 使用 install.packages()函数安装附加程序包。
- 使用 library()函数激活程序包。
- 掌握从 CRAN 安装程序包的时机和使用本地库的时机。

如果已经掌握程序包的安装方式并希望学习统计学知识，请安装表 2-1 中的程序包以进入下一章。如果想要跟随本书的规划，学习使用的程序包的相关知识，请继续阅读本章。

表 2-1　程序包列表

程序包	功能
haven[19]	从 SPSS、Stata 和 SAS 输入和输出常用的统计文件类型
readxl[18]	将 Microsoft .xlsx 文件输入 R 语言
writexl[14]	从 R 语言输出 Microsoft .xlsx 文件
data.table[9]	高效轻松地管理数据/行/列
extraoperators[20]	带有运算符的 R 语言程序包，可帮助加快运行日常任务
JWileymisc[21]	带有 aces_daily 模拟数据的 R 语言程序包
ggplot[17]	用于探索性数据分析(EDA)的可定制的可视化、图表、图形
visreg[7]	回归模型可视化
emmeans[13]	总结统计模型
ez[12]	析因实验的简单分析与可视化(用于方差分析)
palmerpenguins[11]	一个关于企鹅的新鲜有趣的数据集(目前位于 GitHub 平台)

2.1　程序包的安装

　　程序包在每台计算机上仅需安装一次。换句话说，不应在每次启动新项目都重新安装程序包。学习新事物之后很难记住什么时候该做什么，如果只使用一台计算机学习 R 语言，则仅需安装一次程序包，且不论是在项目中安装还是在 Console 窗格安装程序包都无关紧要，因为这些方式都可以将程序包安装到计算机中，并且计算机中任何时间的项目都可以使用程序包的特性/功能。当然，如果更换了新的计算机，并希望在新计算机上运行之前编写的脚本，则需要在新计算机上安装所需的程序包。

　　R 语言程序包通常依赖于其他程序包，因此，当安装程序包时，可能会发现，尽管计划仅安装一个程序包，但会在 Console 窗格中发现 R 语言实际安装了多个程序包。这都是程序包安装的自然过程。R 语言可以自行判断程序包所需的依赖项，并安装缺少的程序包(因此，程序包的安装顺序会有所不同)。

　　从 CRAN 安装新的程序包，需要使用 install.packages(pkgs = "")函数。R 语言区分大小写，CRAN 强制规定任何程序包都不能与其他程序包同名。因此，必须小心地把程序包名称拼写正确，否则安装函数的搜索功能将无效。此外，由于 R 语言区分大小写，因此拼写也必须注意大小写，所以接下来的每个小节不会遵循标准语法的大写规则，而是使用完全正确的程序包名称。

　　在安装每个程序包时，还将简单地介绍它的工作原理以及它为基础 R 语言添加的附加特性。

在安装程序包时，控制台上可能会生成大量输出。这看起来可能有些吓人，但不必担心。通常，如果出现问题，将看到有关"error"以及"non-zero exit status"的信息，这在技术领域内表示出现了一个或多个错误或问题。这部分内容看起来让人困惑，但它来自"zero exit status"(零状态退出)的概念，即退出安装时没有任何问题。从这个角度来看，"non-zero exit status"意味着代码中存在一些错误或问题。如果没有显示"error"或者"non-zero exit status"，则意味着显示的所有文字都是与程序包安装相关的内容。

最后，虽然本书将使用几个不同的附加程序包，但是并不需要了解这些程序包的所有内容。也就是说，并不需要对每个程序包进行研究，有时只需要使用程序包中的几个函数来尽可能轻松高效地完成想要完成的任务。可能会仅为了使用一个函数而安装一个程序包，且不关心该程序包中的其他(可能有很多)函数。

2.2.1　haven 程序包

在统计计算领域，R 语言这个新成员越来越受欢迎。由于 R 语言是新成员，所以常常需要从一些经典程序，如 SPSS、Stata 或者 SAS 中导入数据，而 haven 程序包提供了将数据从这些程序导入 R 语言中的函数。

如果计算机之前从未安装过 R 语言或者其他程序包，那么还将安装 haven 程序包以外的其他程序包，因为 haven 程序包本身依赖于其他一些程序包。如果运行 install.packages(pkgs = "haven")后输出结果如下所示，表示第一个附加程序包安装成功。在第 3 章中将展示 haven 函数的实际应用。

```
install.packages(pkgs = "haven")

## Installing package into 'C:/Users/.../R/win-library/4.0'
## (as 'lib' is unspecified)

## package 'haven' successfully unpacked and MD5 sums checked
##
## The downloaded binary packages are in
##      C:\...\downloaded_packages
```

2.2.2　readxl 程序包

由于 Microsoft Office 软件套件的普及，Excel 格式的文件成为常见的数据来源。能够直接从.xlsx 文件输入数据很有必要，而 readxl 程序包提供了这种功能。与之前一样，R 语言可能会自动安装一些额外的程序包，以作为 readxl 程序包的依赖项，而且 R 语言函数可以灵活地处理输入项。在本案例中仅需运用 install.packages()函数与程序包名称作为第一个输入项，不需要特别声明 pkgs = "readxl"。本书将仅在第一次引入函数时使用函数的正式输入名称，第一次使用后则仅在需要的时候使用正式输入名称。

```
install.packages("readxl")

## Installing package into 'C:/Users/.../R/win-library/4.0'
## (as 'lib' is unspecified)

## package 'readxl' successfully unpacked and MD5 sums checked
##
## The downloaded binary packages are in
##      C:\...\downloaded_packages
```

2.2.3　writexl 程序包

除了读取 Excel 文件，向他人展示研究结果的时候，将结果编写为 Excel 很有必要。writexl 程序包提供将结果编写为 Excel 文件的功能。

```
install.packages("writexl")

## Installing package into 'C:/Users/.../R/win-library/4.0'
## (as 'lib' is unspecified)

## package 'writexl' successfully unpacked and MD5 sums checked
##
## The downloaded binary packages are in
##      C:\...\downloaded_packages
```

2.2.4　data.table 程序包

数据输入 R 语言之后，通常需要先进行处理才能执行统计分析，这可能需要从计算汇总表抓取可用数据的子集。为了能够更轻松地处理大量数据(并不是每个数据集都像 mtcars 数据集那样短)，data.table 程序包提供了操纵或"处理"数据的功能。

```
install.packages("data.table")

## Installing package into 'C:/Users/.../R/win-library/4.0'
## (as 'lib' is unspecified)

## package 'data.table' successfully unpacked and MD5 sums checked
##
## The downloaded binary packages are in
##      C:\...\downloaded_packages
```

2.2.5　extraoperators 程序包

在处理比较大的数据集时，可能会需要研究较小的子集所提供的信息。虽然基础 R 语言能够轻松地将这些子集按多重标准链接在一起，但此类代码通常不易于阅读，而且可能会很长。extraoperators 程序包不仅可以节省按键次数，还可以简化各种逻辑性。

```
install.packages("extraoperators")

## Installing package into 'C:/Users/.../R/win-library/4.0'
## (as 'lib' is unspecified)

## package 'extraoperators' successfully unpacked and MD5 sums checked
##
## The downloaded binary packages are in
##      C:\...\downloaded_packages
```

2.2.6　JWileymisc 程序包

JWileymisc 程序包含有一个模拟数据集(aces_daily)。该数据集基于参与者对压力和其他影响因素的为期 12 天的自我报告的研究评测。参与者每天报告 3 次，但与现实世界研究(或模拟)一样，可能会存在数据缺失。这个数据集不属于常见的"完美教学"的示例，但可以辅助理解统计方法。

```
install.packages("JWileymisc")

## Installing package into 'C:/Users/.../R/win-library/4.0'
## (as 'lib' is unspecified)

## package 'JWileymisc' successfully unpacked and MD5 sums checked
##
## The downloaded binary packages are in
##      C:\...\downloaded_packages
```

2.2.7　ggplot2 程序包

第 1 章编写的第一个程序是使用基本图形包的绘图程序。我们经常需要用到许多自定义或更高级的图像。R 语言是一种统计编程语言，为此，ggplot2 程序包使用所谓的图形语法。

```
install.packages("ggplot2")

## Installing package into 'C:/Users/.../R/win-library/4.0'
## (as 'lib' is unspecified)

## package 'ggplot2' successfully unpacked and MD5 sums checked
##
## The downloaded binary packages are in
##      C:\...\downloaded_packages
```

2.2.8 visreg 程序包

一种常见的统计方法是获取数据，并找到模型的输入或自变量与输出或因变量之间的数学关系，这使得科研人员能够了解可控或可调的自变量与因变量之间的关系。之前的汽车示例中将汽车重量作为自变量，将每加仑英里数作为输出或因变量。visreg程序包能够简化模型的可视化部分。一旦有了正确的图像，就更容易理解统计构想。这个程序包还将辅助学习模型的工作原理以及如何有效地传达结果。

```
install.packages("visreg")

## Installing package into 'C:/Users/.../R/win-library/4.0'
## (as 'lib' is unspecified)

## package 'visreg' successfully unpacked and MD5 sums checked
##
## The downloaded binary packages are in
##      C:\...\downloaded_packages
```

2.2.9 emmeans 程序包

emmeans 程序包对统计模型进行总结以及后续测试，以更易于解释的方式辅助理解并显示结果。现在安装这个程序包。

```
install.packages("emmeans")

## Installing package into 'C:/Users/.../R/win-library/4.0'
## (as 'lib' is unspecified)

## package 'emmeans' successfully unpacked and MD5 sums checked
##
## The downloaded binary packages are in
##      C:\...\downloaded_packages
```

2.2.10　ez 程序包

下一个要介绍的程序包是 ez 程序包。使用该程序包，可以执行名为方差分析 (ANOVA)的统计方法。本书末尾将使用 ez 程序包讨论方差分析。现在，安装这个程序包。

```
install.packages("ez")

## Installing package into 'C:/Users/.../R/win-library/4.0'
## (as 'lib' is unspecified)

## package 'ez' successfully unpacked and MD5 sums checked
##
## The downloaded binary packages are in
##      C:\...\downloaded_packages
```

2.2.11　palmerpenguins 程序包

最后一个程序包中包含的是数据而不是任何统计运算。palmerpenguins 程序包包含一个关于企鹅的数据集！

```
install.packages("palmerpenguins")

## Installing package into 'C:/Users/.../R/win-library/4.0'
## (as 'lib' is unspecified)

## package 'palmerpenguins' successfully unpacked and MD5 sums checked
##
## The downloaded binary packages are in
##      C:\...\downloaded_packages
```

2.2　程序包的使用说明

现在，这些程序包已经安装完毕，接下来确认是否安装成功。如之前所说，每台计算机只需安装一次程序包，但每次想使用一个程序包中的函数时，必须让 R 语言知道应搜索哪个程序包。因为使用函数(请记住，函数只是执行特定任务的特定代码名称)时，R 语言需要将输入的函数名称与工作代码相匹配，而不是浪费时间来搜索可能已安装的所有程序包(计算机中有几百个)。此时，可以使用 library()调用，让 R 语言搜索含有特定脚本的程序包。每次在脚本窗格启动脚本时都需要运行此程序，因此通常要求将该调用放在代码顶部附近。这将提醒其他想要使用此脚本的人，如果没有安装这些程序包，则需要在使用脚本代码之前完成安装。

每个会话中只需运行一次库调用。每次启动 RStudio 软件并打开项目时都需要运行库调用。运行调用很简单，接下来，将从运行章节中的代码所需的库调用开始每一章的学习。为了展示库调用是否成功，运行 readxl 程序包：

```
library(readxl)
```

可以看到，并没有发生特别令人兴奋的事。如果已经安装了程序包，那么一次成功的库调用通常不会显示任何文本。然而，有些库调用可能会提供一些信息，如 data.table 程序包：

```
library(data.table)
```

```
## data.table 1.13.0 using 6 threads (see ?getDTthreads). Latest news:
r-datatable.com
```

相反，尝试使用一个未安装的程序包将会出现错误：

```
library(fake)
```

```
## Error in library(fake): there is no package called 'fake'
```

目前为止，已经完成了本书其余部分所需的所有后台软件和程序包的安装。祝贺你！接下来，将学习一些代码，然后进入完整的统计学学习阶段。

2.3　总结

本书的每章末尾都有一个章总结。本章总结如表 2-2 所示。表中详细介绍了一些有助于快速参阅的条目。

表 2-2　章总结

条目	概念
install.packages(pkgs = " ")	使用名称安装程序包，每台计算机只需运行一次
library()	将程序包加载到内存以在脚本中使用，每个会话只需运行一次

2.4　练习与融会贯通

本节将通过一些练习题来检查你的进步与成长。理论核查部分会提出批判性思维的问题，最好用书面方式或口头方式来解答。统计学的美妙之处在于将结果成功地传达给利益相关者或者其他听众。有时这些听众非常专业，有时则不是。练习题部分则对本章探讨过的概念进行更直接的应用。

2.4.1　理论核查

假设将自己编写的 R 语言代码分享给朋友，他们需要在计算机上安装任何代码中使用的程序包吗？

2.4.2　练习题

1. 访问网址 2-1，并从程序包作者处下载 data.table 参考手册。
2. 使用搜索引擎搜索"R ggplot2"，看看是否能找到一份参考手册。

第 3 章

数据的输入与输出

一般来说，在执行统计分析时，处理数据是最耗时的，因为这一过程涉及数据的输入、组织以及清理。目前，需要掌握如何识别各种不同类型的数据文件，并利用它们将数据导入 R 语言或从 R 语言导出。

本章涵盖以下内容：

- 通过文件扩展名识别常见的数据文件类型。
- 用 R 语言程序包和函数将数据导入 R 语言。
- 用 R 语言程序包和函数将数据从 R 语言导出。

3.1 设置 R 语言

为了输入和输出学习过程中可能使用的各种类型的文件，需要进行一些设置。本章将创建一个新项目，以练习项目的创建和使用，在该项目中还需要创建一些文件夹，并从本书的 GitHub 站点或通过扫描本书封底的二维码下载一些数据文件。

如有必要，请回顾第 1 章创建新项目的步骤。启动 RStudio 软件之后，在左上角的菜单栏选择 File，单击 New Project 按钮，依次选择 New Directory | New Project 选项，并将项目命名为 03DataIO，最后选择 Create Project 选项。单击顶部菜单栏中 File 选项下方的白纸上方带加号的小图标，创建 R 脚本文件，选择 R 脚本菜单选项，单击光盘状的 save 图标，并将文件命名为 DataIO.R，最后单击 Save 按钮。

在右下窗格中会显示项目的两个文件。在 File 选项卡的右侧单击 New Folder 按钮，在 New Folder 弹出窗口中输入 data，并单击 OK 按钮。之后，单击右下窗格中新的 data 文件夹，重复上述的文件夹创建过程，创建一个名为 ch03 的文件夹。

接下来，需要从本书的网站(网址 3-1)进入本章的文件夹并下载 Texas counties data[3]与 American Community Survey[4]文件，将其保存到新建的 ch03 文件夹。至此，本项目的子文件夹中应显示 6 个文件。

完成上述设置后，就可以开始数据导入与导出的练习。

如果在本章的阅读中需要任何提示，如在 RStudio 软件中查找相关内容的复习或快速提示，请参阅网址 3-2 的参考手册，其中包含了 RStudio 软件大部分功能的图示和标签。

3.2 输入

向 R 语言输入文件时，数据通常以表格的形式输入，表格中包含命名的列或变量和编号的行或观察值。因此，通常每一列代表一个类别，每一行则代表这些变量的特定测量值。

输入这些"基本上还不错"类型的数据通常面临一些挑战，例如，应如何成功读取存储数据的文件类型，并适应不同数据文件的特点(如前几行的格式与预期不同)。例如，数据的收集者/创建者可能在 Excel 文件的前几行输入一些注释，这些注释之后才是实际的列和行数据。

注意

本书所说的文件类型指的是像 Excel 电子表格、用逗号分隔的文本文件或者来自另一个专有软件的数据集之类的格式。文件的类型几乎都可以由扩展名表示。文件扩展名指的是文件名中小点及后面的字符，例如，一个 Excel 文件可以命名为 data.xlsx，在这里，文件名指的是 data，扩展名指的是.xlsx，其中，扩展名.xlsx 表示它是一个 Excel 文件。其他的常用扩展名包括单元格用逗号分隔的文本文件.csv 和 R 语言用来存储数据的文件.rds。所有这些文件类型均可通过观察文件扩展名得知。

因此，输入数据的首要任务是确定用来读取数据的正确函数(和程序包)，并确定是否需要跳过某些行数据。用于输入数据的函数至少有三个变量选项，包括数据文件的位置、需要跳过的行数以及是否具有包含列名的标题。值得注意的是，大部分数据输入函数默认假设第一行为列名标题，且不跳过任意一行数据。

大多数输入函数包含很多选项，尽管其中的大部分都不会被使用。事实上，处理包含繁杂信息的文件，最简单的办法通常是自己手动打开并修复，然后再将其导入 R 语言。如果工作中经常用到某一类文件(也许是来自某些公司或者第三方的每日更新的文件)，且可预料到该类文件不能正常运行，就有必要探索其他功能选项，编写一个可以自动读取该类文件的脚本。

3.2.1 手动输入

输入通常被理解为读取外部文件的过程。在 R 语言中，数据也可以手动输入，这样便于处理更多特殊情况，从设置一些变量到进行更广泛的数据输入。在 R 语言中，赋值运算符为"<-"，小于字符和"-"字符分别在键盘右手边的 M 键和 P 键附近，该运算符可以为数据赋予一个有意义的名称。例如，将 2020 年作为变量，可将其命名为 academicYear。

注意

为了使代码易于诵读，数据变量名称通常是名词。出于同样的原因，函数名称通常是动词，如 plot()。

以下代码通常读作"变量'academicYear'赋值为数字 2020"：

```
academicYear <- 2020
```

注意，运行以上代码之后，右上角的 Environment 窗格中将显示 academicYear 变量的值为 2020。如果后续在代码中需要使用 academicYear 变量，只需简单地输入 academicYear 并重新获得结果：

```
academicYear
```

```
## [1] 2020
```

接下来回顾数据集 mtcars，并探索如何以另一种方式进行赋值。wt 变量指的是汽车重量，如果想使用这些值，如前所见，可以将想要调用的列赋值给一个变量名以调用数据。赋值之后，将可以通过名称直接使用变量：

```
mtcarsWeight <- mtcars$wt
mtcarsWeight
```

```
##  [1] 2.620 2.875 2.320 3.215 3.440 3.460 3.570 3.190 3.150 3.440 3.440
## [12] 4.070 3.730 3.780 5.250 5.424 5.345 2.200 1.615 1.835 2.465 3.520
## [23] 3.435 3.840 3.845 1.935 2.140 1.513 3.170 2.770 3.570 2.780
```

虽然手动赋值很简单，但是将需要使用的所有数据直接输入 R 语言中非常枯燥乏味。接下来将使用在第 2 章中安装的一些程序包。

3.2.2　CSV 格式文件：.csv

最常见的数据类型是以逗号分隔值文件格式存储的信息表，其文件扩展名为.csv。虽然 R 语言可直接读取此类文件，但是在 data.table 程序包中，名为 fread()的函数可以更快地读取.csv 格式的文件。这个函数有许多参数，但现在只需讨论其中的三个。第一个是 file = ""，因为 RStudio 软件默认将项目作为工作目录(第 1 章中展示了如何设置)，所以只需要为此参数提供文件夹路径 data/ch03/和文件夹名称 Counties_in_Texas.csv。

第二个参数是 header，它是默认自动功能，用于判断是否存在标题。如果已知文件含有标题，则可以手动将此参数设置为 TRUE；如果没有，则设置为 FALSE。第三个参数是 skip，它需要输入一个整数(即没有任何小数位的数字，如 0、1、2、3)来运行，这个整数为需要跳过的行数，默认为 0。像 header 参数一样，该参数可以被忽略。因为无法跳过一行的一部分，所以像 skip =1.25 或者 skip = 3.5 这样的输入是无效的。

程序包通常放在一组代码的开头。在本例中，需要对 data.table 程序包进行 library() 调用。如果没有库调用，那么 fread()函数将无法运行。接下来，需要再次使用赋值运算符，将数据赋值给名为 csvData 的变量：

```
library(data.table)

## data.table 1.13.0 using 6 threads (see ?getDTthreads). Latest news:
r-datatable.com

csvData <- fread(file = "data/ch03/Counties_in_Texas.csv",
                 header = TRUE,
                 skip = 0)
```

需要注意，在运行前面的代码后，虽然 Console 窗格没有任何输出，但是 Environment 窗格肯定有 10 个变量的 254 个观察值。此时，可以单击 csvData 左侧的箭头图标，查看刚刚读取的数据类型。例如，CountyName 数据的类型为 chr，代表字符数据，CountyNumber 数据的类型为 int，代表整数。可以参阅网址 3-2，了解更多通过 RStudio 软件而不是通过代码来进行数据交互的方法。

因为有 254 个观察值或行数据，显示的数据可能过长，以至于无法直观地检查所有行数据，所以右上角的 Environment 窗格中提供了一种新的数据探索方法。每个数据集的左侧都有一个带箭头的点，右侧则有一个方形网格。第一种方法是单击左侧的点和箭头，查看每个数据集中的数据类型。除了显示列名称，这种方法还将显示数据类型(如整数、日期或数字)。另一种方法是单击右侧的方形网格，数据集将在一个新窗口显示。如果关闭新窗口，则会返回到代码区域。

通常，仅需要查看前几行数据就已足够，head()函数默认检查前 6 行：

```
head(csvData)

##    CountyName FIPSNumber CountyNumber PublicHealthRegion
## 1:   Anderson          1            1                  4
## 2:    Andrews          3            2                  9
## 3:   Angelina          5            3                  5
## 4:    Aransas          7            4                 11
## 5:     Archer          9            5                  2
## 6:  Armstrong         11            6                  1
##   HealthServiceRegion MetropolitanStatisticalArea_MSA
```

```
## 1:                        4/5N                                   --
## 2:                        9/10                                   --
## 3:                        4/5N                                   --
## 4:                          11                       Corpus Christi
## 5:                         2/3                        Wichita Falls
## 6:                           1                             Amarillo
##   MetropolitanDivisions MetroArea NCHSUrbanRuralClassification_2006
## 1:                    -- Non-Metro                       Micropolitan
## 2:                    -- Non-Metro                       Micropolitan
## 3:                    -- Non-Metro                       Micropolitan
## 4:                    --     Metro                      Medium Metro
## 5:                    --     Metro                       Small Metro
## 6:                    --     Metro                       Small Metro
##   NCHSUrbanRuralClassification_2013
## 1:                      Micropolitan
## 2:                      Micropolitan
## 3:                      Micropolitan
## 4:                      Medium Metro
## 5:                       Small Metro
## 6:                      Medium Metro
```

虽然看起来不像，但现在其实已经在做统计了。探索性数据分析(exploratory data analysis，EDA)是大多数分析法的第一步，它看起来并不花哨。head()函数正是探索性数据分析的一个示例。

3.2.3　Excel 格式文件：.xlsx 或.xls

微软的 Excel 格式是另一种常见的数据格式，使用 readxl 程序包中的 read_excel() 函数可以输入 Excel 格式的文件，它也包含一些很有用的默认选项。除了文件路径、列名和跳过整数行这 3 个常规的参数，第 4 个需要掌握的参数是 sheet。Excel 文件通常有多个工作表，且默认设置为读取第一个工作表。如果需要读取其他工作表，可以通过输入显示工作表次序的数字或者引用命名工作表的文本字符串(Excel 通常默认第 1 个工作表为 sheet1)来实现。

接下来，将 read_excel()函数对于 counties in Texas 数据的.xlsx 版本的输出赋值给变量 excelData。虽然下面采用了输入 sheet = 1 这种方法来按工作表次序捕获需要的工作表，但是采用输入 sheet = "Counties_in_Texas"的方法也可以达到同样的目的。为了在代码中展示这一点，将使用英镑符号($)或者标签符号(#)作为注释。注意，代码中的注释仅用于阅读，而不会在 R 语言中运行。

```
library(readxl)
excelData <- read_excel(path = "data/ch03/Counties_in_Texas.xlsx",
                        sheet = 1, #or sheet = "Counties_in_Texas"
```

```
                                col_names = TRUE,
                                skip = 0
                                )
```

这与 CSV 文件中读取的数据集相同。但真的是这样吗? 在新的数据集中使用 head()
函数,对 FIPSNumber 数据列进行比较,可以发现它们略有不同。仔细检查(例如,借
助 Environment 窗格中的箭头下拉图标),可以发现,FIPSNumber 数据在变量 csvData 中
为整数类型,而在变量 excelData 中为字符数据类型:

```
head(excelData)

## # A tibble: 6 x 10
##   CountyName FIPSNumber CountyNumber PublicHealthReg  HealthServiceRe

##   <chr>      <chr>          <dbl>           <dbl> <chr>
## 1 Anderson   001                1               4 4/5N
## 2 Andrews    003                2               9 9/10
## 3 Angelina   005                3               5 4/5N
## 4 Aransas    007                4              11 11
## 5 Archer     009                5               2 2/3
## 6 Armstrong  011                6               1 1
## # ... with 5 more variables: MetropolitanStatisticalArea_MSA <chr>,
## #   MetropolitanDivisions <chr>, MetroArea <chr>,
## #   NCHSUrbanRuralClassification_2006 <chr>,
## #   NCHSUrbanRuralClassification_2013 <chr>
```

在使用不同程序包作者编写的函数时,一些默认设置和选项经常会有出入。将数
据输入 R 语言时,最明智的做法是先检查数据并进一步了解已读取的内容。与 CSV 部
分的另一个不同点是,在 Excel 数据中用到了 "tibble" 这个词汇。在 *Advanced R 4 Data
Programming and the Cloud: Using PostreSQL AWS, and Shiny* 中深入讨论了对数据结构
的选择。虽然注意到这种差异是一件好事,但请先暂时忽略它。

3.2.4　RDS 格式文件: .rds

本章首先展示了如何从 CSV 或者 Excel 文件中读取数据集,因为这是存储和共享
数据集最常用的两种方式。它们之所以受欢迎,有很大一部分原因在于,几乎任何人
都可以在任何计算机上打开并查看它们,且不必安装额外的软件。

R 语言也有自己的数据格式,名为 R Data "Storage",扩展名为.rds。R 语言本身即
可读写.rds 文件,所以不需要任何额外的程序包。另外,因为这些文件均来自 R 语言,
所以只有一个相关的参数 "file ="。R 语言可以自动输入并读取相关指示、变量的类型、
变量的名称与数据的内容和注释等:

```
rData <- readRDS(file = "data/ch03/Counties_in_Texas.rds")
```

多次查看相同的数据会觉得重复。因此，我们引入了 tail()函数，用于显示数据集的最后 6 行：

```
tail(rData)
```

```
##     CountyName FIPSNumber CountyNumber PublicHealthRegion
## 1:      Wise        497          249                   3
## 2:      Wood        499          250                   4
## 3:    Yoakum        501          251                   1
## 4:     Young        503          252                   2
## 5:    Zapata        505          253                  11
## 6:    Zavala        507          254                   8
##   HealthServiceRegion MetropolitanStatisticalArea_MSA
## 1:                 2/3         Dallas-Fort Worth-Arlington
## 2:                4/5N                              --
## 3:                   1                              --
## 4:                 2/3                              --
## 5:                  11                              --
## 6:                   8                              --
##       MetropolitanDivisions MetroArea
## 1: Fort Worth-Arlington MD     Metro
## 2:                      -- Non-Metro
## 3:                      -- Non-Metro
## 4:                      -- Non-Metro
## 5:                      -- Non-Metro
## 6:                      -- Non-Metro
##   NCHSUrbanRuralClassification_2006
## 1:               Large Fringe Metro
## 2:                          Noncore
## 3:                          Noncore
## 4:                          Noncore
## 5:                          Noncore
## 6:                          Noncore
##   NCHSUrbanRuralClassification_2013
## 1:               Large Fringe Metro
## 2:                         Non-core
## 3:                         Non-core
## 4:                         Non-core
## 5:                     Micropolitan
## 6:                         Non-core
```

3.2.5 其他专有格式

还有其他几种统计软件可用于存储和分析数据。如果你有同事使用这些软件的其中之一，就可能会获得使用该软件数据格式的数据文件。接下来简要了解其中的三种格式，以便在将来遇到此类数据时，知道如何将它们输入 R 语言中。

1. SPSS 格式文件：.sav

最后要介绍的这三种格式都使用了 haven 程序包。请记住，不必在每个 R 语言会话中多次进行 library(haven)调用，仅需在运行时调用。到目前为止，我们已熟悉常见的参数。IBM 公司推出了一个名为 SPSS 的数据软件，来自这个软件的文件扩展名为.sav。从 haven 程序包调用函数 read_spss()，可以读取.sav 文件：

```
library(haven)
spssData <- read_spss(file = "data/ch03/Counties_in_Texas.sav",
                      skip = 0)
```

2. Stata 格式文件：.dta

Stata 是一款输出扩展名为.dta 文件的统计数据软件。haven 程序包中用 read_stata() 函数来读取这类文件：

```
stataData <- read_stata("data/ch03/Counties_in_Texas.dta",
                        skip = 0)
```

3. SAS 格式文件：.sas7bdat

最后一个要学习的统计软件数据格式是 SAS 格式，它有一个很长的文件扩展名.sas7bdat。接下来对 US Census's American Community Survey 文件进行多样化分析。这个特殊的文件包含超过 38000 个观察值，现如今数据可能会变得更大。尽管如此，R 语言仍能很快地读取这个文件。一般来说，只有处理非常大的数据时，现代内存才可能出现读取困难：

```
sasData <- read_sas("data/ch03/ACS_1yr_Seq_Table_Number_Lookup.sas7bdat",
            skip = 0)
head(sasData)

## # A tibble: 6 x 9
##    filed tblid   seq   order position cells total  title   subject_area
##    <chr> <chr>  <chr> <dbl>    <dbl> <chr> <dbl> <chr>    <chr>
## 1 ACSSF B00001 0001    NA        7 "1 CE     NA UNWEIGH
"Unweighted
## 2 ACSSF B00001 0001    NA       NA ""        NA Univers  ""
## 3 ACSSF B00001 0001     1       NA ""        NA Total    ""
## 4 ACSSF B00002 0001    NA        8 "1 CE      2 UNWEIGH "Unweighted

## 5 ACSSF B00002 0001    NA       NA ""        NA Univers  ""
```

```
## 6 ACSSF B00002 0001          1         NA ""        NA Total     ""
```

3.3　输出

　　将数据输入 R 语言通常是分析项目的第一阶段，而将数据从 R 语言中输出，并与利益相关者或合作者共享往往是最后阶段之一。在 R 语言项目中，最好将输入的数据与输出的数据分开。在之前的学习中，已经为要输入的文件创建了一个名为 data 的文件夹，现在，需要使用右下窗格中的 New Folder 图标，建立一个名为 output 的新文件夹。

　　R 语言中的任何数据都可以输出，而且这些数据来自哪里并不重要，只需要位于全局变量中。因此，在后续示例中可以输出的选项包括 mtcars、penguins、csvData、excelData、rData、sasData、spssData 和 stataData，这些都是当前学习的 R 语言实例的一部分。因为 mtcars 和 penguins 数据集内置在程序包中，所以它们不会显示在 Environment 选项卡上，但是仍然可以编写。换句话说，可以将 sasData 写入 CSV 文件中。虽然这不是 R 语言的"官方"功能，但可以将其用于文件类型的相互转换。同时，为了避免出现奇怪的数据调用，我们将会使用 R 数据类型。

3.3.1　CSV 格式文件

　　对于通用的可移植性，CSV 格式文件通常是最好的，因为大多数软件套件都可以默认读取 CSV 文件。值得一提的是，R 语言也有读取 CSV 文件的基础函数，使用 data.table 程序包仅是个人选择。其实，大多数软件系统都可以轻松保存、写入或导出 CSV 文件，R 语言也有这样的内置功能，但此处还是选择使用 data.table 程序包的 fwrite() 函数。这个函数有两个参数，第一个用于设置希望输出的数据，第二个则是输出的数据文件路径及名称：

```
fwrite(x = rData,
       file = "output/ch3_txCounties.csv")
```

3.3.2　Excel 格式文件

　　微软的 Excel 格式是另一种广泛使用的格式，writexl 程序包提供 write_xlsx()函数来输出数据。该函数的两个附加功能包括取消列名的选项(默认显示为 TRUE)以及不将列名居中并加粗的选项(同样默认显示为 TRUE)。对于同事使用 Excel 软件的办公环境，这些向决策者共享数据方式的默认设置通常很友好，列名的默认加粗特别有助于避免混淆共享数据的含义：

```
library(writexl)
write_xlsx(x = rData,
           path = "output/ch3_txCounties.xlsx",
          col_names = TRUE,
           format_headers = TRUE)
```

3.3.3 RDS 格式文件

最后要学习的输出文件格式为 R 语言的默认格式，即 RDS 格式。有时，数据对象被保存起来只是为了以后使用。如果打算为以后的工作重新加载数据集，那么 saveRDS() 函数是一个非常节省内存的选择。在常用的计算机系统上，RDS 格式文件通常比 CSV 格式文件的一半还要小：

```
saveRDS(object = rData,
        file = "output/ch3_txCounties.RDS")
```

3.4 总结

本章讨论了在 R 语言中输入和输出数据的方法。使用表 3-1 中总结的函数和程序包，将能够访问和共享来自多种信息源的数据。

表 3-1 章总结

条目	概念
<-	赋值运算符
fread()	来自 data.table 程序包的输入 CSV 格式文件的函数
head()	显示数据集的前 6 行
read_excel()	来自 readxl 程序包的输入 Excel 格式(.xlsx 或.xls)文件的函数
readRDS()	输入 RDS 格式文件(R 语言自身格式)的函数
tail()	显示数据集的后 6 行
read_spss()	来自 haven 程序包的输入 SPSS 格式(.sav)文件的函数
read_stata()	来自 haven 程序包的输入 Stata 格式(.dta)文件的函数
read_sas()	来自 haven 程序包的输入 SAS 格式(.sas7bdat)文件的函数
fwrite()	来自 data.table 程序包的输出 CSV 格式文件的函数
write_xlsx()	来自 writexl 程序包的输出 Excel 格式(.xlsx)文件的函数
saveRDS()	输出 RDS 格式文件(R 语言自身格式)的函数

3.5　练习与融会贯通

本节将通过一些练习题来检查你的进步与成长。理论核查部分会提出批判性思维的问题，最好用书面方式或口头方式来解答。统计学的美妙之处在于将结果成功地传达给利益相关者或者其他听众。有时这些听众非常专业，有时则不是。练习题部分则对本章探讨过的概念进行更直接的应用。

3.5.1　理论核查

四处问问！向你的同学、同事或者朋友询问他们在使用的数据类型。最常用的文件格式是哪一种？这些数据的列和行是如何组织的？

3.5.2　练习题

1. 使用本章中学习的技巧，将 penguins 数据集写入.csv 文件。
2. 使用本章中学习的技巧，将 mtcars 数据集写入.xlsx 文件。
3. 有许多数据集可供公众使用(尽管并非所有的数据集都可以在书中随意使用)。从公司、当地政府或者其他感兴趣的团体中查找数据集，下载该文件，并使用从本章中学到的函数，将数据输入 R 语言。

第4章

数据的处理

本书旨在使读者深入了解真实世界的统计方法。与很多"为课堂而准备"的案例不同，真实世界的数据通常需要在统计之前进行预处理。本章将学习如何使用 data.table 和 extraoperators 程序包创建应用统计方法分析数据所需的数据集，并做出基于数据信息的决策。

这是一项艰巨的任务，所以请记住，起初对 data.table 程序包的操作方法感到困惑是正常现象。尽管如此，也请继续探索尝试，完成本章末尾的理论核查和练习题部分，如果遇到问题，一定要及时寻求帮助！

本章涵盖以下内容：

- 将 R 语言数据转化为符合 data.table 程序的格式。
- 了解构成 data.table 程序的三个区域。
- 应用逻辑运算符，并通过子集从更大的数据集中抽取目标样本。
- 基于当前的数据创建新的列。
- 在数据集中应用分组计算。

4.1　设置 R 语言

为了练习操作 data.table 格式的数据信息，首先需要对 R 语言做一些设置。本章将创建一个新项目，以练习项目的创建和使用，且在该项目中创建一些文件夹，并从本书的 GitHub 站点下载一些数据文件。

如有必要，请回顾第 1 章创建新项目的步骤。启动 RStudio 软件之后，在左上角的菜单栏中选择 File 选项并单击 New Project 按钮，依次选择 New Directory | New Project 选项，并将项目命名为 04WorkingWithData，最后选择 Create Project 选项。创建 R 脚本文件需要单击在顶部菜单栏 File 选项下方的白纸上方带加号的小图标，选择 R 脚本菜单选项，单击光盘状的 save 图标，并将文件命名为 WorkwData.R，最后单击 Save 按钮。

在右下窗格中会显示项目的两个文件。在 File 选项卡的右侧单击名为 New Folder 的按钮，在 New Folder 弹出窗口中输入 data 并单击 OK 按钮。之后，单击右下窗格中新的 data 文件夹，重复上述的文件夹创建过程，创建一个名为 ch04 的文件夹。

接下来，需要从本书的网站(网址 3-1)进入本章的文件夹并下载 Texas counties data 与 American Community Survey 文件到新建的 ch04 文件夹。至此，项目的子文件夹中应存在 6 个文件。

如果在第 3 章已经下载了以上文件，则可以简单地从第 3 章的项目中复制这些文件，但是请务必重命名文件夹，确保数据位于以下文件路径：YourProjectFolder/data/ch04。如果为本章创建了一个新的项目，那么此刻项目应该已经位于 04WorkingWithData 文件夹中，且有两个子文件夹 data/ch04。

本章中将用到 4 个程序包，这些程序包均已通过第 2 章的学习安装在计算机上，不需要重新安装。但由于这是一个新项目且是第一次运行这组代码，因此需要首先运行下面四个 library()函数以进行程序调用：

```
library(data.table)

## data.table 1.13.0 using 6 threads (see ?getDTthreads). Latest news:
r-datatable.com

library(extraoperators)
library(JWileymisc)
library(palmerpenguins)
```

运用在第 3 章中学习的知识，使用 data.table 程序包中的 fread()函数读取 Counties_in_Texas 数据集。因为此函数来自 data.table 程序包，所以不像其他数据一样需要转化为符合 data.table 程序的格式。这些数据已经是正确的结构：

```
texasData <- fread(file = "data/ch04/Counties_in_Texas.csv",
                   header = TRUE,
                   skip = 0)
```

在本章中还使用了另外 2 种数据集，通过对这 3 种不同类型数据的学习，确保早期对数据的探索符合现实世界数据的风格。将一种特定的技术应用于不同类型的数据，并将结果作比较，可以学习并练习如何将这些技术应用于各种"野生"数据集。

与 Texas 数据集不同，另外两个数据集已经存储在本地文件夹，只需要确保它们符合 data.table 程序的格式。此时不需要过多考虑 data()函数，它所做的只是将 JWileymisc 程序包中的信息加载到 Environment 窗格。接下来，as.data.table()函数将把新数据作为输入，并使用赋值运算符"<-"将其存储为名为 acesData 的对象。该变量包含横跨 19 列的超过 6500 个行数据。为确保不混淆研究对象，将使用 rm()函数删除 aces_daily：

```
data(aces_daily)
acesData <- as.data.table(aces_daily)
rm(aces_daily)
```

最后，将使用 palmerpenguins 数据集，此时仍需使用 as.data.table()函数将该数据集转化为符合 data.table 程序的格式：

```
penguinsData <- as.data.table(penguins)
```

设置完以上三个数据对象之后，就可以进行数据处理的练习了。

4.2　数据样式

在练习使用数据之前，首先要理解所看到的数据。通常在实际使用数据时，研究人员会非常熟悉常用的数据集。之前提到的三个数据集将作为本书剩余章节的常用数据集，所以，现在花时间探索这些数据将有利于以后的学习。

如第 3 章所述，数据信息可以在 RStudio 软件中右上角的 Environment 窗格中查看。每个数据集的左侧都有一个带箭头的点，右侧则有一个方形网格。第一种方法是单击左侧的点和箭头，查看每个数据集中的数据类型。除了显示列名称，这种方法还将显示数据类型(如整数、日期或数字)。另一种方法是单击右侧的方形网格，数据集将在一个新窗口显示。如果关闭新窗口，则会返回代码区域。

在传统的 R 语言中，函数通常用来执行任务。colnames()函数将数据作为输入，并将列名作为输出。此时列名按照在数据集中自然出现的顺序排列：

```
colnames(acesData)
```

```
##  [1] "UserID"            "SurveyDay" "SurveyInteger"
##  [4] "SurveyStartTimec11" "Female"    "Age"
##  [7] "BornAUS"           "SES_1"     "EDU"
## [10] "SOLs"              "WASONs"    "STRESS"
## [13] "SUPPORT"           "PosAff"    "NegAff"
## [16] "COPEPrb"           "COPEPrc"   "COPEExp"
## [19] "COPEDis"
```

知道了列的名称，就可以利用它们执行一些操作。注意名为 EDU 的列，同时注意没有关于特定类型的教育学位的信息。为了解 EDU 这一列中存储的信息，可以使用 unique()函数。接下来，回顾编写的第一个脚本中，用来访问特定数据列的"$"运算符。注意，unique()只允许查看每个数据副本一次：

```
unique(acesData$EDU)
```

```
## [1] 0 NA 1
```

通过前面代码的输出可以发现，EDU 列是一个一位有效编码(有时称为哑变量编码)的示例。如果条目为 1，那么这一行数据是由至少拥有高等教育学位的参与者输入的。如果条目为 0，则表示参与者没有获得高等教育学位。还有一种情况是以上两种情况都不适用于参与者，这时通常显示 null 或者 NA(不适用)。

当然，在数据集中还有其他列。探索 SurveyDay 列可以发现它是日期类的数据，通常在 R 语言中，这类日期数据的格式为 YYYY-MM-DD，Y、M、D 分别代表年、月、日。这种日期格式几乎是通用的，除了美国通常会使用另一种日期格式。要始终对日期类数据对象保持谨慎。了解数据首次编码的位置也很重要，如果附加表示时间的数据，则需考虑时区：

```
unique(acesData$SurveyDay)
```

```
##  [1] "2017-02-24" "2017-02-25" "2017-02-26" "2017-02-27" "2017-02-28"
##  [6] "2017-03-01" "2017-03-02" "2017-03-03" "2017-03-04" "2017-03-05"
## [11] "2017-03-06" "2017-03-07" "2017-02-22" "2017-02-23" "2017-03-08"
## [16] "2017-03-09" "2017-03-10" "2017-03-11" "2017-03-12" "2017-03-13"
## [21] "2017-03-14"
```

通过前两个函数，可以轻松地查看所有列名并探索特定列数据，而通过 head()函数则可以查看数据集的前几行，默认显示前 6 行。acesData 数据集有 19 列显示在控制台的输出中，因此可以看到有很多 NA 数据。通常情况下，课堂中并不会介绍关于如何应对这种情况的案例，因此，现实生活中的信息就如下图这样混乱：

```
head(acesData)
```

```
##    UserID SurveyDay SurveyInteger SurveyStartTimec11 Female Age
## 1:      1 2017-02-24             2          1.927e-01      0  21
## 2:      1 2017-02-24             3          4.859e-01      0  21
## 3:      1 2017-02-25             1          1.157e-05      0  21
## 4:      1 2017-02-25             2          1.931e-01      0  21
## 5:      1 2017-02-25             3          4.062e-01      0  21
## 6:      1 2017-02-26             1          1.638e-02      0  21
##    BornAUS SES_1 EDU   SOLs WASONs STRESS SUPPORT PosAff NegAff
## 1:       0     5   0     NA     NA      5      NA  1.519  1.669
## 2:       0     5   0  0.000      0      1   7.022  1.505  1.000
## 3:       0     5   0     NA     NA      1      NA  1.564     NA
## 4:       0     5   0     NA     NA      2      NA  1.563  1.357
## 5:       0     5   0  6.925      0      0   6.154  1.127  1.000
## 6:       0     5   0     NA     NA      0      NA  1.338  1.661
##    COPEPrb COPEPrc COPEExp COPEDis
## 1:      NA      NA      NA      NA
## 2:   2.257   2.378   2.414   2.181
## 3:      NA      NA      NA      NA
```

```
## 4:     NA      NA      NA      NA
## 5:     NA      NA    2.034     NA
## 6:     NA      NA      NA      NA
```

接下来，在 penguinsData 和 texasData 两个数据集中尝试相同的三个函数。对所操作的数据越熟悉，就越容易理解接下来的示例。

最后介绍一个与 head() 相对应的函数，tail() 函数，用于展示数据集的最后 6 行：

```
tail(penguinsData)
```

```
##       species island bill_length_mm bill_depth_mm flipper_length_mm
## 1: Chinstrap  Dream          45.7          17.0             195
## 2: Chinstrap  Dream          55.8          19.8             207
## 3: Chinstrap  Dream          43.5          18.1             202
## 4: Chinstrap  Dream          49.6          18.2             193
## 5: Chinstrap  Dream          50.8          19.0             210
## 6: Chinstrap  Dream          50.2          18.7             198
##    body_mass_g    sex year
## 1:        3650 female 2009
## 2:        4000   male 2009
## 3:        3400 female 2009
## 4:        3775   male 2009
## 5:        4100   male 2009
## 6:        3775 female 2009
```

4.3 data.table 的工作方式

data.table 程序由三个不同的区域构成。第一个区域对行数据进行操作，第二个区域对列数据进行操作，最后一个区域则对数据进行组操作。就像数学矩阵一样，前两个区域(行和列)通常被称为 i 和 j，而最后一部分因为是分组操作，所以被称为 by。因此，data.table 通常表示为 DT[i, j, by]，注意，此处使用的不是通常函数所用的括号，而是方括号 "[ ]"。为了了解如何以这种方式使用数据，接下来需要探索构成 data.table 的每个区域。处理数据时，了解原始数据的外观有助于理解采用新技术后所显示的内容。

4.3.1 行操作的工作方式

DT[i, j, by]的第一个区域是对行数据的操作，这包括对行进行排序(如按字母或数字顺序)和筛选具有某种特征的行数据(如子集)。

1. order()函数

order()函数用于数据排序。此函数可以对每一行重新排序，并使其按顺序排列，但是它需要知道在哪一列中执行此操作。因此，即使它是一个行操作，order()函数也需要一个列参数。之前的练习中展示了 penguinsData 数据集中的 flipper_length_mm 列最后 6 行的一些不同值。基于对 penguinsData 数据集的目测观察，可以发现，flipper_length_mm 列的数值位于 172 到 231 之间，但是该列并不是按值的顺序排列的。接下来，运用 order()函数，将 flipper_length_mm 列的数值从小到大排列，使其成为一个递增序列：

```
penguinsData[order(flipper_length_mm)]
```

```
##       species     island bill_length_mm bill_depth_mm flipper_length_mm
##   1: Adelie      Biscoe            37.9          18.6               172
##   2: Adelie      Biscoe            37.8          18.3               174
##   3: Adelie   Torgersen            40.2          17.0               176
##   4: Adelie       Dream            39.5          16.7               178
##   5: Adelie       Dream            37.2          18.1               178
## ---
## 340: Gentoo      Biscoe            51.5          16.3               230
## 341: Gentoo      Biscoe            55.1          16.0               230
## 342: Gentoo      Biscoe            54.3          15.7               231
## 343: Adelie   Torgersen              NA            NA                NA
## 344: Gentoo      Biscoe              NA            NA                NA
##       body_mass_g    sex year
## 1:           3150 female 2007
## 2:           3400 female 2007
## 3:           3450 female 2009
## 4:           3250 female 2007
## 5:           3900   male 2007
## ---
## 340:         5500   male 2009
## 341:         5850   male 2009
## 342:         5650   male 2008
## 343:           NA   <NA> 2007
## 344:           NA   <NA> 2009
```

注意，在上述过程中并未使用赋值运算符 "<-"，因此上述代码不会永久更改 penguinsData 数据集的顺序。如下所示，数据集中 flipper_ length_mm 列并不是按顺序排列的：

```
head(penguinsData)
```

```
##     species     island bill_length_mm bill_depth_mm flipper_length_mm
```

```
## 1: Adelie Torgersen          39.1          18.7                 181
## 2: Adelie Torgersen          39.5          17.4                 186
## 3: Adelie Torgersen          40.3          18.0                 195
## 4: Adelie Torgersen           NA            NA                  NA
## 5: Adelie Torgersen          36.7          19.3                 193
## 6: Adelie Torgersen          39.3          20.6                 190
##    body_mass_g    sex year
## 1:        3750   male 2007
## 2:        3800 female 2007
## 3:        3250 female 2007
## 4:         NA   <NA> 2007
## 5:        3450 female 2007
## 6:        3650   male 2007
```

如果要永久更改数据，则需要将临时变化永久地赋值。在前面使用的代码 (penguinsData[order(flipper_length_mm)])中，可以看到控制台上的输出，但函数没有永久更改数据。相比之下，以下代码不会将结果数据输出到控制台，但数据依然根据鳍状肢的长度按递增顺序排列：

```
penguinsData <- penguinsData[order(flipper_length_mm)]
```

如果需要，可以通过调用 penguinsData 数据集确认此更改。如结果所示，此时数据的更改确实是永久性的：

```
penguinsData
```

```
##     species    island bill_length_mm bill_depth_mm flipper_length_mm
##   1: Adelie    Biscoe          37.9          18.6                 172
##   2: Adelie    Biscoe          37.8          18.3                 174
##   3: Adelie Torgersen          40.2          17.0                 176
##   4: Adelie     Dream          39.5          16.7                 178
##   5: Adelie     Dream          37.2          18.1                 178
## ---
## 340: Gentoo    Biscoe          51.5          16.3                 230
## 341: Gentoo    Biscoe          55.1          16.0                 230
## 342: Gentoo    Biscoe          54.3          15.7                 231
## 343: Adelie Torgersen           NA            NA                  NA
## 344: Gentoo    Biscoe           NA            NA                  NA
##     body_mass_g    sex year
##   1:       3150 female 2007
##   2:       3400 female 2007
##   3:       3450 female 2009
##   4:       3250 female 2007
##   5:       3900   male 2007
## ---
## 340:       5500   male 2009
```

```
## 341:          5850    male 2009
## 342:          5650    male 2008
## 343:            NA    <NA> 2007
## 344:            NA    <NA> 2009
```

这种可以控制是否保留数据变化的能力非常有用，可用于在不改变任何内容的情况下探索数据。虽然 penguinsData 数据集非常短，只有 344 行数据，但是 acesData 数据集有超过 6500 行数据。过长的数据集将导致不能一次查看一行数据，但是 R 语言可以对需要的多行数据进行分析。

order()函数的常见用途包括按数字或字母顺序排序。如果在列名前面放一个减号(–)，则可以得到递减顺序排列。在此示例中，将使用 order()函数按字母顺序降序排列 penguinsData 数据集。注意，此处并没有将数据赋值给变量，所以这是临时性使用 order()函数的示例。另外，flipper_length_mm 列现在是没有顺序的，因为现在数据按照 species 列的字母顺序排列，而 R 语言会为每一次观察保持数据完整性：

```
penguinsData[order(-species)]
```

```
##     species island bill_length_mm bill_depth_mm flipper_length_mm
##   1: Gentoo Biscoe           48.4          14.4               203
##   2: Gentoo Biscoe           45.1          14.5               207
##   3: Gentoo Biscoe           44.0          13.6               208
##   4: Gentoo Biscoe           48.7          15.7               208
##   5: Gentoo Biscoe           42.7          13.7               208
## ---
## 340: Adelie Biscoe           41.0          20.0               203
## 341: Adelie  Dream           41.1          18.1               205
## 342: Adelie  Dream           40.8          18.9               208
## 343: Adelie Torgersen        44.1          18.0               210
## 344: Adelie Torgersen          NA            NA                NA
##     body_mass_g    sex year
##   1:       4625 female 2009
##   2:       5050 female 2007
##   3:       4350 female 2008
##   4:       5350   male 2008
##   5:       3950 female 2008
## ---
## 340:      4725   male 2009
## 341:      4300   male 2008
## 342:      4300   male 2008
## 343:      4000   male 2009
## 344:        NA   <NA> 2007
```

可以一次将多列放入 order()函数中，在这种情况下，将会首先对第一列进行排序，然后在不破坏第一列顺序的情况下，尽可能地对第二列进行排序。虽然这里只展示两列，但实际上可以根据需求扩充列的数量：

```
penguinsData[order(-species, flipper_length_mm)]
```

```
##       species       island bill_length_mm bill_depth_mm flipper_length_mm
##   1: Gentoo       Biscoe          48.4          14.4             203
##   2: Gentoo       Biscoe          45.1          14.5             207
##   3: Gentoo       Biscoe          44.0          13.6             208
##   4: Gentoo       Biscoe          48.7          15.7             208
##   5: Gentoo       Biscoe          42.7          13.7             208
## ---
## 340: Adelie       Biscoe          41.0          20.0             203
## 341: Adelie        Dream          41.1          18.1             205
## 342: Adelie        Dream          40.8          18.9             208
## 343: Adelie Torgersen          44.1          18.0             210
## 344: Adelie Torgersen            NA            NA              NA
##       body_mass_g    sex year
##   1:       4625 female 2009
##   2:       5050 female 2007
##   3:       4350 female 2008
##   4:       5350   male 2008
##   5:       3950 female 2008
## ---
## 340:       4725   male 2009
## 341:       4300   male 2008
## 342:       4300   male 2008
## 343:       4000   male 2009
## 344:         NA  <NA> 2007
```

　　这种多列排序的常见示例是姓氏、名和中间名的排序。在本书作者使用的一些数据集中，通常会按照学期、课程科目、课程编号和学生的标识符进行排序。

2. 子集

　　从数据集中筛选某些行作为子集也是一种很有用的行操作技能，接下来对 DT[i, j, by]结构的 i 位置进行子集设置。利用逻辑运算符(有时也称为布尔运算符)实现子集构建，首先需要写出 TRUE 的条件要求，然后选择符合 TRUE 条件要求的行数据。为了设置这些条件要求，将会用到基础 R 语言和 extraoperators 程序包中的运算符。在讲解实际的代码示例之前，在表 4-1 中展示了作为参考的常用运算符和函数。

注意

间隔符号是一种可以精确定义所需的数字区间的简单方法。例如，假设有一组数字：1、2、3、4、5，如果要求找出这个小集合中"大于 3 小于 5 的数字"，那这个数字就是 4。如果要求找出这个小集合中"至少是 3 且小于 5 的数字"则结果是 3 和 4。因为描述这些要求的文本通常比较长，所以经常使用间隔符号。间隔符号指的是括号"("和")"以及方括号"["和"]"。括号"("表示大于，")"表示小于，方括号"["表示大于或等于，"]"表示小于或等于。例如，"大于 3 小于 5 的数字"用间隔符号就可以表示为"(3, 5)"，"至少是 3 且小于 5 的数字"则可以表示为"[3, 5)"。表 4-1 中的很多逻辑运算符就用于筛选特定的间隔。

表 4-1　逻辑函数

函数	功能
==	值/向量是否相等
!=	值/向量是否不相等
%like%	值是否像引号中的字符
< OR %l%	小于
<= OR %le%	小于或等于
> OR %g%	大于
>= OR %ge%	大于或等于
%gl%	大于 x 并小于 y，即(x, y)
%gel%	大于或等于 x 并小于 y，即$[x, y)$
%gle%	大于 x 并小于或等于 y，即$(x, y]$
%gele%	大于或等于 x 并小于或等于 y，即$[x, y]$
%in%	包含
%nin%	不包含
%c%	RHS 上的异步链式操作
%e%	集合运算符，用来定义集合
is.na()	筛选缺失数据的函数

相等是一种常见的逻辑运算，此处将利用 texasData 数据集尝试这个操作。与 order() 函数非常相似，这也是一个在特定列中执行的行操作。接下来，选定 CountyName 列，并筛选与 Victoria 完全匹配的行数据。Victoria 是得克萨斯州的一个县，作者工作的大学就在这里。注意，由于并没有使用"<-"运算符将结果赋值给任何变量，目前只是探索数据，因此数据集中的观察值数量并没有任何变化(可以在右上角的 Environment 窗

格确认)：

```
texasData[CountyName == "Victoria"]

##    CountyName FIPSNumber CountyNumber PublicHealthRegion
## 1: Victoria          469          235                  8
##    HealthServiceRegion MetropolitanStatisticalArea_MSA
## 1:                   8                        Victoria
##    MetropolitanDivisions MetroArea NCHSUrbanRuralClassification_2006
## 1:                    --     Metro                       Small Metro
##    NCHSUrbanRuralClassification_2013
## 1:                       Small Metro
```

有时，需要找出不匹配的数据，而不是完全匹配的数据，也就是所谓的"不相等"。在 R 语言中，通常用感叹号"!"表示"不"。回到 penguinsData 数据集，此时筛选不属于 Adelie 物种的数据：

```
penguinsData[species != "Adelie"]

##          species island bill_length_mm bill_depth_mm flipper_length_mm
##   1: Chinstrap  Dream           46.1          18.2               178
##   2: Chinstrap  Dream           58.0          17.8               181
##   3: Chinstrap  Dream           42.4          17.3               181
##   4: Chinstrap  Dream           47.0          17.3               185
##   5: Chinstrap  Dream           43.2          16.6               187
## ---
## 188:    Gentoo Biscoe           52.1          17.0               230
## 189:    Gentoo Biscoe           51.5          16.3               230
## 190:    Gentoo Biscoe           55.1          16.0               230
## 191:    Gentoo Biscoe           54.3          15.7               231
## 192:    Gentoo Biscoe             NA            NA                NA
##    body_mass_g    sex year
##   1:       3250 female 2007
##   2:       3700 female 2007
##   3:       3600 female 2007
##   4:       3700 female 2007
##   5:       2900 female 2007
## ---
## 188:       5550   male 2009
## 189:       5500   male 2009
## 190:       5850   male 2009
## 191:       5650   male 2008
## 192:         NA   <NA> 2009
```

在讨论其他行筛选的运算符之前，还需要了解两种组合逻辑运算符的方法。一种方法是用"&"编码的"和"，另一种是用"|"编码的"或"。下面的代码展示了两个

不同编码的示例,其中单个逻辑值(例如,除了 flipper_length_mm == 230,还要求 species == "Gentoo")先通过"和"连接,然后通过"或"连接。两个示例结果的差异很有启发性。这里还需要注意,字符值需要使用引号"",而数值则不需要:

```
penguinsData[species == "Gentoo" &
        flipper_length_mm == 230]
```

```
##    species island bill_length_mm bill_depth_mm flipper_length_mm
## 1: Gentoo Biscoe          50.0          16.3               230
## 2: Gentoo Biscoe          59.6          17.0               230
## 3: Gentoo Biscoe          49.8          16.8               230
## 4: Gentoo Biscoe          48.6          16.0               230
## 5: Gentoo Biscoe          52.1          17.0               230
## 6: Gentoo Biscoe          51.5          16.3               230
## 7: Gentoo Biscoe          55.1          16.0               230
##    body_mass_g sex year
## 1:        5700 male 2007
## 2:        6050 male 2007
## 3:        5700 male 2008
## 4:        5800 male 2008
## 5:        5550 male 2009
## 6:        5500 male 2009
## 7:        5850 male 2009
```

```
penguinsData[species == "Gentoo" |
        flipper_length_mm == 230]
```

```
##     species island bill_length_mm bill_depth_mm flipper_length_mm
##   1: Gentoo Biscoe         48.4          14.4               203
##   2: Gentoo Biscoe         45.1          14.5               207
##   3: Gentoo Biscoe         44.0          13.6               208
##   4: Gentoo Biscoe         48.7          15.7               208
##   5: Gentoo Biscoe         42.7          13.7               208
## ---
## 120: Gentoo Biscoe         52.1          17.0               230
## 121: Gentoo Biscoe         51.5          16.3               230
## 122: Gentoo Biscoe         55.1          16.0               230
## 123: Gentoo Biscoe         54.3          15.7               231
## 124: Gentoo Biscoe           NA            NA                NA
##      body_mass_g    sex year
##   1:        4625 female 2009
##   2:        5050 female 2007
##   3:        4350 female 2008
##   4:        5350   male 2008
##   5:        3950 female 2008
## ---
```

```
## 120:          5550    male 2009
## 121:          5500    male 2009
## 122:          5850    male 2009
## 123:          5650    male 2008
## 124:            NA    <NA> 2009
```

接下来就可以探索更多表 4-1 中的运算符。事实上，将多个逻辑运算符连接在一起是一种非常有用的能力。在下面的示例中，"%like%"运算符将选定在 UserID 列中含有 19 的所有行数据。这种运算符有时也称为模糊匹配，与其他具有更加精确性质的运算符形成对比。接下来，要求 STRESS 列的值大于或等于 4 并小于 6。还要求 Negative affect(NegAff)列的值小于 2，从表 4-1 得知，这可以通过写入 NegAff<2 实现。但是，在 R 语言中，这类问题通常不止有一种解决方法，就像在现实生活中一样。最后，SurveyInteger 列的值要求精确为 2：

```
acesData[UserID %like% "19" &
        STRESS %gel% c(4, 6) &
        NegAff %l% 2 &
        SurveyInteger == 2]
```

```
##   UserID SurveyDay  SurveyInteger SurveyStartTimec11 Female Age
## 1:    19 2017-03-07            2             0.2080      1  24
## 2:   119 2017-02-25            2             0.2367      1  25
## 3:   190 2017-03-01            2             0.2042      0  23
## 4:   190 2017-03-05            2             0.2152      0  23
## 5:   190 2017-03-07            2             0.2224      0  23
## 6:   190 2017-03-09            2             0.2577      0  23
## 7:   190 2017-03-12            2             0.1990      0  23
## 8:   191 2017-02-25            2             0.1937      1  21
## 9:   191 2017-03-01            2             0.1875      1  21
## 10:  191 2017-03-02            2             0.1875      1  21
##  BornAUS SES_1 EDU SOLs WASONs STRESS SUPPORT PosAff NegAff
## 1:     1     7   1   NA     NA      5      NA  3.972  1.267
## 2:     1     8   1   NA     NA      4      NA  2.021  1.270
## 3:     0     5   1   NA     NA      5      NA  1.332  1.042
## 4:     0     5   1   NA     NA      5      NA  2.492  1.579
## 5:     0     5   1   NA     NA      4      NA  1.822  1.000
## 6:     0     5   1   NA     NA      5      NA  1.882  1.528
## 7:     0     5   1   NA     NA      5      NA  1.047  1.812
## 8:     0     6   0   NA     NA      5      NA  3.403  1.000
## 9:     0     6   0   NA     NA      4      NA  1.032  1.682
## 10:    0     6   0   NA     NA      4      NA  1.047  1.619
##  COPEPrb COPEPrc COPEExp COPEDis
## 1:    NA      NA      NA      NA
## 2:    NA      NA      NA      NA
## 3:    NA      NA      NA      NA
```

```
## 4:   NA      NA      NA      NA
## 5:   NA      NA      NA      NA
## 6:   NA      NA      NA      NA
## 7:   NA      NA      NA      NA
## 8:   NA      NA      NA      NA
## 9:   NA      NA      NA      NA
## 10:  NA      NA      NA      NA
```

在上面的示例中有几个列中含有 NA，代表数据缺失。由于 NA 有时具有复杂性，所以在尝试查找缺失数据时必须小心谨慎。根据目前为止所学的内容，假设需要检查是否有参与者没有报告他们的 EDU 状态，换句话说，检查是否有 acesData 数据集的调查参与者选择不对教育水平这项调查做出反馈。根据到目前为止所学的知识，以下两行代码之一似乎可以处理以上情况，毕竟之前在 CountyName == "Victoria" 和 SurveyInteger == 2 中运用了类似的方法：

```
acesData[EDU == "NA"]
```

```
## Empty data.table (0 rows and 19 cols): UserID,SurveyDay,SurveyInteger,
SurveyStartTimec11,Female,Age...
```

```
acesData[EDU == NA]
```

```
## Empty data.table (0 rows and 19 cols): UserID,SurveyDay,SurveyInteger,
SurveyStartTimec11,Female,Age...
```

千万不要上当！尽管前面的代码似乎展示了一些东西，但事实上有很多观察值缺失教育状态数据！丢失数据的情况很复杂，现在不需要深入讨论其背后的原因，因为这属于另外一个课题。此处只需要记住，丢失数据是一件很棘手的事，而 R 语言有一个特殊的函数可以处理它，就是 is.na()函数。该函数位于 data.frame 的行部分，用以检查特定列中的每一行是否存在缺失数据。检查的结果如下所示，足足有 200 多行缺失教育状态数据！

```
acesData[is.na(EDU)]
```

```
##      UserID  SurveyDay SurveyInteger SurveyStartTimec11 Female Age
## 1:        2 2017-02-22             3                 NA     NA  NA
## 2:        2 2017-02-25             3                 NA     NA  NA
## 3:        3 2017-02-23             3                 NA     NA  NA
## 4:        3 2017-03-05             3                 NA     NA  NA
## 5:        4 2017-03-01             3                 NA     NA  NA
# ---
## 216:    183 2017-02-23             3                 NA     NA  NA
## 217:    184 2017-03-07             3                 NA     NA  NA
## 218:    189 2017-02-22             3                 NA     NA  NA
```

```
## 219:   190 2017-02-28           3                    NA       NA NA
## 220:   190 2017-03-04           3                    NA       NA NA
##     BornAUS SES_1 EDU   SOLs WASONs STRESS SUPPORT PosAff NegAff
##   1:     NA    NA  NA 23.476      2     NA      NA     NA     NA
##   2:     NA    NA  NA 34.755      0     NA      NA     NA     NA
##   3:     NA    NA  NA  0.000      0     NA      NA     NA     NA
##   4:     NA    NA  NA  0.000      0     NA      NA     NA     NA
##   5:     NA    NA  NA  6.190      1     NA      NA     NA     NA
## ---
## 216:     NA    NA  NA 19.600      1     NA      NA     NA     NA
## 217:     NA    NA  NA 96.670      3     NA      NA     NA     NA
## 218:     NA    NA  NA  9.266      1     NA      NA     NA     NA
## 219:     NA    NA  NA  0.000      1     NA      NA     NA     NA
## 220:     NA    NA  NA  6.870      1     NA      NA     NA     NA
##     COPEPrb COPEPrc COPEExp COPEDis
##   1:     NA      NA      NA      NA
##   2:     NA      NA      NA      NA
##   3:     NA      NA      NA      NA
##   4:     NA      NA      NA      NA
##   5:     NA      NA      NA      NA
## ---
## 216:     NA      NA      NA      NA
## 217:     NA      NA      NA      NA
## 218:     NA      NA      NA      NA
## 219:     NA      NA      NA      NA
## 220:     NA      NA      NA      NA
```

为了能够更清晰地理解缺失值，此处进行了单独讨论。就像之前所有的逻辑运算一样，可以通过使用 "&" 和 "|" 将 is.na() 函数连接在一起，以创建子集。

下面，请花一些时间回顾刚刚学习的内容，确保已经理解用于创建复杂逻辑运算，筛选所需数据的构建块。在练习中将有机会扩展和修改前面的每个示例，以了解更多这些示例的相关工作原理。练习结束后将继续学习 data.table 程序的下一部分。在下一节中，将继续学习更多的逻辑运算，并学习关于 data.table 程序的更多信息。

4.3.2　列操作的工作方式

DT[i, j, by] 中的第二个区域是对列的操作，包括筛选一些特定的列和创建新的列。

1. 列的筛选

acesData 数据集和 texasData 数据集均有多个不同的列，如果只对其中的一些列感兴趣，该如何操作？此时，可以通过在 j 位置使用列操作，筛选需要的列。只选择一列很简单，只需在 j 处输入列名即可。为了做到这一点，需要让 R 语言跳过第一个或 i

位置，事实上，只需要使用逗号即可跳过。接下来，选择只看 EDU 列中的数据，结果如下所示。低于高等教育学位的为数字 0，而高于高等教育学位的为数字 1，还有一部分缺失数据为 NA。此处需注意代码中的逗号！

```
acesData[, EDU]
```

```
##   [1]   0 0 0  0 0 0 0 0 0  0  0 0 0 0 0  0 0  0 0 0 0
##  [22]   0 0 0  0 0 0 0 0 0 NA  0 0 0 0 0  0 NA  0 0 0 0
##  [43]   0 0 0  0 0 0 0 0 0  0  0 0 0 0 0  0 0  0 0 0 0
##  [64]   0 0 NA 0 0 0 0 0 0  0  0 0 0 0 0  0 0  0 0 0 0
##  [85]   0 0 0  0 0 0 0 0 0 NA  0 0 0 0 0  0 0 NA 0 0 0
## [106]   0 0 0  0 0 0 0 0 0  0  0 0 0 0 0  0 0  0 0 0 0
## [127]   0 0 0  0 0 0 0 0 0  0  0 0 NA 1 1  1 1  1 1 1 1
## [148]   1 1 1  1 1 1 1 1 1  1  1 1 1 1 1  1 1  1 1 1 1
## [169]   1 1 1  1 1 1 1 NA 0  0 NA 0 0 0 0  0 0  0 0 0 0
## [190]   0 0 0  0 0 0 0 0 0  0  0 0 0 0 0  0 0  0 0 0 0
## [211]   0 0 NA 0 0 0 0 0 0  0  0 0 0 0 0  0 0  0 0 0 0
## [232]   0 0 0  0 0 0 0 0 0  0  0 0 0 NA 0  0 0  0 0 0 0
## [253]   0 0 0  0 0 0 0 NA 0  0  0 0 0 0 NA  0 0  0 0 0 0
## [274]   0 0 0  0 0 0 0 0 0  0  0 0 0 0 0  0 0  0 0 0 0
## [295]   0 0 0  0 0 0 1 1 1  1  1 1 1 1 1  1 1  1 1 1 1
## [316]   1 1 1  1 1 1 1 1 1  1  1 1 1 1 1  1 1  1 0 0 0
## [337]   0 0 0  0 0 0 0 0 0  0 NA 0 0 0 0  0 0  0 0 0 0
## [358]   0 0 0  0 0 0 0 0 0  0  0 NA 0 0 0  0 0  0 0 0 0
## [379]   0 0 0  0 0 0 0 0 0  0  0 0 0 0 0  0 0  0 0 0 0
## [400]   0 0 0  0 0 0 0 NA 1  1  1 1 1 1 1  1 1  1 1 1 1
## [421]   1 1 1  1 1 1 1 1 1  1  1 1 1 1 1  1 1  1 1 1 1
## [442]   1 1 NA 0 0 0 0 0 0  0  0 0 0 0 0  0 0  0 0 0 0
## [463]   0 0 0  0 0 0 0 0 0  0  0 0 0 0 0 NA 1  1 1 1 1
## [484]   1 1 1  1 1 1 1 1 1  1  1 1 1 1 1  1 1  1 1 1 1
## [505]   1 1 1  1 1 1 1 1 1 NA  0 0 0 0 0  0 0  0 0 0 0
## [526]  NA 0 0 NA 0 0 0 0 0  0  0 0 0 0 0  0 NA 0 0 0 NA
## [547]   1 1 1  1 1 1 1 1 1  1  1 1 1 1 1  1 1  1 1 1 1
## [568]   1 1 1  1 1 1 1 1 1  1  1 1 1 NA 0  0 0  0 0 0 0
## [589]   0 0 0  0 0 0 0 0 0  0  0 0 0 0 0  0 0  0 0 0 0
## [610]   0 0 0  0 0 0 0 0 0  0  0 0 0 0 1  1 1  1 1 1 1
## [631]   1 1 1  1 1 1 1 1 1  1  1 1 1 1 1  1 1  1 1 1 1
## [652]   1 1 1 NA 0 0 0 0 0  0  0 0 0 0 0  0 0  0 0 0 0
## [673]   0 0 0  0 0 0 0 0 0  0  0 0 0 0 0  0 0  0 0 0 0
## [694]   0 NA 0 0 0 0 0 0 0  0  0 0 0 0 0  0 0  0 0 0 0
## [715]   0 0 0  0 0 0 0 0 0  0  0 0 0 0 0  0 0 NA 0 0 0
## [736]   0 0 0  0 0 0 0 0 0  0  0 0 0 0 0  0 0  0 NA 0 0
## [757]   0 1 1  1 1 1 1 1 1  1  1 1 1 1 1  1 1  1 1 1 1
## [778]   1 1 1  1 1 1 1 1 1  1  1 1 1 1 1 NA 0  0 0 0 0
## [799]   0 0 0  0 0 0 0 0 0  0  0 0 0 0 0  0 0  0 0 0 0
## [820]   0 0 0  0 0 0 0 0 0  0  0 0 0 0 0  0 0  0 0 0 0
```

```
## [841]   0   0   0   0   0   0   0   0   0   0   0   0   0 0   0   0   0   0   0   0   0
## [862]   0   0   0   0   0   0   0   0   0   0   0   0   0   0   0   0   0   0   0   0   0
## [883]   0   0   0   0   0   0   0   0   0   0   0   0   0   0   0   0   0   0   0   0   0
## [904]   0   0   0   0   0   0   0   0   0   0   0   0   0   0   0   0   0   0   0   0   0
## [925]  NA   0   0   0   0   0   0   0   0   0   0   0   0   0   0   0   0   0   0   0   0
## [946]   0   0   0   0   0   0   0   0   0   0   0   0   0 0   0   0   0   0   0 NA   1
## [967]   1   1   1   1   1   1   1   1   1   1   1   1   1 1   1   1   1   1   1   1   1
## [988]   1   1   1   1   1   1   1   1   1   1   1   1   1
## [ reached getOption("max.print") -- omitted 5599 entries ]
```

当选择单列时，无论使用括号还是美元符号都会产生相同的结果。为了避免显示太多文本，此处将使用 unique() 函数显示唯一值：

```
unique(acesData$EDU)

## [1] 0 NA 1

unique(acesData[, EDU])

## [1] 0 NA 1
```

当然，现实中经常会用到不止一列数据。为了筛选更多的列，需使用 .() 函数列出所有需要的列。此处仍需注意，列操作属于第二个位置，所以需要用前导逗号表示第一个空格为"空"：

```
acesData[, .(UserID, STRESS, NegAff, SurveyInteger, EDU, SES_1)]

##      UserID STRESS NegAff SurveyInteger EDU SES_1
##   1:      1      5  1.669             2   0     5
##   2:      1      1  1.000             3   0     5
##   3:      1      1     NA             1   0     5
##   4:      1      2  1.357             2   0     5
##   5:      1      0  1.000             3   0     5
## ---
## 6595:   191      3  1.767             3   0     6
## 6596:   191      0  1.705             1   0     6
## 6597:   191      3  1.162             2   0     6
## 6598:   191      4  1.153             3   0     6
## 6599:   191      0  1.171             1   0     6
```

DT[i, j, by] 的第一个位置是空的，但并不代表它必须是空。从子集的相关应用中，回顾一下复杂的逻辑运算集，从 UserID 列、STRESS 列、NegAff 列和 SurveyInteger 列的逻辑运算开始，用逗号将这些行的逻辑子集与列的筛选结合在一起。注意，以下代码中含有用"#"符号标出的注释，R 语言将忽视"#"符号后面的注释文本。同时，注释可以为代码的阅读者提供帮助，并确切地展示行的子集与列的筛选结合的位置：

```
acesData[UserID %like% "19" &
        STRESS %gel% c(4, 6) &
        NegAff %l% 2 &
        SurveyInteger == 2, #Pay Attention to the comma!
        .(UserID, STRESS, NegAff, SurveyInteger, EDU, SES_1)]
```

```
##      UserID STRESS NegAff SurveyInteger EDU SES_1
## 1:      19      5  1.267             2   1     7
## 2:     119      4  1.270             2   1     8
## 3:     190      5  1.042             2   1     5
## 4:     190      5  1.579             2   1     5
## 5:     190      4  1.000             2   1     5
## 6:     190      5  1.528             2   1     5
## 7:     190      5  1.812             2   1     5
## 8:     191      5  1.000             2   0     6
## 9:     191      4  1.682             2   0     6
## 10:    191      4  1.619             2   0     6
```

请花一些时间研究前面的代码。至此，已经完成了相当复杂技术的学习！在行的子集和列的筛选之间，通过数据表 DT[i, j, by]的 i 和 j 两个位置可以实现很多功能。

2. 列的创建

在前面的示例中有 10 个观察值，且这 10 个观察值似乎仅来自 4 个参与者(基于 UserID 列)。有时候计数是个不错的选择，当然，对于这个足够受限的子集可以直接进行检查，但这种方法并不总是可行。创建一个观察值或行数的计数正是创建一个新的列。请记住，在右上角的 Environment 窗格中，行是观察值，而列是变量，因此，计算有多少行将会创建一个新的变量，所以它属于列操作。".N" 函数可以用来计数。在统计学中，N 通常代表总人口数，所以使用它来计算整个数据集。由于该函数是列操作，因此必须使用 j 位置，而且要用逗号跳过行操作的 i 位置！

```
acesData[, .N]
```

```
## [1] 6599
```

上面的代码提供了每一行的计数。如果想要自动计算之前子集中所显示的 10 行，则需要在行操作的位置使用逻辑运算，然后使用熟悉的限制操作，用列的计数替换列的筛选：

```
acesData[UserID %like% "19" &
        STRESS %gel% c(4, 6) &
        NegAff %l% 2 &
      SurveyInteger == 2, #Pay Attention to the comma!
    .N]
```

```
## [1] 10
```

如果需要计算的不是总行数，而是有多少符合这些条件的唯一参与者，则需要使用 uniqueN() 函数。因为要计算的是唯一参与者的数量，并且每个参与者都有一个唯一的 UserID，所以此处需要使列计数函数知道需要检查哪一列数据。将下面的示例与前面的示例进行比较，可以发现，只需将 ".N" 函数替换为 uniqueN(UserID) 函数：

```
acesData[UserID %like% "19" &
         STRESS %gel% c(4, 6) &
         NegAff %l% 2 &
         SurveyInteger == 2, #Pay Attention to the comma!
       uniqueN(UserID)]
```

```
## [1] 4
```

能理解吗？如果可以理解掌握以上的内容，那就太好了！如果不能，也没关系。事实上，学习 R 语言和学习其他语言一样，需要花费大量时间学习如何写作和表达。如果不能理解这部分，请再次回顾上面的示例，并尝试做一些更改来看看会发生什么。例如，在最后的示例中，用 ".N" 函数替代 uniqueN(UserID) 函数，会产生什么变化，原始子集是什么样子的？当查看所有的 10 行数据时，也可以回过头来看看上一节发生了什么变化。如果是在课堂上进行学习，请直接提问，大多数讲师和教授都乐于回答学生的问题，所以永远不要羞于寻求帮助。

在稍作休息后，我们将进一步学习列的创建。到目前为止，其实还没有真正创建一个新的列，只是做了一些计数。现在，是时候通过编码实现列的创建了。有时候，收集到的数据并不是想要的。例如，在 acesData 数据集中，STRESS 列的数据范围为 0 到 10。如果需要将参与者分为低、中、高三组该怎么处理？这是一个重新编码的示例。为此，需要创建一个新的列，然后根据 STRESS 列的数据范围为新列赋值。构建新列将会用到列赋值运算符 ":="。接下来将新列命名为 STRESS_3，并运用逻辑行操作将数据分为三个范围：[0, 3] 代表 low[低]，(3, 6] 代表 medium(中)，(6, 10] 代表 high(高)。

在以下代码中，有几个关键特性需要注意。首先，行筛选操作 %gele% 函数代表 "大于或等于" 和 "小于或等于"，它可以为 low-stress 组构建 [0, 3] 的区间。如果需要，可以回顾表 4-1。接下来注意逗号，尤其是 STRESS_3 之前的逗号，它将行操作区域与列操作区域分隔开。运行以下代码：

```
acesData[STRESS %gele% c(0, 3),
         STRESS_3 := "low"]
```

运行前面的代码之后，似乎什么都没有发生。与通常的赋值操作一样，控制台不会显示任何内容，但是在幕后实际上已经发生了改变。首先，在 Environment 窗格中可以在右上角看到一个圆形箭头，单击该箭头之后，acesData 数据集的 19 列将会刷新，并显示现在有 20 列。此时，可以通过 View() 函数查看修改后的数据集，该函数将在

RStudio 软件中调用数据查看器：

```
View(acesData) ## no output, opens RStudio data viewer
```

如果此刻查看变量 STRESS_3，则只有部分行有值，其余行缺失值。这是为什么呢？原因是，尽管创建了新的 STRESS_3 变量，但仅将某些压力等级赋值为了 low，其他压力水平并没有赋值，所以会出现缺失现象。要将剩余的压力值编码到合适的类别中，可以运行以下代码：

```
acesData[STRESS %gle% c(3, 6),
        STRESS_3 := "medium"]

acesData[STRESS %gle% c(6, 10),
        STRESS_3 := "high"]
```

需要注意，这里使用的是%gle%函数，而不是在 STRESS_3 变量中赋值 low 所使用的%gele%函数。这点很重要，因为边界值的编码方式需要特别注意。例如，如果已经将恰好为 3 的值定义在 low 范围中，就不希望将其也包含在 medium 范围中，否则 low 中的值将被覆盖。总的来说，以上代码会创建以下间隔：[0, 3]、(3, 6]和(6, 10]，刚好可以将 STRESS 变量中从 0 到 10 的所有值标记为有且仅有一个的等级：low、medium 或者 high。接下来，可以通过 View()函数打开 RStudio 软件中的数据查看器，查看修改后的数据集。此时应该可以看到 STRESS_3 每行的值：

```
View(acesData) ## no output, opens RStudio data viewer
```

接下来，观察下面的代码，几乎完美地再利用了之前运行的一些代码。仔细观察可以发现，结果中添加了新的列名 STRESS_3。运行这个代码的时候，请确认所有的参与者的压力值都为 medium，因为它们压力值的数字值均为 4 或 5。到现在为止，一切顺利！

```
acesData[UserID %like% "19" &
        STRESS %gel% c(4, 6) &
        NegAff %l% 2 &
        SurveyInteger == 2, #Pay Attention to the comma!
    .(UserID, STRESS, STRESS_3, NegAff, SurveyInteger, EDU, SES_1)]

##    UserID STRESS STRESS_3 NegAff SurveyInteger EDU SES_1
## 1:     19      5   medium  1.267             2   1     7
## 2:    119      4   medium  1.270             2   1     8
## 3:    190      5   medium  1.042             2   1     5
## 4:    190      5   medium  1.579             2   1     5
## 5:    190      4   medium  1.000             2   1     5
## 6:    190      5   medium  1.528             2   1     5
## 7:    190      5   medium  1.812             2   1     5
```

```
## 8:    191        5    medium  1.000        2    0    6
## 9:    191        4    medium  1.682        2    0    6
## 10:   191        4    medium  1.619        2    0    6
```

学习了特定行的筛选、特定列的筛选以及列的创建和计数等技能之后，是时候研究 data.table 程序结构的最后一个位置了。

4.3.3　组操作的工作方式

DT[*i, j*, by]中的第三个区域用于组操作。组操作将对这个区域稍作改动——它可以做得更多，但是由于我们的主要目标是学习统计方法，而不是 R 语言或者 data.table 程序，因此，请原谅本书的这部分内容缺乏完整性。

请记住，逗号用于分隔每个部分。假设接下来需要计算每个压力等级中分别含有多少数据，则需要使用".N"函数。新代码需要在最后一个位置，也就是第三个位置，即 by = STRESS_3。在此案例中，需要根据 low、medium 和 high 三个压力等级创建组计数：

```
acesData[, .N, by = STRESS_3]

##     STRESS_3    N
## 1:    medium 1240
## 2:       low 4625
## 3:      high  537
## 4:      <NA>  197
```

输出结果是否与预期相符？为什么会出现<NA>？请记住，STRESS_3 列是基于 STRESS 列重新构建编码形成的列。如果要了解 STRESS_3 列中某些数据丢失的原因，需要使用以下三种技能。首先使用 is.na()函数进行行操作，筛选 STRESS_3 列中缺失数据的行；再使用".N"函数进行列操作来计数；最后在原始的 STRESS 列上使用 by =函数：

```
acesData[is.na(STRESS_3),
         .N,
         by = STRESS]

##     STRESS   N
## 1:      NA 197
```

如上所示，在原始的 STRESS 列中有一些缺失数据。当将 *i* 位置设置为 STRESS_3 == "low"时，将会得到如下结果，其中，低压力测量源于原始的 STRESS 列中大于等于 0 且小于等于 3 的数值的计数：

```
acesData[STRESS_3 == "low",
```

```
        .N,
        by = STRESS]

##    STRESS     N
## 1:      1  1075
## 2:      2   716
## 3:      0  2146
## 4:      3   688
```

目前为止，已经了解了使用和操作表数据的三种方法。这些构建块是在统计学中使用真实世界信息所需的所有工具。在开始本章末尾的练习之前，将展示一些使用这些表操作的示例。

4.4 示例

人们常说教与学是有区别的。目前为止，严格来说我们已经学习了所有需要的知识，但这并不代表知识已经被读者完全掌握，接下来还需要练习和实践。在进行练习之前，将一起浏览 3 个示例，从问题而不是技术开始每个示例。从问题开始学习会有所裨益，因为在现实世界中，数据科学的研究通常就是这样开始的。

4.4.1 示例一: 市区计数

在 texasData 数据集中有 254 个观察值，在每个 MetroArea 中有多少县？为了回答这个问题，需要思考可能使用 i/j/by 三个区域中的哪一个。

首先考虑 i 或行操作部分，该操作中不需要对行数据进行子集化。texasData 数据集中的每一行数据恰好包含一个得克萨斯州的县。运用 order()函数处理数据是一个不错的选择，尤其是此时正在讨论 MetroArea 列，所以按该列的值排序，而不是按照 CountyName 列的默认字母顺序排序，这样更有助于后续研究。

其次考虑 j 或列操作部分。可以通过 ".N" 或 uniqueN(CountyNumber)函数对县的数量进行计数。如果使用第一个函数，需要假设数据集中没有重复的行数据。在此案例中，这是一个合理的假设。但是，在之前的 acesData 数据集中，参与者的每个 UserID 出现过多次。通常，如果存在某种标志列，uniqueN()函数会更加可靠。

最后考虑 by 或组操作部分。对于本案例，必须按照 MetroArea 列的分组进行计数。

将这三个部分放在一起即可解决之前的问题。在本案例中，并没有为新创建的列命名，因此新列会自动命名为 V1。请花一些时间尝试，并设法解答如果删除 order(MetroArea)函数将会发生什么改变。

```
texasData[order(MetroArea),
```

```
              uniqueN(CountyNumber),
              by = MetroArea]
```

```
##     MetroArea  V1
## 1:      Metro  82
## 2: Non-Metro 172
```

如果向 order() 函数中添加更多的列作为行操作，将会发生什么？如果在 by = .() 函数中添加另一列，会发生什么？此处注意，".()" 函数在第三个区域的作用与在第二个区域一样，均可以用来选择多个列：

```
texasData[order(MetroArea, NCHSUrbanRuralClassification_2013),
          uniqueN(CountyNumber),
          by = .(MetroArea, NCHSUrbanRuralClassification_2013)]
```

```
##     MetroArea NCHSUrbanRuralClassification_2013  V1
## 1:      Metro              Large Central Metro   6
## 2:      Metro              Large Fringe Metro  29
## 3:      Metro                     Medium Metro  25
## 4:      Metro                      Small Metro  22
## 5: Non-Metro                     Micropolitan  46
## 6: Non-Metro                         Non-core 126
```

4.4.2　示例二：都市统计区

思考示例一的结果，现在可能对数据产生更多疑问，例如，每个 small metro 区域有多少个县？

首先，可能需要了解一些背景。都市统计区(MSA)通常由美国人口普查局设定，其目的是将主要受特定城市或城镇影响的区域组合在一起。在 small metro 地区，这些较小的城市仍具有足够的影响力，可以成为当地社区的枢纽或十字路口。

考虑 i 或行操作部分，现在需要对行数据进行子集化。在这种情况下有两个选择，第一个选择是使用 NCHSUrbanRuralClassification 2013 = = "Small Metro" 函数探索数据集；第二个选择是通过使用 %like% 运算符，获取用 Small 词汇分类的数据。在本案例中，无论采用哪种方式都可以。通常，正确的答案不止一个。

考虑 j 或列操作部分，可以通过 ".N" 或 uniqueN(CountyNumber) 函数对县的数量进行计数。如果使用第一个函数，需要假设数据集中没有重复的行数据。在此案例中，这是一个合理的假设。但是，在 acesData 数据集中，参与者的每个 UserID 出现过多次。通常，如果存在某种标志列，uniqueN() 函数会更加可靠。

考虑 by 或组操作部分，在本案例中必须按 MetropolitanStatisticalArea MSA 进行计数。

在解决方案中，有 11 个 MSA，而且每个 MSA 都有 1 到 3 个县，这些都属于 small metro 地区：

```
texasData[NCHSUrbanRuralClassification_2013 %like% "Small",
         uniqueN(CountyNumber),
         by = .(MetropolitanStatisticalArea_MSA)]
```

```
##     MetropolitanStatisticalArea_MSA V1
## 1:                  Wichita Falls 3
## 2:                      Texarkana 1
## 3:          College Station-Bryan 3
## 4:                        Abilene 3
## 5:                         Odessa 1
## 6:                       Victoria 2
## 7:              Sherman-Denison 1
## 8:                       Longview 3
## 9:                    San Angelo 2
## 10:                      Midland 2
## 11:                        Tyler 1
```

4.4.3　示例三

未上过大学和受过大学教育的参与者做出了多少较高或不低的压力(STRESS ¿ 3)报告？

考虑 *i* 或行操作部分，需要将 STRESS > 3 函数作为行操作进行子集化。

考虑 *j* 或列操作部分，需要使用 ".N" 函数对每一行进行计数，因为每一行都是唯一的报告。

考虑 by 或组操作部分，需要按照 EDU 等级进行计数。

注意，我们的解决方案不是根据唯一的参与者得出的，而是由不低的压力的特定实例得出：

```
acesData[STRESS > 3,
         .N,
         by = .(EDU)]
```

```
##    EDU    N
## 1:   0 1150
## 2:   1  620
## 3:  NA    7
```

4.5　总结

本章探索了 DT[*i, j*, by]结构的三个区域，理解并使用这些区域处理原始数据是将统计方法成功应用于现实世界的关键。表 4-2 应该可以作为本章所学的关键内容的很好的参考。

表 4-2　章总结

条目	概念
<-	新数据/变量/项的赋值运算符
colnames()	显示表中的所有列名
unique()	显示唯一项(如只显示一次的项)
head()	显示表中的前 6 行数据
tail()	显示表中的后 6 行数据
DT[i, j, by]	data.table 程序的第一/i/行操作区域
= =	值/向量是否相等
!=	值/向量是否不相等
%like%	值是否像引号中的字符
< OR %l%	小于
<= OR %le%	小于或等于
> OR %g%	大于
>= OR %ge%	大于或等于
%gl%	大于 x 并小于 y，即(x, y)
%gel%	大于或等于 x 并小于 y，即$[x, y)$
%gele%	大于或等于 x 并小于或等于 y，即$[x, y]$
%gle%	大于 x 并小于或等于 y，即$(x, y]$
%in%	包含
%nin%	不包含
%c%	RHS 上的异步链式操作
%e%	集合运算符，用来定义集合
is.na()	筛选特定列缺失数据的行操作函数
&	为两个或以上前述行操作构建 and 关系的逻辑运算符
|	为两个或以上前述行操作构建 or 关系的逻辑运算符
order()	对特定列的行数据进行排序的行操作函数
DT[i, j, by]	data.table 程序的第二/j/列操作区域
.()	用于同时选择多列数
.N	列计数函数，为所有行数据计数
uniqueN()	列计数函数，为所有唯一行数据计数
:=	新的列赋值运算
DT[i, j, **by** =]	data.table 程序的第三/by/组操作区域

4.6　练习与融会贯通

本节将通过一些练习题来检查你的进步与成长。理论核查部分会提出批判性思维的问题，最好用书面方式或口头方式来解答。统计学的美妙之处在于将结果成功地传达给利益相关者或者其他听众。有时这些听众非常专业，有时则不是。练习题部分则对本章探讨过的概念进行更直接的应用。

4.6.1　理论核查

1. 为什么像 order()这样的函数在运行时需要让每一行数据保持完整？你是否曾经在使用电子表格软件时不小心只对其中的一列进行排列？

2. data.table 程序中怎样操作才可以永久改变表中的数据？比较以下代码："<-"、order()、":="和 uniqueN()，这些代码总是会令表格发生改变吗，还是只是有时会令表格发生改变？

4.6.2　练习题

1. 下列哪一段代码可以给出正确的结果？
A、acesData[STRESS = = NA]
B、acesData[is.na(STRESS)]

2. 在示例二的解决方案中，采用了 NCHSUrbanRuralClassification_2013 代码，如果使用 NCHSUrbanRuralClassification_2006 代码作为代替，会产生什么变化？

3. 在 texasData 数据集中，从 2006 年到 2013 年，Urban 与 Rural 的分类是否存在差异？换句话说，使用 NCHSUrbanRuralClassification_2006 代码的案例是否与使用 NCHSUrbanRuralClassification_2013 代码有所不同？(提示：使用!=函数。)

第 5 章

数据与样本

当听到有人用陌生的语言说话的时候，也许你只能听出声音的音调、音量或语速，也许在刚开始时你以为自己能听到一两个熟悉的词，结果发现并没有。统计有时就像在听一种不同的语言，事实上，就很多方面而言，它也确实是一种不同的语言。就像英语课上会学习名词、动词，还会用到字典一样，统计学也有需要用字典定义的新概念。此外，它还有新的动词，即新的操作，你必须进行练习。没有人一开始就擅长弹吉他或拉小提琴，也没有人一开始就擅长踢足球或游泳。你很有可能做过不止一顿不好吃的饭。统计也是如此，没有人一开始就擅长统计思维。它是一种新语言、新技能，甚至是看待周围世界的新方式。就像学习其他技能一样，最好的学习方法之一是观察并实际进行统计分析，而不是光说不练。

记住，一定要确保使用正确的方式探索统计数据。

本章涵盖以下内容：

- 在熟悉的数据中应用统计学的定义和术语。
- 分析不同类型的数据。
- 了解统计研究的工作原理。
- 评估样本的筛选方法。
- 根据样本数据创建频数表。

5.1 设置 R 语言

为了继续练习创建和使用项目，本章中也将创建一个新的项目。如果对这部分已经相当熟悉，则可以略读这部分内容。

如有必要，请回顾第 1 章创建新项目的步骤。启动 RStudio 软件之后，在左上角的菜单栏中选择 File 选项，单击 New Project 按钮，依次选择 New Directory | New Project 选项，并将新项目命名为 ThisChapterTitle，最后选择 Create Project 选项。创建 R 脚本文件需要单击顶部菜单栏 File 选项下方的白纸上方带加号的小图标，选择 R 脚本菜单

选项，单击光盘状的 save 图标，并将文件命名为 PracticingToLearn_XX.R(XX 为这一章的编号)，最后单击 Save 按钮。

在右下窗格中会显示项目的两个文件。在 File 选项卡的右侧，单击 New Folder 按钮，在 New Folder 弹出窗口中输入 data，并单击 OK 按钮。单击右下窗格中新的 data 文件夹，重复上述文件夹的创建过程，创建一个名为 ch05 的文件夹。

本章将用到的程序包均已通过第 2 章的学习安装在计算机，不需要重新安装。由于这是一个新项目且是第一次运行这组代码，因此需要首先运行下面的 library() 调用：

```
library(data.table)

## data.table 1.13.0 using 6 threads (see ?getDTthreads). Latest news:
r-datatable.com

library(palmerpenguins)
library(JWileymisc)
library(extraoperators)
```

现在，可以开始自由探索统计数据了！

5.2 总体与样本

统计思维就是将世界中杂乱的信息进行分类和整理，使之具有某种意义。当然，这个过程中通常会用到数字，但是统计思维并不需要数字。

首先，花点时间想想世界上所有的家庭，然后再想想自己的家庭，最后想想认识的某个人的家庭。虽然所有家庭与一两个家庭具体情况的对比可能有些难以看清，但是，是否存在一些所有家庭都拥有的共同点？自己的家庭是否有不同之处？注意，现在对家庭这个概念有两个等级划分，一个很大，代表"世界上所有的家庭"，另一个很小，代表自己的家庭或者认识的人的家庭。

在统计思维中，大而全面的群体(如"所有家庭")和小而具体的群体(如"一个或两个家庭")之间的关系会经常出现。

其他大型总体群体与小型特定群体对比的示例，还包括国家的所有人与你家乡的所有人对比，甚至所有狗与一只澳大利亚牧羊犬对比。

在统计学中通常将大而全面的一组事物或者一群人称为**总体**。总体是真正需要了解和研究的概念或群体，但是很难直接访问总体的信息。因此，通常对被称为**样本**的小部分或子集进行研究。自己的家庭正是世界上所有家庭的一个样本，通过对自己家庭的研究——因为它比整个世界范围小，所以更容易研究——可以了解世界上所有家庭的情况。

恭喜！到目前为止，你已经学习了统计语言中的两个单词！当从统计学角度思考现实世界时，首先需要确定想要研究的更大的总体。一旦目标总体被锁定，就可以开始考虑可能能够获得、使用和研究的样本类型。

5.3 变量与数据

在进行研究时，通常需要以某种方式来记录和思考研究对象的关键特征。对于家庭来说，可能会想知道家庭成员的姓名，也可能想了解家庭地位：谁经常按自己的风格行事？谁是下一个最有影响力的人？居住地的温度是多少？是热还是冷？最后，可能还会对家庭成员的身高感兴趣：谁最高，谁最矮？

上面描述的这些测量值都可能发生变化。一般，对于不同的家庭，情况会有所不同，甚至对于同一个家庭来说，每天或每年的情况也会不同。这些可变的类型的测量值就称为**变量**。通常，统计学家研究两种类型的变量：**定性变量**和**定量变量**。

定性变量是诸如家庭成员姓名这类的数据信息，有时也被称为**分类变量**或者**定类变量**。眼睛颜色、肤色、性别、生理性别、性格——这些变量都有名称或标签描述的类别。虽然(在某种情况下)很容易展现明显的差异(例如，两个兄弟姐妹的眼睛颜色可能明显不同)，但这些差异没有任何排序。与蓝色的眼睛相比，绿色的眼睛并不是"第一"或"第二"。通过定类可以更好记住此类数据，而定类(nominal)一词的含义是"名称"，名称通常作为思考定性数据的一种方式而被记载在文献中。

定量变量指的是数字(通常用 N 代表)。接下来将讨论三种类型的定量变量。

第一个孩子和第二个孩子是一种**定序变量**。定序变量具有明确的数字顺序，例如，"西半球最古老的大学"与"最年轻的大学"之间的对比，或是公司赚到的第一笔钱，这些数据带有明显的数字，但是这些数字并没有更深的含义，就像在比赛中获得第一名或者第二名并没有什么计算意义，毕竟银牌得主并不比金牌得主慢"两倍"。因此，定序变量具有数字顺序，但仅此而已。

定序变量的另一个示例是在调查中常用的李克特量表(lick-urt)，它包括非常不同意、不同意、不一定、同意和非常同意五个选项。这些选项可能看起来不太像数字，但通常在数据中编码为-2、-1、0、1 和 2。

定距变量不仅具有数字顺序，在数字上还有明显的区别。摄氏温度就是一个定距变量的很好的示例。100 摄氏度是水的沸点，0 摄氏度则是水的冰点。在这个温度系统中，23 摄氏度是一个很舒适的室内温度，而 45 摄氏度则会令人畏惧。"定距"指的是可以进行间隔或差值计算，例如，45 ℃ – 23 ℃ = 22 ℃(换句话说，23 ℃ 和 45 ℃ 之间的间隔为 22 ℃)。将定距变量与定序变量进行对比(在李克特量表中，-2 与 -1 的"间隔"毫无意义)，可以发现，定距变量的一个特征是，0 也没有任何重大意义。例如，华氏温度测量中的 0 ℉ 没有数学意义。当然，0 ℃ 是水在标准大气压下的冰点，但是，这并不具有普遍的数字意义。

最后要学习的一种定量变量是定比变量，它具有数字顺序，数字间有明显的差异，并且有有意义的 0。定比变量的示例包括血压、身高、年龄和金钱。

表 5-1 对 4 种类型的数据进行了总结。花时间想一想已知的数据，并找出它在表中的位置。它是定性的还是定量的？能描述得更准确一些吗？

表 5-1　定性或定量变量

种类	示例
定类变量	姓名、眼睛颜色、肤色、性别、生理性别、个性类型、世代、类别和其他定性数据
定序变量	第一/第二个孩子、最古老的大学、金牌和银牌得主、世界上人口最多的国家和李克特量表都是定量数字数据的示例
定距变量	华氏/摄氏温度、一天中的时间、IQ 值
定比变量	血压、身高、年龄和金钱

5.3.1　示例一

接下来，使用之前的 as.data.table()函数，将第 4 章中用到的 aces_daily 数据集转化为符合 data.table 程序的格式。但是，现在需要研究数据集的各个列分别是什么类型的数据。要查看数据的结构，可以使用 str()函数：

```
acesData <- as.data.table(aces_daily)
str(acesData)

## Classes 'data.table'  and 'data.frame':  6599 obs. of 19 variables:
##  $ UserID            : int 1 1 1 1 1 1 1 1 1 1 ...
##  $ SurveyDay         : Date, format: "2017-02-24" ...
##  $ SurveyInteger     : int 2 3 1 2 3 1 2 3 1 2 ...
##  $ SurveyStartTimec11: num 1.93e-01 4.86e-01 1.16e-05 1.93e-01
4.06e-01 ...
##  $ Female            : int 0 0 0 0 0 0 0 0 0 0 ...
##  $ Age               : num 21 21 21 21 21 21 21 21 21 21 ...
##  $ BornAUS           : int 0 0 0 0 0 0 0 0 0 0 ...
##  $ SES_1             : num 5 5 5 5 5 5 5 5 5 5 ...
##  $ EDU               : int 0 0 0 0 0 0 0 0 0 0 ...
##  $ SOLs              : num NA 0 NA NA 6.92 ...
##  $ WASONs            : num NA 0 NA NA 0 NA NA 1 NA NA ...
##  $ STRESS            : num 5 1 1 2 0 0 3 1 0 3 ...
##  $ SUPPORT           : num NA 7.02 NA NA 6.15 ...
##  $ PosAff            : num 1.52 1.51 1.56 1.56 1.13 ...
##  $ NegAff            : num 1.67 1 NA 1.36 1 ...
```

```
## $ COPEPrb            : num NA 2.26 NA NA NA ...
## $ COPEPrc            : num NA 2.38 NA NA NA ...
## $ COPEExp            : num NA 2.41 NA NA 2.03 ...
## $ COPEDis            : num NA 2.18 NA NA NA ...
## - attr(*, ".internal.selfref")=<externalptr>
```

虽然 UserID 看起来是定量的，但实际上它是定性的! ID 虽然是整数，但它代表的是研究参与者的姓名。该集合中的其他定类变量包括：生理性别标识 Female、出生于澳大利亚的标识 BornAUS 和教育水平标识 EDU，以上这些均用数字 1 表示"是"，而用数字 0 表示"不是"，因为数字 1 通常表示类别为真(在电子计算机的设计中，1 通常代表电路是"通电"的)。这种数据存储的类型被称为"独热"冷却。

一开始学习这部分时，可能会感到困惑。UserID 列本质上是研究参与者的姓名，根据这一点可以判断数据为定性的定类变量。而 Female 变量实质上是每一行为"女性""男性"或"拒绝回应"的名为"生理性别"的列数据，同样，BornAUS 变量也可以简单地表示为"是""不是"或"拒绝回应"。

该数据集的定序变量包括用来表示正在记录三个日常调查中的哪一个的SurveyInteger 列和范围由 4 到 8，用来表示社会经济状况的 SES_1 列。虽然这些列将调查或状态按某种顺序进行排序，但基于这些定量变量并不存在合理的数学计算：

```
unique(acesData$SurveyInteger)

## [1] 2 3 1

unique(acesData$SES_1)

## [1] 5 NA 7 8 6 4
```

定距变量则包括日期值 SurveyDay 以及时间变量 SurveyStartTimec11：

```
unique(acesData$SurveyDay)

##  [1] "2017-02-24" "2017-02-25" "2017-02-26" "2017-02-27" "2017-02-28"
##  [6] "2017-03-01" "2017-03-02" "2017-03-03" "2017-03-04" "2017-03-05"
## [11] "2017-03-06" "2017-03-07" "2017-02-22" "2017-02-23" "2017-03-08"
## [16] "2017-03-09" "2017-03-10" "2017-03-11" "2017-03-12" "2017-03-13"
## [21] "2017-03-14"
```

该数据集中的其余数据被视为定比变量。Age 是定比数据，因为它有一个有意义的 0，并且 40 岁人的年龄可以说是 20 岁人的两倍。自我报告睡眠开始时间 SOLs 变量以分钟为单位来测量参与者入睡前所需的时间，因此，这种类似秒表的测量方法在参与者"直接入睡"时有一个真正的 0，并且 5 分钟是 10 分钟的一半。同样，自我报告睡眠后醒来次数 WASONs 也是一个定比变量。

到目前为止，你已经对 R 语言中的 unique()函数很熟悉了，接下来，将会引入一个新函数 summary()，稍后会进一步讨论该函数。现在需要研究范围从 0 分钟到 180 分钟(3 小时)的入睡时间。此时，有一个需要注意的有趣现象，在数据集的 6599 个观察值中，足足有 4502 个缺失值(NA)。很难自我报告入睡需要多长时间！

```
unique(acesData$Age)

## [1] 21 NA 23 24 25 22 20 18 26 19

summary(acesData$SOLs)

##    Min. 1st Qu.  Median  Mean 3rd Qu.   Max.  NA's
##       0       7      16    27      32    180  4502

unique(acesData$WASONs)

## [1] NA 0 1 2 4 3
```

注意

列表中的最后一组测量数据是压力等级 STRESS、社会支持量表 SUPPORT、积极情绪等级 PosAff、消极情绪等级 NegAff、问题聚焦应对量表 COPEPrb、情绪过程应对 COPEPrc、情绪表达应对 COPEExp 以及精神寄托应对 COPEDis。这些数据通常被视为连续数据，尽管它们实际上有一些细微差别，且在某种程度上超出了本课程的范围。

5.3.2 示例二

首先，请回顾 mtcars 数据集。汽车的类型毫无疑问是定类的定性变量，但是 vs(发动机是否为"v"形)和 am(变速箱自动或手动)也是定类变量，这些都属于类别的独热编码。

其余所有值都是定比变量。

```
head(mtcars)
```

##	mpg	cyl	**disp**	hp	drat	wt	qsec	vs	am	gear	carb
## Mazda RX4	21.0	6	160	110	3.90	2.620	16.46	0	1	4	4
## Mazda RX4 Wag	21.0	6	160	110	3.90	2.875	17.02	0	1	4	4
## Datsun 710	22.8	4	108	93	3.85	2.320	18.61	1	1	4	1
## Hornet 4 Drive	21.4	6	258	110	3.08	3.215	19.44	1	0	3	1
## Hornet Sportabout	18.7	8	360	175	3.15	3.440	17.02	0	0	3	2
## Valiant	18.1	6	225	105	2.76	3.460	20.22	1	0	3	1

5.3.3　示例三

最后一个示例是 penguin 数据集。"物种""岛屿"和"性别"列均是定性的定类数据。但是,当使用 str()函数时,需要注意这些显示为 Factor 的数据。Factor 数据是独热编码的多级版本。虽然 R 语言保留了物种名称的文本(如 Gentoo),但后台中,物种名称 Adelie、Chinstrap 和 Gentoo 分别用数字 1、2、3 表示。

长度、深度以及质量测量值均为定比数据:

```
str(penguins)

## tibble [344 x 8] (S3: tbl_df/tbl/data.frame)
## $ species          : Factor w/ 3 levels "Adelie","Chinstrap",..: 1 1 1
1 1 1 1 1 1 ...
## $ island           : Factor w/ 3 levels "Biscoe","Dream",..: 3 3 3 3 3
3 3 3 3 3 ...
## $ bill_length_mm   : num [1:344] 39.1 39.5 40.3 NA 36.7 39.3 38.9 39.2
34.1 42 ...
## $ bill_depth_mm    : num [1:344] 18.7 17.4 18 NA 19.3 20.6 17.8 19.6
18.1 20.2 ...
## $ flipper_length_mm: int [1:344] 181 186 195 NA 193 190 181 195 193 190
...
## $ body_mass_g      : int [1:344] 3750 3800 3250 NA 3450 3650 3625 4675
3475 4250 ...
## $ sex              : Factor w/ 2 levels "female","male": 2 1 1 NA 1 2 1
2 NA NA ...
## $ year             : int [1:344] 2007 2007 2007 2007 2007 2007 2007
2007 2007 2007 ...
```

5.3.4　关于变量与数据的思考

了解数据类型很重要,因为某些统计技术仅适用于特定类型的数据。假设你有一个支票账户和一个储蓄账户——这些定比数据很容易加在一起并得到总计,但是你的姓名无法与我们的姓名相加——这意味着定类数据并不能进行同样的操作。更重要的是,有些统计方法在数学上行得通,但在错误的数据类型上运用则不正确。例如,摄氏度温度。在数学上通常可以用调查整数 3 减去调查整数 1,得到 2(因为 3-1=2),但是这对于调查整数 2 的内容和用途并没有任何意义。

有一点值得注意:机械运作和成功运作是有区别的。咖啡研磨机也可以很好地用来研磨木屑,但是,需要一定的技巧(尤其是在清晨!)才能意识到不要将木屑放入咖啡机中。

使用像 R 语言这样的统计语言的风险之一是,如果数据机械地工作,R 语言将很乐意提供相应的输出。这个输出甚至看起来是"正确的"。在一开始,花时间确保数据是执行特定计算的正确类型可能大部时间看起来都很愚蠢，但之后将会把它看作常规过程的一部分。

5.4 统计思维

我们周围的世界极为复杂，有很多方法尝试将这种复杂性简化为一个可用的模型。还记得之前提到的家庭吗？地球上所有家庭的人口这个总体是巨大的，也许大到难以理解。如果能够找到一个家庭样本(例如，只有少数几个家庭)就可以更仔细地进行研究，并了解所有家庭(或至少大多数家庭)的一些情况。

从大的总体中选取一个子集或样本就体现了统计思维。事实上，当我们在谈论与样本相关的数据或信息时经常会用到**统计**这个词，而在拥有总体级数据的情况下(这种情况很罕见)则通常会使用**参数**。

与大多数哲学一样，这种方法也有利有弊。一个好的样本应该可以使人对总体有相当合理的了解，然而，选择一个好的样本是很困难的！每个人的家庭经历都可能不太一样。世界上有很多种家庭，甚至对于家庭名单的决定方式也是不同的。

假设要研究理想的键盘布局，此时罗马字母只是所有书面文字的一个样本。也可以研究标记为"维多利亚"地区的大学生，这里澳大利亚的维多利亚州可能与得克萨斯州的维多利亚不同。一些样本询问人们的政治观点，然而，"随机成年公民"的政治信仰往往(以一定比例)与"可能的选民"或"实际的选民"的信仰不同。

样本和总体之间的这种张力既是统计的优势，也是统计的劣势。选择一个好的样本，将会有一个更小的(更易于管理的)小组来进行学习和研究，然而，复杂性的降低往往会消除一些关键特性，使得识别普遍趋势变得更加困难。在本书中，偶尔会生成含大量数据的"总体"，并从该总体中抽取较小的样本。通过对两组数据的对比(使用 R 语言之类的编程语言完成)，可以深入了解统计学的力量和局限性。

5.5 研究评估

通常，有两种研究方法。**观察性**研究中，没有研究人员的直接干预。政治民意调查是观察性研究的一个示例。确定样本，提出问题然后汇总结果。事实上，大多数民意调查往往是观察性的。虽然调查问题和此类心理测验学的研究本身就是一个领域，但是，现在已经掌握了一些相关的简单问题的答案。

问题问得是否公平？这些问题是不是在向某些方向"引导"人们？考虑下面这个不公平的问题："你停止伤害他人了吗？"这个问题没有什么好的答案，因为它的前提是回答者一直在伤害别人。虽然回答"是"肯定比"否"要好，但很明显它并不是一个很好的答案。对于一家公司的研究员，一个不公平的问题可能像是"你愿意花 10 美元还是 5 美元购买我们的产品？"普通消费者很可能会回答"5 美元"。但是如果这个问题变成"假设你在市场上买一款产品，你会选择 10 美元的高端且功能齐全的产品，还是 5 美元的入门且基础的产品？"则更能从潜在客户那里得到一个有效的答案。

研究是否选择了合适的人来观察？在某种程度上，这又回到了样本选择。有什么特征可以使观察组与总体不同？如何判断是否有足够的人被观察到？

相比之下，**实验**研究则具有直接干预。将被研究的人分为两组，**对照组**被问到相同的问题或进行相同的测试，但不引入任何干预。另一组则接受干预或治疗，并接受与对照组相同的问题或测试。

这种测试可以在网站上实现，它有时被称为 A/B 测试(即网站或推销宣传的 A 版或 B 版)。测试有时是在医学研究试验中被完成的，测试中的对照组服用的是安慰剂(一种无害的药物，像是传统意义上的"糖丸")，而实验组服用的是正在研究的新药。

采用实验组提出了一个重要的伦理问题。在网站测试中，网站之间的差异很可能不会对普通消费者造成太大的伤害。而在医学实验中，两组患病情况相同的患者却接受了两种截然不同的治疗。疾病的严重性、治疗方法之间的差异(如果已经存在可以替换为真正的安慰剂的传统治疗方法)以及实验干预的危险性(如果新药在实验中途发现不安全)都将增加实验研究的风险。

虽然实验研究需要仔细考虑伦理风险，但是，如果在参与者知情并同意的情况下进行，则可能会带来巨大的好处，前提是研究人员能够完全控制接受治疗的参与者样本。

5.6　样本评估

到目前为止，可以发现，能否得到正确的样本可能会严重影响我们对总体的理解。那么，怎样才能"得到正确的样本"呢？什么是好的样本？样本可能达到"足够好"吗？

通常情况下，答案是"视情况而定"。一个好样本的关键在于，尽管样本比总体小，但仍具有总体的所有特征。换句话说，样本最好是总体的"真正"代表。在统计学中，当一个样本"适合"总体时，这个样本可以被称为是**无偏差的**。反过来说，**有偏差的**样本在一个或多个潜在的关键变量上无法很好地与总体匹配。在一些案例中，即使样本看起来与最初考虑研究的变量相匹配，也可能存在一些没有考虑到的可能会影响结果的其他变量。这种来自计划外，产生意外影响的变量被称为**混淆**变量。

探索研究各种类型的样本时，请记住每种样本的利弊，密切关注样本偏差以及混淆变量。在研究每种采样方法时，还将介绍如何使用该方法从"总体"中提取样本的 R 语言编码。在"常规"研究中(与教学或学习研究相比)需要使用样本，因为总体太大或成本太高，无法收集完整的数据。但是在使用编程语言时，则可以先模拟总体数据，再从中提取较小的样本，并且可以从中了解每个样本的工作原理。在本节中，假设 **acesData** 数据集是一个总体：

```
#this comment reminds us we pretend acesData is a population
colnames(acesData)
```

```
##  [1] "UserID"            "SurveyDay"      "SurveyInteger"
##  [4] "SurveyStartTimec11" "Female"        "Age"
##  [7] "BornAUS"           "SES_1"          "EDU"
## [10] "SOLs"              "WASONs"         "STRESS"
## [13] "SUPPORT"           "PosAff"         "NegAff"
## [16] "COPEPrb"           "COPEPrc"        "COPEExp"
## [19] "COPEDis"
```

5.6.1 便利抽样

最简单的抽样法称为**便利抽样**。顾名思义，不同于将总体缩减为选定样本，便利抽样直接简单地获取一个便利的子集。个人家庭即是众多家庭中的一个便利样本；一间教室中的学生即是所有学生的一个便利样本；此外，在公司网站的首页上进行民意调查是一个针对潜在客户的便利抽样。这些样本可以轻松快速地访问，并且结果可以快速制成表格并进行处理——非常强大且专业。另一方面，这种方法也受制于样本。我们在高等教育中的主要教学内容包括调查研究和统计方法课程。选择我们教导的学生作为所有学生的便利样本是有偏差的。因为艺术专业的学生、音乐专业的学生或计算机工程师很少参加我们的课程，学习我们课程的并不是所有学生群体。另一方面，学习我们课程的学生对于各种科学专业的学生来说，可能是一个足够好的样本。

1. 示例一

便利抽样是快速且简单的。假设想要快速了解调查参与者的年龄范围，可能只选前 20 个参与者。请记住，**data.table** 中通常在 *i* 位置进行筛选。本例中，*i* 需要小于等于 20。由于在本案例中仅需要年龄数据，因此接下来只需要选择 Age 列。参与者实际上在这项研究中参加了许多调查，因此需要在结果中使用 unique()函数，使每个年龄只显示一次(目前只对年龄范围感兴趣)：

```
convenienceAge <- acesData[UserID <= 20, Age]
unique(convenienceAge)
```

```
## [1] 21 NA 23 24 25 22 20 18
```

从上面的输出结果可以看出，年龄范围为 18 至 25 岁，但这并不是最有序的数据输出。编写更有效的代码通常需要经历几轮尝试和错误。通过多次编辑完善细化代码时，对代码做注释会有所帮助。R 语言使用井号(#)标签，表示该符号后键入的单词不需要处理。代码注释可帮助自己和其他读者了解代码的目的，使研究可重复：

```
#convenience sample selection of first 20 participants
convenienceAge <- acesData[UserID <= 20, Age]

#each participant takes many surveys, just need age once
convenienceAge <- unique(convenienceAge)

# sort the ages for better readability
sort(convenienceAge)

## [1] 18 20 21 22 23 24 25
```

此时，是否注意到 sort()函数删除了 NA 数据？NA 是那些选择不报告年龄的参与者的占位符。默认情况下，sort()函数不包含 NA 数据。如果需要在排序中包含 NA，则必须使用 sort()函数的另一个参数来指定将他们放在最后一位还是第一位：

```
sort(convenienceAge, na.last = TRUE)

## [1] 18 20 21 22 23 24 25 NA

sort(convenienceAge, na.last = FALSE)

## [1] NA 18 20 21 22 23 24 25
```

在 R 语言与 RStudio 软件中，始终可以通过在函数前输入"?"来了解函数的更多信息：

```
?sort()
```

2. 示例二

如果尝试用这个方法，在penguinsData数据集中检查flipper_length_mm列会怎样？此时，需要重新使用前面示例中几乎所有的代码。当然，首先要将数据集转化为符合data.table 程序的格式。

不过，选取前 20 只企鹅不太好：它们似乎都是同一个物种。这会造成偏差吗？

```
penguinsData <- as.data.table(penguins)

#convenience sample selection of first 20 penguins
convenienceFlippers <- penguinsData[1:20, flipper_length_mm]

#Just need each length once each; only need range
```

```
convenienceFlippers <- unique(convenienceFlippers)

# sort the lengths for better readability
sort(convenienceFlippers, na.last = TRUE)

## [1] 180 181 182 184 185 186 190 191 193 194 195 197 198 NA
```

5.6.2　*K* 抽样

另一种常见的抽样方法是 ***K* 抽样**。*K* 代表序数，如"第 2"或"第 10"。*K* 抽样是一种系统抽样方法，即对每第 *K* 个物品或人进行抽样，例如，每第 100 位访问公司网站的用户可能会收到一份调查问卷，或者向商店中排队的每第 3 名客户询问一个问题。*K* 抽样通常用于质量控制，因为这种方法可以通过控制产品之间的间隔来确保更广泛的覆盖范围。但是，在自动化流程中(例如，制造或计算工作)需要确定没有意外模式！例如，假设有一个工厂缝制衬衫，厂中总共有 14 台机器，而总是抽取第 13 件衬衫，那么可能会无意中仅对第 13 台机器的产品进行了抽样。

1. 示例一

回到 Age 范围的研究，此时需要稍微修改之前的方法来捕获每个第 13 名参与者。回顾一下长除法和余数的相关知识。诸如 6 除以 2 余数为 0(因为 2 能整除 6)，5 除以 2 将得到 2 且余数为 1。余数有时也被称为模数，且在 R 语言中用运算符"%%"表示：

```
#the modulo output of 0 is the 'remainder'
6 %% 2

## [1] 0

8 %% 2

## [1] 0

#the modulo output of 1 is the 'remainder'
5 %% 2

## [1] 1

7 %% 2

## [1] 1
```

数字 2 的取模输出对于偶数始终为 0，对于奇数始终为 1。

当取模的输出为 0 时，即得到了对于 *K* 值来说完美的模数。在本案例中，需要找到 13 的倍数：

```
13 %% 13
```

```
## [1] 0
```

```
26 %% 13
```

```
## [1] 0
```

UserID 是 acesData 数据集中的一列，此时，需要 UserID 列中所有为 13 的倍数的行(因为想要用每第 13 个用户作为 K 样本)，这也就意味着需要找到所有对于数字 13 取模数为 0 的行。为检查是否正确地使用了这项技术，需要在使用代码捕获 Age 之前，将 ID 分配给名为 idCheck 的新变量。因为需要选择 UserID 列中为 13 的完美倍数的每一行，所以将对数字 13 取模并要求输出为 0(通过在 data.table 中的行筛选位置 i，使用代码 UserID %% 13 == 0 实现)：

```
# Assign every 13th UserID to idCheck
idCheck <- acesData[UserID %% 13 == 0, UserID]
# Make sure we got the correct UserIDs
unique(idCheck)
```

```
## [1] 13 26 39 52 65 78 91 104 117 130 143 156 169 182
```

现在，可以确定取模适用于第 K 个抽样选择(在该案例中为每第 13 个)。试验过此方法后，就可以推进此方法了，因为这不仅仅是一种用于独立查看每一位代码的技术(尽管它也适用于此)。在现实生活的数据科学中，探索数据并弄清楚如何捕获数据，通常只需要一系列小步骤即可完成，因为对于初学者来说，很难一次尝试做太多的事情，这为找出代码故障点可能存在的位置增加了难度。调试较短的代码比调试较长的代码更为容易，所以请始终尝试从小代码开始，并经常运行代码！

随着取模的进行，接下来可以复制粘贴样本的大部分代码。返回查看之前的代码，并标出本例中做出更改的位置，我们将发现，其实并没有什么差别！这是运用 R 语言使大规模统计变得简单的一种方式——研究可以在不同方法中重现：

```
#kth sample selection of every 13 participants
kthAge <- acesData[UserID %% 13 == 0, Age]

#each participant takes many surveys, just need age once
kthAge <- unique(kthAge)

# sort the ages for better readability
sort(kthAge, na.last = TRUE)
```

```
## [1] 18 19 20 21 23 24 25 NA
```

2. 示例二

如果尝试对 penguins 数据集进行第 *K* 行抽样，检测 flipper_length_mm 列的范围会怎样？同样，有大量代码可以重复使用。但是，penguinsData 数据集没有 ID 只有行。在本例中，将用 seq()函数创建一个序列。这个函数有三个输入，一个开始值，一个结束值，还有一个表示要跳过多少项的值：

```
#observation-rows in penguins
nrow(penguinsData)

## [1] 344

#sequence of every 13th row needed
seq(13, nrow(penguinsData), 13)

##  [1]  13  26  39  52  65  78  91 104 117 130 143 156 169 182 195 208
## [17] 221 234 247 260 273 286 299 312 325 338
```

在使用代码检查 flipper_length_mm 的范围之前，先来观察选择每第 13 行的 penguins 数据后得出的结果。接下来使用序列列表，用 data.table 的 *i* 位置，抽取每个第 13 行，并且在本例中需要将 data.table 的 *j* 位置留空，以便看到更好的物种组合。尽管现在示例中具有全部三个物种，但它并不是完美的。你能在样本中找出一个代表性不足的物种吗？样本中，只有 5 个数据属于 Chinstrap 物种。还需注意，R 语言对新数据集中的行进行了重新编号。与 UserID 固定的参与者数据不同，此处为：

```
#kth sample selection of every 13th penguin
penguinsData[seq(13, nrow(penguinsData), 13)]

##         species    island bill_length_mm bill_depth_mm
## 1:      Adelie  Torgersen          41.1          17.6
## 2:      Adelie     Biscoe          35.3          18.9
## 3:      Adelie      Dream          37.6          19.3
## 4:      Adelie     Biscoe          40.1          18.9
## 5:      Adelie     Biscoe          36.4          17.1
## ---
## 22: Chinstrap      Dream          51.3          19.9
## 23: Chinstrap      Dream          43.2          16.6
## 24: Chinstrap      Dream          47.5          16.8
## 25: Chinstrap      Dream          51.5          18.7
## 26: Chinstrap      Dream          46.8          16.5
##         flipper_length_mm body_mass_g   sex year
## 1:                    182        3200 female 2007
## 2:                    187        3800 female 2007
## 3:                    181        3300 female 2007
```

```
## 4:                188        4300   male 2008
## 5:                184        2850 female 2008
## ---
## 22:               198        3700   male 2007
## 23:               187        2900 female 2007
## 24:               199        3900 female 2008
## 25:               187        3250   male 2009
## 26:               189        3650 female 2009
```

整合已经学习的知识，并尽可能多地使用旧代码，将 penguinsData 赋值给变量 kthFlipper。接下来，继续研究范围，此时可以发现样本中三个物种的范围都扩大了：

```
#assign every 13th sample to kthFlipper variable
kthFlipper <- penguinsData[seq(13, nrow(penguinsData), 13),
flipper_length_mm]

#Just need each length once each
kthFlipper <- unique(kthFlipper)

# the lengths for better readability
sort(kthFlipper, na.last = TRUE)

##  [1] 181 182 184 187 188 189 190 198 199 202 210 214 215 218 219 220
## [17] 221
```

在考虑 K 抽样时，还需要考虑其他一些事项。就参与者年龄范围的案例来说，幸运的是，将便利样本中的前 20 个与每个样本中第 13 个样本点相比，都能得到 18 岁至 25 岁的范围。然而，对于企鹅鳍状肢长度的案例来说，虽然 K 样本代码编译较为困难，但是它会提供了更完整的理解。

5.6.3 分群抽样

有时，选择组或**集群**样本是有意义的。对学生进行调查的时候，可以选择 20 个教室，并为调查指定一个分数等级。在杂货店中，可以在走过 10 号过道的时候询问每位顾客是否找到了他们想要的所有东西。当集群具有某种自然的群体行为时，分群抽样才有意义，这与便利抽样不同，因为分群抽样能够包含不便利的集群。例如，在一些关于学生的调查中，机构更倾向于选择教室而不是单个学生，因为在课堂时间进行调查可以提高调查完成率。分群抽样比 K 抽样更有意义，因为课堂中每个学生的时间表和教学计划都是一样的。

分群抽样的运用更为全球化，例如，一些医学研究可能选择少数几个国家的其中一家医院，一些教育研究可能在每个地区的其中一所小学进行。集装箱运送也可能用到分群抽样，例如，少数卡车可能会在边境被拦下并检查车中的每件物品是否为违禁品。

虽然分群抽样通常是地理性的，但也有时间成分。此外，分群样本的一个特性是，选择集群中的每个(或者至少大多数)项，换句话说，被抽样的是整个集群而不是一次一个个体。

1. 示例一

假设有一位访问研究员想要询问调查参与者一些额外的问题。分群样本的一个示例是"指定日期的所有参与者"。通过 as.Date() 函数选择一个特定的日期，因为本例的 SurveyDay 中含有 Date 数据格式，所以此步骤是必须的。此外，还需要使用逻辑运算符 %in%。以上的步骤均需要在 data.table 的 i 位置运用。接下来则使用 j 列筛选位置来检查参与者的 UserID 和 Age。此时可以看到有几个重复项(毕竟参与者每天要完成 3 个调查)。

注意，此处并没有将日期内嵌在 i 位置，而是将其赋值给变量 clusterDate，使得代码更易于阅读。如果需要将结果分享给不熟悉 R 语言的同事，则可以这样表达："在调查数据集中，仅选择了分群抽样日期中调查参与者的 ID 与年龄"。

```
#assign to a well-named variable
clusterDate <- c(as.Date("2017-02-23"))

acesData[SurveyDay %in% clusterDate,
        .(UserID, Age)]

##      UserID  Age
##   1:      2   23
##   2:      2   23
##   3:      2   23
##   4:      3   NA
##   5:      6   NA
## ---
## 103:    187   19
## 104:    187   19
## 105:    189   19
## 106:    189   19
## 107:    189   19
```

将此代码与之前使用的代码进行对比，并没有很大变化：

```
#cluster sample of all participants on 27 Feb 2017
clusterAge <- acesData[SurveyDay %in% clusterDate, Age]

#each participant takes many surveys, just need age once
clusterAge <- unique(clusterAge)
```

```
# sort the ages for better readability
sort(clusterAge, na.last = TRUE)
```

```
## [1] 18 19 20 21 22 23 24 25 26 NA
```

但仍存在一个区别，使用此代码后，第一次出现了 26 岁这个数据。

2. 示例二

很容易对 mtcars 数据集进行分群抽样。可以按照制造商来收集集群。假设想要使用分群抽样来测算马力值的范围，接下来可能会选择 Mercedes 和 Toyota 作为两个制造商。

首先，将 mtcars 赋值为数据表并保留列名。这会产生一个名为 rn 且含有汽车行名称的 data.table 列。使用逻辑运算符 "%like%" 和逻辑或运算符 "|"，就能收集 Mercedes 和 Toyota 的行数据：

```
mtcarsData <- as.data.table(mtcars, keep.rownames = TRUE)

mtcarsData[rn %like% "Merc" |
                         rn %like% "Toyota"]
```

```
##                  rn mpg cyl  disp  hp drat    wt  qsec vs am gear carb
## 1:      Merc 240D 24.4   4 146.7  62 3.69 3.190 20.00  1  0    4    2
## 2:      Merc 230 22.8   4 140.8  95 3.92 3.150 22.90  1  0    4    2
## 3:      Merc 280 19.2   6 167.6 123 3.92 3.440 18.30  1  0    4    4
## 4:     Merc 280C 17.8   6 167.6 123 3.92 3.440 18.90  1  0    4    4
## 5:    Merc 450SE 16.4   8 275.8 180 3.07 4.070 17.40  0  0    3    3
## 6:    Merc 450SL 17.3   8 275.8 180 3.07 3.730 17.60  0  0    3    3
## 7:   Merc 450SLC 15.2   8 275.8 180 3.07 3.780 18.00  0  0    3    3
## 8: Toyota Corolla 33.9   4  71.1  65 4.22 1.835 19.90  1  1    4    1
## 9:  Toyota Corona 21.5   4 120.1  97 3.70 2.465 20.01  1  0    3    1
```

一旦数据集已经准备好并被选中，就会运行相同的步骤。在本案例中，将对 hp 列进行筛选，得到马力值：

```
#cluster sample of hp
clusterCar <- mtcarsData[rn %like% "Merc" |
                            rn %like% "Toyota", hp]

#some cars may share hp, we still are focused on range
clusterCar <- unique(clusterCar)

# sort the hp for better readability
sort(clusterCar, na.last = TRUE)
```

```
## [1]  62  65  95  97  123  180
```

5.6.4 分层抽样

分层抽样可以确保每种类型或人口都可以被选到。对于 penguins 案例，分层抽样可能是最好的选择，这种方法可以选择每种企鹅中的一些个体。分层抽样可以跨生物性别、种族、年龄段、收入水平、社会经济指标或其他变量收集阶层。分层的一个特性是，不需要收集特定层中的每个要素，因此，尽管分层抽样看起来有点类似于分群抽样(两种方法之间存在一些概念上的重叠)，但它们有不同之处。通常，在使用分层抽样时，人们希望可以看到层之间的一些差异，而且层的选择也都经过深思熟虑，并不是每层中的每个元素/项目/个体都被选为样本。

1. 示例一

在调查参与者案例中，我们可能希望按照社会经济地位和生理性别(SES_1 和 Female)进行抽样。同样，现在需要研究年龄范围。此时，我们的目标是从每个层中挑选一些合适的数据，与分群抽样不同，并不需要选择每个层中的所有数据。在每个层中挑选参与者的方法可以是个人倾向的任意方法。可以使用前一个或两个便利样本，也可以使用第 K 名参与者，均为个人的选择。

为简单起见，只选择每个层中的第一行。为此，将使用 data.table 程序的子集运算符 ".SD[]"。子集运算符用于向 data.table 程序发出使用 by 进行行操作的信号。

我们的目标是使用每层中第一行的便利样本，所以有 6 种可能的社会地位和 3 种可能的生理性别构成组合，也就是最多有 6*3=18 层(如果所有可能的组合都出现):

```
unique(acesData$SES_1)

## [1]  5 NA  7  8  6  4

unique(acesData$Female)

## [1]  0 NA  1
```

如果只是简单地做一些看起来很自然的事情，则会收到一个警告信息，因为 data.table 程序从左到右依次处理命令，由于 i 行筛选位置处的 1 表示第 1 行，所以 by 处的代码永远不会被处理:

```
acesData[1, , by = .(SES_1, Female)]

## Warning in '[.data.table'(acesData, 1, , by = .(SES_1, Female)):
## Ignoring by= because j= is not supplied
```

```
##   UserID SurveyDay SurveyInteger SurveyStartTimec11 Female Age
## 1:      1 2017-02-24             2             0.1927      0  21
## BornAUS SES_1 EDU SOLs WASONs STRESS SUPPORT PosAff NegAff COPEPrb
## 1:    0     5   0   NA     NA      5      NA  1.519  1.669      NA
## COPEPrc COPEExp COPEDis
## 1:    NA      NA      NA
```

但是，我们希望取所有的行，根据社会经济地位和生理性别做子集并取子集每部分中的第一行。因为想要从所有行开始，所以需要将 i 位置空出来。可以通过在 data.table 中在第一个逗号前留空实现。

接下来，使用子集运算符 ".SD[]"，这个函数表示正在对 data.table 的数据进行子集化。因为子集是按行发生的，所以子集运算符需要一个条目来确定子集中所需行的位置，1 则意味着第一行。如果进行第 K 次抽样，则可以使用 seq() 函数实现。现在仅需要使用更为简单的方法。

最后，子集可以包含 by，这也是底层所属的位置。接下来，只需对 data.table 中包含层的列进行设置，其余的操作将会自动跟进。此处需注意，运行代码后，并没有得到 18 行，这就意味着并非所有可能的组合都发生了。例如，在参与者名单中不含社会经济地位值为 8 的数据和生理性别值为 1 的数据：

```
acesData[,
         .SD[1],
         by = .(SES_1, Female) ]
```

```
##   SES_1 Female UserID  SurveyDay SurveyInteger SurveyStartTimec11
## 1:     5      0      1 2017-02-24             2            0.19272
## 2:    NA     NA      2 2017-02-22             3                 NA
## 3:     7      1      2 2017-02-23             1            0.14466
## 4:     8      1      3 2017-02-24             1            0.09568
## 5:     5      1      6 2017-02-24             1            0.08155
## ---
## 9:     6      1     10 2017-02-24             3            0.40065
## 10:    4      1     21 2017-02-24             1            0.09767
## 11:    8      0     28 2017-02-23             1            0.12850
## 12:   NA      1     70 2017-03-02             2            0.21267
## 13:   NA      0    107 2017-02-24             2            0.18896
##   Age BornAUS EDU   SOLs WASONs STRESS SUPPORT PosAff NegAff COPEPrb
## 1: 21      0   0     NA     NA      5      NA  1.519  1.669      NA
## 2: NA     NA  NA  23.48      2     NA      NA     NA     NA      NA
## 3: 23      0   0     NA     NA      2      NA  3.099  1.037      NA
## 4: 21      1   0     NA     NA      3      NA  3.597  1.127      NA
## 5: 22      1   0     NA     NA      9      NA  1.396  1.966      NA
## ---
## 9: 25      1   1     NA     NA      2   7.345  3.571  1.059   2.135
```

```
## 10: 20          0  0       NA       NA       0       NA 3.053 1.076      NA
## 11: 19          1  0       NA       NA       0       NA 3.261 1.099      NA
## 12: 19          1  0       NA       NA       3       NA 4.189 1.093      NA
## 13: NA         NA NA       NA       NA       7       NA 1.886 4.452      NA
##      COPEPrc COPEExp COPEDis
## 1:      NA      NA      NA
## 2:      NA      NA      NA
## 3:      NA      NA      NA
## 4:      NA      NA      NA
## 5:      NA      NA      NA
## ---
## 9:   1.613   2.389   2.121
## 10:     NA      NA      NA
## 11:     NA      NA      NA
## 12:     NA      NA      NA
## 13:     NA      NA      NA
```

不要让子集运算符成为学习的障碍。开始，子集运算符可能会有些令人困惑，但接下来将慢慢研究子集运算符的其他应用。现在，需要将新的抽样代码插入流程中，以检查年龄数据的范围。在本案例中，结果与期望值相近，尽管参与者的年龄中没有 18 和 26 的值：

```
#strata sample of age by SES and sex
strataAge <- acesData[ ,
        .SD[1],
        by = .(SES_1, Female) ][, Age]

#each participant takes many surveys, just need age once
strataAge <- unique(strataAge)

# sort the ages for better readability
sort(strataAge, na.last = TRUE)

## [1] 19 20 21 22 23 25 NA
```

2. 示例二

就企鹅而言，物种即为一个自然的分层要素。此时，需要选取每个物种的前 3 行而不是第 1 行。除此之外，企鹅示例的代码与刚刚看到的使用.SD[]函数的子集调用非常相似：

```
# recall : can be used as a shortcut for sequence
1:3

## [1] 1 2 3
```

```
# make one tiny change to .SD to get first three rows.
penguinsData[,
          .SD[1:3],
          by = species]
```

```
##        species    island bill_length_mm bill_depth_mm flipper_length_mm
## 1:    Adelie Torgersen           39.1          18.7               181
## 2:    Adelie Torgersen           39.5          17.4               186
## 3:    Adelie Torgersen           40.3          18.0               195
## 4:    Gentoo    Biscoe           46.1          13.2               211
## 5:    Gentoo    Biscoe           50.0          16.3               230
## 6:    Gentoo    Biscoe           48.7          14.1               210
## 7: Chinstrap     Dream           46.5          17.9               192
## 8: Chinstrap     Dream           50.0          19.5               196
## 9: Chinstrap     Dream           51.3          19.2               193
##    body_mass_g     sex year
## 1:        3750    male 2007
## 2:        3800  female 2007
## 3:        3250  female 2007
## 4:        4500  female 2007
## 5:        5700    male 2007
## 6:        4450  female 2007
## 7:        3500  female 2007
## 8:        3900    male 2007
## 9:        3650    male 2007
```

此处只研究鳍状肢的长度，因此只需要含有鳍状肢数据的列。因为之前已经在 j 位置运行子集数据函数了，所以使用一组新的括号，并将 flipper_length_mm 放在括号中的列位置。这看起来相当奇怪，但是此刻在变量 strataPenguins 中只有鳍状肢列。除此之外，这段代码的大部分看起来都很熟悉：

```
#strata sample of penguin flipper lengths by species
strataFlippers <- penguinsData[,
          .SD[1:3],
          by = species][, flipper_length_mm]

#Just need each length once each
strataFlippers <- unique(strataFlippers)

#sort the lengths for better readability
sort(strataFlippers, na.last = TRUE)
```

```
## [1] 181 186 192 193 195 196 210 211 230
```

5.6.5 随机抽样

现在学习最后一种抽样方法，它被认为是抽样的黄金标准。**随机**抽样通常被认为是防止偏差的最安全的抽样方法。这是因为，这种抽样方法将没有机会让研究人员先入为主的观念发挥作用。相反，参与者或物品的选择完全是随机的。

随机抽样的缺点主要有两个。从技术上来讲，随机选择所有可能的样本，即使样本只有一个物种或者一种社会经济地位。虽然这种选择方式对于任何单个样本都存在风险，但在所有样本中(尤其是在整个研究的生命周期中)，样本偏差会更小。从数学角度上来说，不能一直随机抽样，直到得到想要的人口统计数据，这与随机的意义相冲突。另外一个缺点是，在现实生活中，通常很难抽取完全随机的样本。想象一下一个家庭的随机样本——即使只有一百多个家庭也可能需要多次访问！对于医学研究来说，纯粹的随机样本可能不符合道德规范(例如，在一个完全健康的人身上测试一种新药，而他的名字仅仅通过抽签得出，这是不人道的)。通常来说，样本的随机性越大，数据收集的偏差就越少。

1. 示例一

接下来，将从参与者数据集中抽样调查年龄范围。为此，需要对 sample()函数进行研究。该函数通用性很强，就目前来说，只需填写两个参数，第一个参数是一组值(可以是名称、ID 或者数字)，第二个则是需要抽取样本的数量。

sample()函数是随机工作的，鉴于这种随机性，默认情况下，你得到的样本和本书示例的样本会有所不同。第一次使用此函数时，由于无法与本书结果匹配，所以很难知道一切是否正常，因此，需要用到 R 语言中的 set.seed()函数。此函数将利用数字参数，确保"随机"结果与本书中的随机匹配。在最初编写涉及抽样的代码时，使用 set.seed()函数可以使内容保持一致，同时确保代码正常工作，但是最终需要**终止**此函数——否则，事实上并没有得到随机样本！

为了了解工作原理，接下来将使用数字 1234 输入随机数生成器。虽然任意数字都可以，但是这个数字更为简单，且只要使用相同的数字就会得到相同的结果。然后，在数字 1~191(这是 UserID 的范围)中抽取一个大小为 20 的样本。此时，结果不是按顺序显示的，这就意味着是随机的(在本例中为伪随机的)：

```
set.seed(1234)
sample(x = 1:191, size = 20)

## [1]  28  80 150 101 111 137 133 166 144 132 98 103 90 70 79 116
## [17] 14 126  62   4
```

只要选择了 UserID，就会得到一个随机的参与者样本。此处注意，需再次使用 set.seed()函数，保证在样本中得到与之前相同的数字。记住，在实际的随机抽样中不需要使用该函数：

```
#remember, do not use this in general
set.seed(1234)

#random sample of age
randomIDs <- sample(x = 1:191, size = 20)
randomAge <- acesData[UserID %in% randomIDs,
                         Age]

#each participant takes many surveys, just need age once
randomAge <- unique(randomAge)

# sort the ages for better readability
sort(randomAge, na.last = TRUE)

## [1] 18 19 20 21 23 24 25 NA
```

由此可见，样本年龄似乎在 18 岁到 25 岁不等，我们使用其他方法所看到的结果也是如此。

2. 示例二

接下来，抽取企鹅的样本，调查鳍状肢的长度范围。在 penguinsData 数据集中需要对行进行选择而不是 ID 数字。这是因为，这些数据对于每只企鹅都只有一行，所以每一行都代表一只不重复的企鹅。然而，参与者数据中，在很多行都有相同的参与者，因为行代表参与者做的不重复的调查，而一个参与者却可能做了多个调查。

为确保结果与本书一致，此处将再次使用 set.seed(1234)函数。接下来，从 1 到 344 行企鹅数据中随机(此处为伪随机)抽取 20 个作为样本。注意，此处使用的是 1:344 而不是 1:nrow(penguinsData)。编程中，最好使代码更具可读性。已知企鹅数据集含有 344 个观察值，所以输入 1:344 更为简便，而且将来也会有其他人查看这段代码，而通常英语使用者更容易理解 1:nrow(penguinsData)表示 "企鹅数据集中第 1 到第 n 行"。

此处的代码看起来非常熟悉：

```
#remember, do not use this in general
set.seed(1234)

#random sample for penguins
randomRows <- sample(x = 1:nrow(penguinsData), size = 20)

#random sample of penguins
randomFlippers <- penguinsData[randomRows, flipper_length_mm]

#Just need each length once each
```

```
randomFlippers <- unique(randomFlippers)

#sort the lengths for better readability
sort(randomFlippers, na.last = TRUE)

## [1] 183 184 185 187 190 192 193 194 195 196 197 198 209 210 221 222
## [17] 224  NA
```

将此结果与之前的结果做比较，可以发现，分层样本的范围最广，但随机样本比便利样本更为准确。一般来说，随机样本是最好的，但是一个经过充分考虑的分层样本可能会更好。

5.6.6 样本知识回顾

到目前为止，已经学习了很多内容，可以适当进行回顾。总体通常指的是相当大的实体——研究总体中的每个个体，可能过于昂贵、过于耗时或者涉及大量的重复工作。将总体减小到一个可控的样本，则可以以更少的成本、时间和精力了解整个总体。

然而，样本中较少的观察值必然意味着一定数量信息的丢失，但是，通过使用不同的抽样方法，可以找到速度和准确度之间的平衡。

便利抽样往往很省力，也可以很快地产生结果，但是可能是最不准确的。可以参考之前企鹅数据的案例，通过便利抽样，只得到了 181 到 194 的范围。便利抽样的替代方法是系统地选择总体的第 K 个个体(其中 K 是一个足够大的整数，因为要确保样本小到足以便于管理)。只要数据不存在干扰第 K 次抽样的周期性，那么这可能是实时获取数据的一种好方法，同时还避免了便利抽样的最坏风险。分群抽样则是选择合适的组——通常希望通过选择多个组，将孤立异常的数据平均。分层抽样则更进一步，研究人员会仔细考虑哪些特征会改变数据结果，然后通过确保样本由每个阶层的代表组成，从而构建一个更稳定的样本，使其更为接近整体。分层抽样的风险则来自研究人员自身的偏见或理解的缺乏，可能导致层次的遗漏。在精确匹配总体方面，随机抽样通常是最稳健的，但同时它也是现实世界中最耗时的采样方法。

此外，还必须考虑到让参与者参与研究的伦理问题。就医学研究而言，对总体人群进行真正的随机抽样可能是不道德的——给一个完全健康的人服用有风险的药物并不合适。

进入下一节的学习之前，需要花点时间巩固所学的知识。放松一下，然后了解更多关于样本中数据类型的知识：

- 便利抽样只是简单地调查可以快速找到的个体，但会产生最大的偏差。
- K 抽样抽取每第 K 个个体(如生产线)。
- 分群抽样通常是地理上的(如整个仓库或者学校)。
- 分层抽样控制"层"，以避免偏差。

- 随机抽样通常偏差最小。

5.7　频数表

抽样的目的之一，是降低总体的复杂性，以更好地了解总体数据。另一种降低复杂性的方法则是总结。正如总结可以快速分享行动报告的关键要点或概要分享一个研究出版物的关键思想，频数表可以分享大量数据的关键特征。

快速查看如下频数表，它按照年龄划分了 acesData 数据集。第一列显示类别，第二列显示符合该年龄参与者的频数。

```
##     Age    N
##  1: 18    11
##  2: 19    27
##  3: 20    26
##  4: 21    38
##  5: 22    24
##  6: 23    17
##  7: 24    12
##  8: 25    31
##  9: 26     4
## 10: NA   142
```

频数表通常有两列数据，第一列如上所示，将包含关于数据类别或特性的数据信息。第二列则显示频数，即第一个类别的数据在数据集中出现的频率。在参与者数据中，通过频数表可以发现，有很多参与者并没有报告自己的年龄。

因此，与滚动查看全部 6599 个观察值相比，通过频数表可以更迅速地总结数据集包含的信息。

5.7.1　示例一

接下来，考虑如何做一个频数表，将 acesData 数据集中的参与者按年龄划分。回顾之前对 data.table 程序结构中的 *i*、*j* 和 by 位置的研究。在本案例中，想对所有的观察值进行总结，因此，没有行的限制或逻辑运算。接下来，由于一个参与者填写了多个调查，所以 UserID 将会存在跨行重复。如果只想对每个参与者进行一次计数，则需要在 UserID 列上使用 uniqueN()函数。最后，因为希望按照年龄做出频数表，所以要用到 Age 列：

```
acesData[,
         uniqueN(UserID),
         by = Age]
```

```
##      Age   V1
##  1:  21    38
##  2:  NA   142
##  3:  23    17
##  4:  24    12
##  5:  25    31
##  6:  22    24
##  7:  20    26
##  8:  18    11
##  9:  26     4
## 10:  19    27
```

这跟最初的频数表不太一样。它拥有所有正确的部分，只是目前还未"完成"。R 语言为新的值创建了列(V1 指的是"值 1")，但对于大多数人来说，这并没有太大意义。在数据总结中可以看到，使用大写字母 N 代表 Number 更为常见。接下来将使用选择机制".()"，将先前的代码与以下代码进行比较：

```
acesData[,
        .( N = uniqueN(UserID)),
        by = Age]
```

```
##      Age    N
##  1:  21    38
##  2:  NA   142
##  3:  23    17
##  4:  24    12
##  5:  25    31
##  6:  22    24
##  7:  20    26
##  8:  18    11
##  9:  26     4
## 10:  19    27
```

两段代码几乎相同，但是刚刚添加了一些代码用于选择列计数，并将该列命名为 N。注意，此处并没有使用任何赋值运算符，也就是并没有将结果赋值给任何变量(例如，使用 freqTable1 <-)，可以通过查看全局环境窗有没有新变量来确认这一点。此处也没有使用列赋值运算符(如 acesData[, N := uniqueN(UserID)])，可以通过单击全局环境窗格的刷新按钮，并查看 acesData 数据集有没有新增列来确认这一点。

在现实生活的编码中，频数表通常只是数据科学家更好地理解数据的一种方法。因此，并不总是需要将数据赋值给用于存储的变量。这没有对错之分，只是在速度(输入数据将花费更长的时间)和持续性(将数据保存起来以便后续便捷使用)之间进行权衡。在实践操作中，如果想要添加一些代码，先不进行赋值，稍后再做决定更为稳妥。

然而，得到的表格看起来也不太正确，接下来，需要在结果处运行 order()函数。

对数据进行排序就是对行进行排序，因此，该函数在 data.table 程序的 i 位置运行。由于 i 位置目前是空的，所以需要在此添加一些代码：

```
acesData[order(Age),
         .( N = uniqueN(UserID)),
         by = Age]
```

```
##    Age   N
## 1: 18   11
## 2: 19   27
## 3: 20   26
## 4: 21   38
## 5: 22   24
## 6: 23   17
## 7: 24   12
## 8: 25   31
## 9: 26    4
## 10: NA 142
```

5.7.2　示例二

有时，在频数表中得到的不仅仅是单个类别的频数，还能够得到**累计**的频数，即频数列 N 的运行或累计和。

为了让得到累计频数更简单一点(与观察相呼应，证明稍后决定是否赋值给变量很容易)，接下来将之前的频数表代码赋值给一个新的变量 acesAgeFrequency。此处需要对之前的代码做一个变动(除了赋值)，将 N 替换为 Freq：

```
acesAgeFrequency <- acesData[order(Age),
                            .(Freq = uniqueN(UserID)),
                            by = Age]
```

累计频数将完全建立在 Freq 列之外，并成为新数据表中的新列，因此这是一个列操作。接下来，继续将新数据赋值给名为 CumulaFreq 的列。请记住，由于是将赋值给数据表中的新列，所以此时需要使用列赋值运算符 ":="。为了得到累计和，需使用名为 cumsum()的函数对每一行进行求和，此时用不到 data.table 程序的 by 位置。

因为使用的是列赋值，所以该操作并不会将结果反馈到控制台。此时只需直接调用数据表查看结果。注意，在 CumulaFreq 列中，第二个条目 38=11+27，cumsum()函数所做的只是将每个频数相加：

```
acesAgeFrequency[, CumulaFreq := cumsum(Freq)]
acesAgeFrequency
```

```
##    Age Freq CumulaFreq
```

```
##  1:   18   11          11
##  2:   19   27          38
##  3:   20   26          64
##  4:   21   38         102
##  5:   22   24         126
##  6:   23   17         143
##  7:   24   12         155
##  8:   25   31         186
##  9:   26    4         190
## 10:   NA  142         332
```

累计频数有助于了解总数据中有多少数据具有某些特征。在本案例中，有 191 名参与者选择自我认同生理性别，这与选择不回应的 142 人形成鲜明的对比。通过在表中将累计频数与频数并列放在一起，可以看到大多数参与者选择回应(尽管二者相当接近)。

如果观察得更仔细的话，可以发现，实际上只有 191 名参与者参加了这项研究。那为什么累计频率会这么高？最有可能的答案是，参与者(他们每个人填写了许多调查问卷)并不总是输入他们的年龄。因此，142 个 NA 是参与者的计数，他们有时填写年龄，有时不填。在后面的练习中将会继续探讨这一点。现在，请记住，传统的统计课程倾向于用玩具示例来进行教学(以避免这种怪异的数据)。而现在，我们正在以一种亲身实践的方式学习数据和统计学，所以，请始终留意不正常的结果。通常，这种结果有助于发现数据集的特征(或缺陷)。

5.7.3　示例三

并不是所有的频数表都有标准的分类。考虑到 penguins 数据集和鳍状肢长度，分类有很多选择，并且按长度排列的频数表会很混乱。虽然 56 行小于 344 个观察值，但这并不是最恰当的总结:

```
penguinsData[order(flipper_length_mm),
        .N,
        by = flipper_length_mm]

##   flipper_length_mm N
## 1:             172 1
## 2:             174 1
## 3:             176 1
## 4:             178 4
## 5:             179 1
## ---
## 52:            228 4
## 53:            229 2
```

```
## 54:              230 7
## 55:              231 1
## 56:               NA 2
```

接下来，就是箱的概念发挥作用的时刻。该研究的本质是将每只企鹅放在一个特定的类别中。其中一种方法是按长度创建数字截距，以确定类别的位置。之前使用了seq()函数创建了一个列表，现在可以重新利用这个方法，将 flipper_length_mm 列的范围分割成均匀间隔的截距，且确保截距间隔是均匀的。如果截距不是均匀分布的，则会得到一个奇怪的数据视图，使得总结容易被误解。

然而，使用序列这种方法，需要进行一些设置。序列需要从 flipper_length_mm 列的最小值或 min()值开始，以最大值或 max()值结束。另外，还需要确定总共需要多少个箱。此时，可以将这个示例硬编码为 5 个箱。最后，需要取 flipper_length_mm 列的总长度或范围并将其分解为箱的数量。这个结果会是每个箱的宽度。此时需要注意，有些长度没有记录，可以通过 na.rm = TRUE 删除：

```
minLength <- **min**(penguinsData$flipper_length_mm, na.rm = TRUE)
maxLength <- **max**(penguinsData$flipper_length_mm, na.rm = TRUE)

numberOfBins <- 5

binWidth <- (maxLength - minLength)/numberOfBins
```

在全局环境窗格中可以看到，最小长度为 172 毫米，最大长度为 231 毫米，此时，可以将 231 - 172=59 毫米的范围分为 5 个宽度为 11.8 毫米的箱：

```
minLength

## [1] 172

maxLength

## [1] 231

numberOfBins

## [1] 5

binWidth

## [1] 11.8
```

使用这些数据，可以创建具有正确截距的序列：

```
cutOffs <- seq(from = minLength,
```

```
                    to = maxLength,
                    by = binWidth)
cutoffs
```

```
## [1] 172.0 183.8 195.6 207.4 219.2 231.0
```

接下来，使用 findInterval() 函数，将输入与一组截距进行比较，并输出一个整数，表示输入归属于哪个区间或箱。在案例中有 5 个箱，所以 findInterval() 函数会查看每个鳍状肢的长度，并根据截距将其分别放入箱 1～箱 5 中。

此时，还需使用列赋值运算符，将此组数值存储在名为 BinOrdinal 的新列中。同时，还可以查看 penguinsData 数据集的前几行，并直观地确认 findInterval() 函数是否正确地对每个 flipper_length_mm 值进行了排序。如果操作是正确的，长度从 172 毫米到 172+11.8=183.8 毫米的鳍状肢应该属于第一个箱子的范围。如下所示，检测似乎表明摆放的位置是正确的，同时可以注意到，findInterval() 函数自然地复制了 NA(它本应如此)：

```
penguinsData[ , BinOrdinal := findInterval(flipper_length_mm, cutOffs)]
head(penguinsData)
```

```
##    species     island bill_length_mm bill_depth_mm flipper_length_mm
## 1: Adelie Torgersen           39.1          18.7               181
## 2: Adelie Torgersen           39.5          17.4               186
## 3: Adelie Torgersen           40.3          18.0               195
## 4: Adelie Torgersen            NA            NA                NA
## 5: Adelie Torgersen           36.7          19.3               193
## 6: Adelie Torgersen           39.3          20.6               190
##    body_mass_g    sex year BinOrdinal
## 1:        3750   male 2007          1
## 2:        3800 female 2007          2
## 3:        3250 female 2007          2
## 4:          NA  <NA> 2007         NA
## 5:        3450 female 2007          2
## 6:        3650   male 2007          2
```

现在，每只企鹅都被放入一个序数等级，接下来需要建立频数表。首先将频数表按鳍状肢由最短到最长的顺序排序，然后运用 order(BinOrdinal) 函数进行行操作。接下来运用列操作 ".N" 函数进行数字计数。最后使用 by = BinOrdinal 函数将这些计数按顺序排列：

```
flipperLengthFreq <- penguinsData[order(BinOrdinal) ,
                     .(Freq = .N),
                     by = BinOrdinal]
flipperLengthFreq
```

```
##   BinOrdinal Freq
```

```
## 1:              1    25
## 2:              2   131
## 3:              3    59
## 4:              4    84
## 5:              5    42
## 6:              6     1
## 7:             NA     2
```

同样，如果需要累计频率，可以将 cumsum()赋值给新的列。

```
flipperLengthFreq[, cumulaFreq := cumsum(Freq)]
flipperLengthFreq
```

```
##    BinOrdinal Freq cumulaFreq
## 1:          1   25         25
## 2:          2  131        156
## 3:          3   59        215
## 4:          4   84        299
## 5:          5   42        341
## 6:          6    1        342
## 7:         NA    2        344
```

5.8　总结

本章探讨了研究总体的方法，以及通过抽取样本降低复杂性的不同方法。不同的抽样方法使我们能够选择对研究最重要的内容。如果为网站设计一个新的登录页面，包含前 100 名单击网站的人的便利样本，将可能提供"足够好"且快速的结果。另一方面，如果我们做的是均匀的研究，分层或随机抽样可能需要更多的时间来汇集信息，但是可以减少偏差。

本章还应用了前文提到的编程技术研究现实世界(有时混乱的)数据，以了解这些抽样方法的工作原理。在此过程中，还学习了一些特别适合于抽样和组建频数表的新函数。熟能生巧，所以当你在完成示例、检查和练习时，请务必参考表 5-2 中的内容，以了解在本章中学到的关键内容。

表5-2　章总结

条目	概念
总体	整个研究组(通常很大)
参数	总体级或"总"数据
样本	研究总体的子集(小到足以管理)
统计	样本级或"部分"数据
定性	文本或文字数据(没有意义的数字)

(续表)

条目	概念
定量	数字数据
定类	定性或定类变量
定序	定量，定序变量(如"第一次")
定距	定量，"十进制"数据(如温度或时间)
定比	定量，含有有意义的 0 的数据(如年龄或金钱)
观察性研究	研究人员只观察，不干预
实验研究	研究人员部署干预措施，可能是一个对照组
安慰剂	一种"无害"的干预，以确保控制组不知道它是控制组
伦理	在良好的研究中很重要，参与者必须知情且同意
偏差	一个无法很好地反映总体的"不好的"样本
混淆变量	在一个样本中意想不到的产生偏差的特征
便利抽样	简单且快速的抽样方法，偏差最大
K 抽样	每第 K 个人/物品都被抽样(如生产线)
分群抽样	通常是地理性的(如整个仓库或学校)
分层抽样	研究人员控制"层"，以避免偏差
随机抽样	耗费更多时间，但通常偏差最小
sort()	类似于 order()函数，对一组数字/字母进行排序
order()	用于对 data.table 程序中的行进行排序
%%	取模(又名长除法余数)
seq()	使用 from/to/by 创建序列
nrow()	计算数据集中的行数/观察值数
unique()	将数据减少到没有重复
uniqueN()	为减少到没有重复的数据计数
as.Date()	将 YYYY-MM-DD 文本字符串转化为 R 语言中的数据格式
as.data.table()	转化为 data.table 程序格式(也可用 keep.rownames = TRUE)
.SD[ ]	data.table 程序子集数据运算符，在 by 操作之后进行行操作
set.seed()	确保共享相同的伪"随机"样本(现实生活中不适用)
sample()	在给定大小中随机抽样
.()	data.table 程序列筛选函数
cumsum()	将每一行加和，计算累计值
min()	得出数据集中的最小值
max()	得出数据集中的最大值
findInterval()	根据截距检查输入值并输出序号

5.9　练习与融会贯通

本节将通过一些练习题来检查你的进步与成长。理论核查部分会提出批判性思维的问题，最好用书面方式或口头方式来解答。统计学的美妙之处在于将结果成功地传达给利益相关者或者其他听众。有时这些听众非常专业，有时则不是。练习题部分则对本章探讨过的概念进行更直接的应用。

5.9.1　理论核查

1. 用自己的话来讲，总体和样本的区别是什么？

2. 对于四种变量类型(即定类、定序、定距、定比)，你能为每一种想出一种额外的数据类型吗？

3. 混淆变量将产生意想不到的影响。例如，假设你正在研究人类的体温范围，此时总体为"所有人类"。已知一旦进入医院，病人的体温数据就会被记录下来。因此，可以想象通过这些体温来找到通常的体温范围。你甚至(以某种方式)获得了过去 20 年里全世界所有医院的数据，这是一个很大的(分群)样本！在本案例中，混淆变量是"住院病人"。因为我们可能会认为患者的体温与所有非患者的体温不同。现在，想想你最近收到的关于调查的垃圾邮件。这些数据的混淆变量可能是什么？

4. 一位大学研究人员想要知道，如果要求所有的学生都参加在线课程会发生什么。因此，总体为"大学中的所有学生"。相比抽取样本，选择通过电子邮件向所有学生发送调查，询问他们是否定期访问邮件和计算机网络。三天后投票结束，五分之二的学生做出了回应。在查看数据之前，混淆变量可能是什么？

5. 在问题 4 中，研究人员向你咨询相关知识。你向研究人员表示，尽管给所有人发电子邮件看起来很厉害，但有时进行抽样是一种更好的研究方法。那么，你推荐使用哪种抽样方法(便利、*K*、分群、分层、随机)？使用该方法将如何进行抽样？

5.9.2　练习题

1. sort(penguinData$flipper_length_mm)函数和 penguinData[order(flipper_length_mm), flipper_length_mm]函数有什么区别？如果不小心调换了这两个函数会发生什么？

2. 在本章的示例中，有一个 penguinsData 数据集中对于 flipper_length_mm 列的频数表，尝试只改动这段代码的 3 个部分，使 penguinsData 数据集变为 mtcars 数据集，使 flipper_length_mm 列变为 cyl 列：

```
penguinsData[order(flipper_length_mm),
    .N,
    by = flipper_length_mm]
```

```
##    flipper_length_mm N
## 1:               172 1
## 2:               174 1
## 3:               176 1
## 4:               178 4
## 5:               179 1
## ---
## 52:              228 4
## 53:              229 2
## 54:              230 7
## 55:              231 1
## 56:               NA 2
```

3. 既然已经有了 mtcarsData 数据集中关于缸数的频数计数，接下来，将该列重命名为 Freq(使用本章前面使用过的方法)，并添加一个名为 CumulaFreq 的累计频数列。如果复制、粘贴和修改本章前面的代码将会加分，因为现实生活中编写代码时，通常会从网上复制粘贴。事实上，你所使用的函数(如 cumsum())本质上也是复制和粘贴其他程序员代码的简单方法。站在巨人的肩膀上才能看得更远。

4. 接下来，将研究更多使用 set.seed(1234)函数的方法。使用函数 sample(x = stuff, size = n)让 R 语言来处理随机抽样数据。为了直观地看到和理解 set.seed()函数的应用，请在你的计算机上多次(3 次或更多)运行以下代码：

```r
sample(x = 1:10, size = 1)
```

```
## [1] 10
```

```r
sample(x = 1:10, size = 1)
```

```
## [1] 5
```

你计算机上的结果是否始终与本书的结果一致？你的结果总是相同吗？现在，继续使用 set.seed()函数，你的结果和本书的结果一致吗？

```r
set.seed(1234)
sample(x = 1:10, size = 1)
```

```
## [1] 10
```

```r
set.seed(NULL) #this cancels the use of set.seed()
```

第6章

描述性统计

统计学是用来理解样本数据的数学。统计学的大目标在于通过样本更好地理解整体，小目标则是通过开发一套常规工具和工作流程辅助理解样本数据。由于理解样本数据通常需要探索数据集，所以这个阶段常会使用到探索性数据分析(EDA)。在研究示例时，需要充分理解样本数据，并进行描述。因此，这个过程也被称为**描述性统计**。

本章涵盖以下内容：

- 评估包含定性/定量数据类型的数据集。
- 创建图表和其他视觉辅助工具，以快速理解大量数据。
- 应用集中趋势、位置和湍流计算，以总结数据。
- 以理解样本作为短期目标，理解总体作为长期目标。

6.1 设置 R 语言

像往常一样，为了继续练习创建和使用项目，在本章中将创建一个新的项目。

如有必要，请回顾第 1 章创建新项目的步骤。启动 RStudio 软件之后，在左上角的菜单栏选择 File 选项，单击 New Project 按钮，依次选择 New Directory | New Project 选项，并将项目命名为 ThisChapterTitle，最后选择 Create Project 选项。创建 R 脚本文件需要单击顶部菜单栏中 File 选项下方的白纸上方带加号的小图标，选择 R 脚本菜单选项，单击光盘状的 save 图标，并将文件命名为 PracticingToLearn_XX.R(XX 为这一章的编号)，最后单击 Save 按钮。

在右下窗格中会显示项目的两个文件。单击 File 选项卡的正下方的 New Folder 按钮，在 New Folder 弹出窗口中输入 data，并单击 OK 按钮。之后单击右下窗格中新的 data 文件夹，重复上述文件夹的创建过程，创建一个名为 ch06 的文件夹。

本章将用到的程序包均已通过第 2 章的学习安装在计算机中，不需要重新安装。由于这是一个新项目且是第一次运行这组代码，因此需要首先运行下面的 library() 调用：

```
library(data.table)

## data.table 1.13.0 using 6 threads (see ?getDTthreads). Latest news:
r-datatable.com

library(ggplot2)
library(palmerpenguins)

library(JWileymisc)
library(extraoperators)
```

此外，接下来需要将三个常用数据集设置为我们熟悉的变量，并使其符合 data.table 程序的格式。就统计学和 R 语言的实际应用而言，需要考虑的就是"常用"数据集。拥有一个良好的用于处理数据的结构和过程(就像接下来要运行的代码一样)，可以使日常工作更加轻松：

```
acesData <- as.data.table(aces_daily)
penguinsData <- as.data.table(penguins)
mtcarsData <- as.data.table(mtcars, keep.rownames = TRUE)
```

现在，可以自由地学习更多统计知识了！

6.2　可视化

R 语言具有一个强大的功能，能够快速生成图片和图表，使整个数据集可视化。与频数表非常相似，图表也是一种用于理解数据集特征的简单方法。还记得之前研究的定性和定量数据类型吗？事实上，不同的图表适用于不同类型的数据。

在制作探索性图表时，很有可能会暴露对数据的误解或者担忧。而在这种情况下，最佳方案通常是执行某种类型的数据操作，以清理或将数据转换为可用格式(有时称为数据整理)。

6.2.1　柱状图

柱状图与频数表非常相似，它们均被设计用来处理定量、定距或定比类型的变量。在数据设置中，每个副本都应代表单个项目(非重复数据)。如果将此副本与 acesData 数据集中的 Age 列对比，则可以发现存在许多副本(因为每个参与者均在多天内进行了多项调查)。

在研究柱状图示例时，需要注意数据输入的类型，并考虑数据是否重复。

1. 示例一

回顾第 5 章中，将 penguinsData 数据集中的 flipper_length_mm 变量分别装进几个箱中并计入频数表，且将频数表中的数据分成了 5 类。虽然通过柱状图可以更精确地控制箱的数量，但是 hist()函数默认使用算法来确定合理的箱数量(此处算法指的是通过某种过程做出选择的逻辑编程)。虽然人们可以自行研究确定频数表或直方图箱数的方法，但本书只采用默认选择的方法。

由于 flipper_length_mm 变量指的是长度，是定量的定比变量，因此可以选择使用柱状图。使用柱状图的另一个原因是，penguins 数据集是不重复的，每一行都是对特定企鹅的独特观察：

```
hist(x = penguinsData$flipper_length_mm)
```

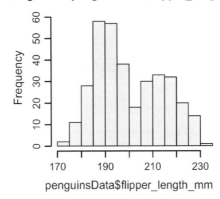

图 6-1　penguinsData 数据集的柱状图

在图 6-1 中，水平 x 轴标有鳍状肢的长度。换句话说，在最左边的第一个箱中，鳍状肢的长度为170~175毫米。垂直的 y 轴则代表特定鳍状肢长度出现的频数。事实上，从图中可以看出，在最左边的箱子里，企鹅的鳍状肢长度在 170 到 175 毫米之间的数据较少。

如图所示，鳍状肢的长度是不均匀的。一些箱与其他箱相比频数更高。其实，在之前已经对此结果有所了解——第 5 章中的一些抽样方法给出了一个很狭窄的范围。

请花时间仔细观察柱状图。假设把柱状图放在墙上，可以拿起飞镖，闭着眼随意朝柱状图方向扔飞镖。此时飞镖很难命中 230 毫米及以上的箱，因为此箱所占的区域非常小——没有大面积可以被命中的区域。另一方面，飞镖很可能会命中 180 到 200 毫米之间的某个区域——此区域虽然很窄但是很长。此外，飞镖还可能会命中 205 到 220 毫米之间的某个区域。这些可能被命中的区域均是随机的。

之所以在这里提到随机，是因为在 R 语言中向柱状图扔飞镖即为随机抽样。随机抽样是无偏差的，也就是说，随机抽样筛选出来的样本更接近于实际数据。

第 5 章的一个示例中构建了 randomFlippers 变量，那么随机抽取得到的大部分的值是否在 180 到 200 毫米或 205 到 220 毫米之间？如果确实在这之间，则可以证明，随机抽样确实可以良好地避免样本偏差。

2. 示例二

之前花费了很多时间在 aces_daily 数据集中研究 Age 列。柱状图旨在处理不重复的定距或定比变量。那么，仅使用给出的年龄数据制图会出现问题吗？毕竟，年龄是定量、定比变量，对吧？

接下来，首先使用 hist()函数中 Age 列的原始数据。观察图 6-2，首先可以注意到，图中的频数很高。虽然该数据集中只有 191 名参与者，但每个参与者都多次填写调查问卷。此时，可以回顾在第 5 章频数表学习中遇到的挑战。接下来需要注意，hist()函数完全忽略并删除了 NA 项，因此，图 6-2 中没有关于这些数据的标识：

```
hist(x = acesData$Age)
```

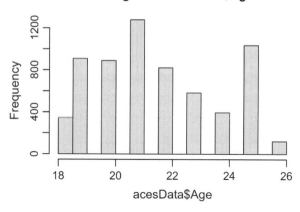

图 6-2　年龄柱状图

此时，仅用 hist()函数理解数据具有一定的挑战性。虽然年龄一般是定性的定比变量，但 Age 列不完全是定比变量。NA(表示不可用)的存在是一个类别的标志。由于柱状图无法处理这类数据，因此会将其放弃。

从图 6-2 中还可以发现，由于参加调查是可选的，因此 21 岁的参与者看起来比 18 岁的参与者多得多(请观察第一柱和第四柱的高度)。但如果只是出于某种原因，21 岁的参与者在填写调查问卷时更加仔细呢？

我们试图了解参与者的年龄，所以此时需要做一些数据清理工作。还记得 unique()函数吗？该函数的功能为删除重复项。此外，通过 data.table 程序中的 ".()" 列可以筛选函数，只选择特定的列。但是，要注意的是，此处需要年龄的频数与每个参与者相匹配，如果只是盲目地使用 unique() 函数单独选择年龄列，将只能得到每个年龄的一个副本(以及一个不具有参考性的柱状图)。

一旦有了解决方法，就可以开始考虑该如何运行 data.table 程序了。首先，由于柱状图只适用于数值数据，因此不需要选择缺少值的行，这涉及行筛选。函数 is.na() 将选出特定列中所有的 NA 行。同时，因为想要得到的实际上是不存在的行，所以需要使用逻辑否定符号 "!"。接下来，通过同时包含 userID 列和 Age 列，可以确保每个用户的年龄只显示一次。

研究下面的代码,观察每个步骤是如何实现的,并思考作为结果输出的柱状图 6-3。

```
unduplicatedAcesAge <- acesData[! is.na(Age),.(UserID, Age)]

unduplicatedAcesAge <- unique(unduplicatedAcesAge)

hist(x = unduplicatedAcesAge$Age)
```

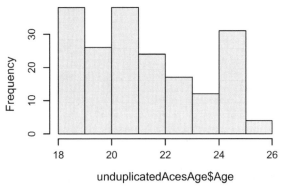

图 6-3　年龄柱状图

通过对比图 6-2 和图 6-3,可以观察到些许差异。图 6-3 中,频数的高度要低得多,且 18 岁和 21 岁出现的频数相同。在调查完成的数据中,年龄组之间确实存在差异!但是这很可能与年龄没有直接关系,也可能是存在一个混淆变量,促使 21 岁的参与者填写了更多信息。事实上,研究中的确存在这样一个变量。每完成一项调查,参与者都可以在当地杂货店的礼品卡中获得一笔代币金额,而相比之下,21 岁的参与者更有可能重视礼品卡。

当放弃所有 NA 值时,是否同时失去了一些参与者?基于频数(以及unduplicatedAcesAge 列中的行数),看起来失去得似乎并不多。相比直接用眼睛观察userID 的缺失值,在 R 语言中使用 setdiff() 函数是一个更好的选择。

此函数将输入 x,并将其与第二组 y 进行比较。如果 y 中缺少 x 中的任何数据,函数将返回这些数据。尽管频数表中有很多 NA，但参与者似乎只是厌倦了每天重复填写 3 次年龄信息。事实上，只有一名参与者总是拒绝填写年龄信息，他的 userID 为 107：

```
setdiff(x = 1:191,
        y = unduplicatedAcesAge$UserID)
```

```
## [1] 107
```

这段代码的运行过程中经历了很多步骤。虽然可以立刻看到结果很令人满意，但是能看到代码的运行过程，就可以进行进一步的研究。接下来，将花一点时间观察代码及其运行逻辑。

首先，setdiff()函数仅负责找出两组或一个集合数据之间的差异，且只返回在 x 中且不在 y 中的项目。注意，接下来的两个示例中均只输出数字 107，即使 y 中存在一个不在 x 中的 500，setdiff()函数也只给出"在 x 中且不在 y 中的项目"：

```
setdiff(x = c(107, 108),
        y = c(108))
```

```
## [1] 107
```

```
setdiff(x = c(107, 108),
        y = c(108, 500))
```

```
## [1] 107
```

setdiff()函数的工作原理如上，所以，为了找到丢失的用户(在执行!is.na(Age)时可能已被删除的用户)，必须使 x 成为所有可能的用户。R 语言提供了 整套数字(或字母)，要获取两个值之间的所有整数，只需在中间放一个冒号(如 1:191)。要获得小写或大写字母，则需要使用 letters 或者 LETTERS：

```
1:191
```

```
##   [1]   1   2   3   4   5   6   7   8   9  10  11  12  13  14  15  16
##  [17]  17  18  19  20  21  22  23  24  25  26  27  28  29  30  31  32
##  [33]  33  34  35  36  37  38  39  40  41  42  43  44  45  46  47  48
##  [49]  49  50  51  52  53  54  55  56  57  58  59  60  61  62  63  64
##  [65]  65  66  67  68  69  70  71  72  73  74  75  76  77  78  79  80
##  [81]  81  82  83  84  85  86  87  88  89  90  91  92  93  94  95  96
##  [97]  97  98  99 100 101 102 103 104 105 106 107 108 109 110 111 112
## [113] 113 114 115 116 117 118 119 120 121 122 123 124 125 126 127 128
## [129] 129 130 131 132 133 134 135 136 137 138 139 140 141 142 143 144
## [145] 145 146 147 148 149 150 151 152 153 154 155 156 157 158 159 160
## [161] 161 162 163 164 165 166 167 168 169 170 171 172 173 174 175 176
## [177] 177 178 179 180 181 182 183 184 185 186 187 188 189 190 191
```

```
letters
```

```
##  [1] "a" "b" "c" "d" "e" "f" "g" "h" "i" "j" "k" "l" "m" "n" "o" "p"
## [17] "q" "r" "s" "t" "u" "v" "w" "x" "y" "z"
```

```
LETTERS
```

```
##  [1] "A" "B" "C" "D" "E" "F" "G" "H" "I" "J" "K" "L" "M" "N" "O" "P"
## [17] "Q" "R" "S" "T" "U" "V" "W" "X" "Y" "Z"
```

有了这些信息，就能够快速发现缺失用户：

```
setdiff(x = 1:191,
        y = unduplicatedAcesAge$UserID)
```

```
## [1] 107
```

6.2.2　点图/图表

频数表和柱状图擅长总结数据。通过这种将数据分类并提供频数的方法，信息消费者和数据研究人员可以快速读取大量的数据。因此，它们是探索性数据分析中很好用的工具。然而，箱的选取有时会隐藏一些重要信息，有时查看所有数据有助于揭示存在的趋势或者偏差。

点图是查看数据的一种方式。在图 6-4 中，每个企鹅鳍状肢长度对应一个小圆圈，水平 *x* 轴表示长度。注意，在这种情况下垂直高度并不代表测量值。相反，每个鳍状肢都有自己的垂直位置——这使研究人员可以看到所有的点(有一点重叠)。将图 6-4 与图 6-1 进行对比，可以发现两者显示了完全相同的基础数据。柱状图是一个简洁易懂的摘要，而点图则显示了更多的细节(但是比原始数据更易于总览)：

```
dotchart(x = penguinsData$flipper_length_mm)
```

描述性统计——即数据探索——通常会使用几种有助于了解数据类型的方法或工具。解释图 6-4 背后的代码将为理解数据和统计思维的“通常过程”增添另一项技能。

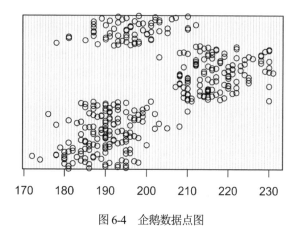

图 6-4　企鹅数据点图

示例

用于创建点图的 R 语言代码非常简单。此处会用到 dotchart() 函数，但仅需要关注该函数所包含的其中两个变量(它有很多的变量，稍后将会研究更为高级的可视化)。第一个变量 *x* 为创建水平 *x* 轴的原始数字数据。因此，像柱状图一样，点图也假设数据是定量的，并且是定距或定比变量。第二个变量 groups 则是可选的，且属于定类或定序变量。

图 6-4 中只使用了第一个变量 x = penguinsData$flipper_length_mm，而图 6-5 中不仅保留了第一个变量，而且添加了 group = penguinsData$species：

```
dotchart(x = penguinsData$flipper_length_mm,
         groups = penguinsData$species)
```

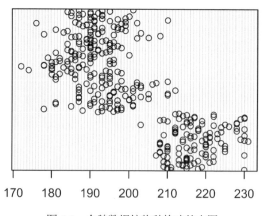

图 6-5　企鹅数据按物种构建的点图

此时显示的群体特征很有说服力，因为它显示了某些物种的企鹅似乎可以根据鳍状肢的长度进行区分。

那么，这对于基于物种的分群抽样或便利抽样的抽样方法有何启示？如果只有一个物种，是否更容易看出企鹅鳍状肢的长度是如何变化的？虽然第 5 章讨论过偏差和混淆变量，但图 6-5 第一次直观地展示了样本偏差是如何产生的。

6.2.3　ggplot2 绘图包

hist()函数和 dotchart()函数在探索性数据分析中都可以起到很好的作用，但这两种图表都不易定制，这使得改变研究视角很困难。假设想要按多个类别分组(例如，按社会经济地位和教育程度观察年龄数据)，该如何做？通常，早期的探索会产生各种不同的问题和想法。但是，请不要误解，其实数据科学家很早就使用了 hist()函数和 dotchart()函数，它们虽然不可定制，但是可以快速获取数据的初始视图！只有在第二次观察数据时，之后的研究才可能会需要更多的细节。

ggplot2 程序包具有更加完善的可视化过程。"gg"的含义是图表的语法(grammer of graphics)。现在仅需要了解这个框架的表面，这将使观察结果更为清楚，并且可以掌握一些可利用的有市场价值的技能。此外，能够在 Rstudio 软件中利用 ggplot2 程序包进行数据可视化，可能也有利于求职面试。

现在，已经对这个程序包的强大作用有所了解了。图 6-1 和图 6-4 都建立在完全相同的数据基础上，却需要从两个不同的角度考虑它们。然而，从概念上讲，它们是同一坐标系上的相同数据，只是组织图表的方式不同。

ggplot()函数的核心有两个变量。第一个变量"data ="负责保存 data.table 的要素，这使得调用每一列数据时不需要重复。第二个变量则是"mapping ="，负责将数据集中的列连接或映射到视觉效果或美学层上。美学层指的是视觉效果的选择，例如选择 flipper_length_mm 作为 x 轴，或选择用特定颜色填充的组。

图 6-6 为此案例的一个示例。通过设置 data = penguinsData，就不需要使用前面的 penguinsData$flipper_length_mm 来引用列。相反，可以直接设置 x = flipper_length_mm。

在此语法中，flipper_length_mm 列中的数据将被映射到 x 轴美学层(或视觉效果)。虽然下面的代码创建了图表的基础，但是并没有呈现特定的几何形状。在 ggplot()函数中，几何形状指的是人们看到的视觉形状(例如，直方图就是几何形状)。因此，当 x 轴具有正确的范围(1～7)且被正确标记时，呈现出的内容将是空白的：

```
ggplot(data = penguinsData,
       mapping = aes(x = flipper_length_mm))
```

接下来将改变这一切。从这个构建块中，可以直接使用"+"运算符为 ggplot()函数添加附加部分。这些附加部分通常是特定的几何形状，之前的图表也可以通过这个语法重建：

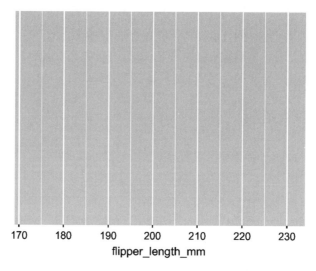

图 6-6　ggplot()函数基础设置，无几何形状

　　如果要创建柱状图，只需将柱状图的几何形状添加到基本图表中。可以通过
geom_histogram()函数实现。生成的视觉效果如图 6-7 所示：

```
ggplot(data = penguinsData,
       mapping = aes(x = flipper_length_mm))+
  geom_histogram()
```

```
## 'stat_bin()' using 'bins = 30'. Pick better value with 'binwidth'.
```

```
## Warning: Removed 2 rows containing non-finite values (stat_bin).
```

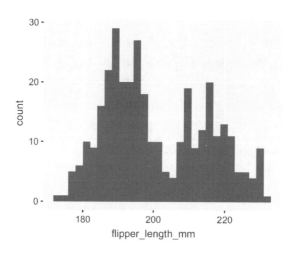

图 6-7　ggplot()函数基础设置，柱状图

　　此外，如果希望点图展示不同的数据点，也可以使用不同的几何形状来实现。在这个语法中，只要使用相同的数据且希望拥有相同的 *x* 轴美学，基础设置就可以保持不变，仅有布局或几何形状发生变化。因此，将 **geom_dotplot**()函数作为附加部分，以创建图 6-8：

```
ggplot(data = penguinsData,
       mapping = aes(x = flipper_length_mm))+
 geom_dotplot()
```

```
## 'stat_bindot()' using 'bins = 30'. Pick better value with 'binwidth'.
```

```
## Warning: Removed 2 rows containing non-finite values (stat_bindot).
```

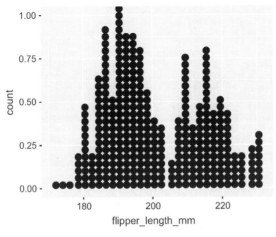

图 6-8　ggplot()函数基础设置，点图

　　现在，请先忽略 *y* 轴上不可靠的数字。因为图中每个点都代表数据集中的一个真实的点，所以可以直观地看到实际的计数。*y* 值实际上表示每个点的物理位置(稍后将学习如何在需要的时候隐藏它们)。接下来，忽略 ggplot()函数的许多修饰功能，将注意力集中在语法上，并考虑 3 个非常具有启发性的示例。这些示例将对数据进行更深入的探索。

1. 示例一

　　在之前的学习中，企鹅被分为 3 种不同的物种。图 6-5 尝试将此特征可视化，但并不是很成功，甚至没有体现出物种标签！

　　在数据集中，想要使用物种列则必须先将其映射到美学层的选择中。给每个点都贴上标签可能会使图表看起来很杂乱，所以，可以用每个物种对应的颜色填充每个点，如图 6-9 所示。这是通过填充美学层来实现的：

```
ggplot(data = penguinsData,
       mapping = aes(x = flipper_length_mm,
                     fill = species))+
  geom_dotplot()
```

'stat_bindot()' using 'bins = 30'. Pick better value with 'binwidth'.

Warning: Removed 2 rows containing non-**finite** values (stat_bindot).

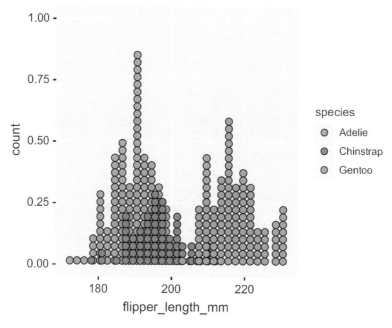

图 6-9   用 fill=species 填充的企鹅数据点图

在图 6-9 中，可以发现一些非常有趣的信息点。例如，每个物种的鳍状肢长度都差不多。事实上，对于单一物种，只有少数个体拥有极端的鳍状肢长度(很长或很短)。点在每个物种的鳍状肢中间长度处堆叠得最高。

接下来，仔细观察图 6-10，暂时忽略 R 语言代码。对于单一物种，最普遍的鳍状肢长度为中间的平均值：

'stat_bindot()' using 'bins = 30'. Pick better value with 'binwidth'.

Warning: Removed 2 rows containing non-**finite** values (stat_bindot).

对于 Chinstrap 来说，这几乎是一个完美的分布图(这被称为**正态**)，然而 Adelie 和 Gentoo 均在右侧有一点尾巴(这被称为**右偏态**)。如果数据的尾巴在另一个方向，则被称为**左偏态**。

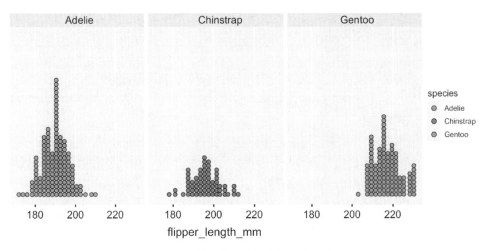

图 6-10　按物种划分的企鹅数据点图

2. 示例二

在尝试了解样本的外观时，推荐使用比较方法。接下来请看图 6-11。在示例一中了解到，**正态**指的是一组数据中大部分值位于中间而极少值位于边缘，如图 6-11 的左侧所示。在右侧看到的则是所谓的**均匀**数据，它看起来很像一个长方形。

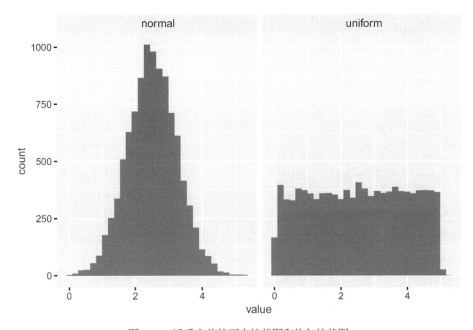

图 6-11　近乎完美的正态柱状图和均匀柱状图

两组数据似乎都在 0 到 5 之间。事实上，这两个形状的阴影区域面积相同，因为它们都代表 10 000 个数据点(通过计算机模拟生成,展示了近乎完美的正态柱状图和均匀柱状图)。

那么，将样本数据的柱状图与正态柱状图和均匀柱状图相比较，它的形状更接近于哪一种？如果它看起来几乎是正态的，那就不需要思考，但左偏态还是右偏态取决于它的尾巴在哪一侧。

其实，企鹅数据看起来已经很符合正态分布了(仅有一点偏态，其中 Gentoo 最为明显),那么来自 aces 日常调查的参与者数据呢？目前为止，你已经掌握了正态数据与均匀数据的概念，并且知道了 ggplot()的工作原理。因此，接下来可以对 acesData 进行更深入的探索。或许 COPEExp 是一个不错的选择，这是一种情绪表达应对措施，在夜晚的调查中进行，等级为 1～4。

夜晚的调查在该数据集中为当天的第 3 次调查，因此，需要将点图数据限制为数据表中属于第 3 次调查的行数据。以上属于 data.table 程序中的行操作，需要通过 SurveyInteger == 3 对 *i* 位置进行行筛选。

这些数据经常重复，不像年龄是一次性的，参与者需要记录在调查研究的每个晚上的情绪表达的应对等级。因此不必对这些变量执行 unique()函数。

这只是一些探索性的数据分析，因此柱状图的使用效果很好。将数据集置于 ggplot()函数，并将列名映射到 *x* 轴或 *y* 轴美学层。对于柱状图来说，其实只需要设置一个 *x* 轴，当然，还必须将几何形状设置为 geom_histogram():

```
ggplot(data = acesData[SurveyInteger == 3],
       mapping = aes(x = COPEExp))+
  geom_histogram()

## 'stat_bin()' using 'bins = 30'. Pick better value with 'binwidth'.

## Warning: Removed 264 rows containing non-finite values (stat_bin).
```

图 6-12 中的数据为正态分布还是偏态分布，是均匀分布吗，还是都不是？

回顾最近进行的一些调查，如果对调查感到厌烦，那么给出的答案会不会变得非常极端？有时数据集的端点会让人感到迷惑。有一种技术可以**修剪**数据集，用于查看中间的数据是否符合某种模式。但必须谨慎运用这种技术，并且一定要具备充分的理由。为了让样本拥有正态或均匀的特征而随意修剪数据是非常愚蠢的，且会导致错误的结论。

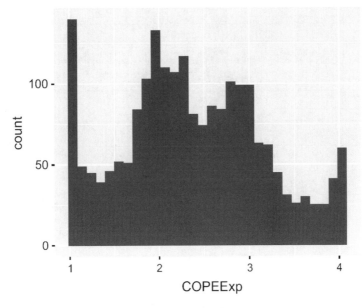

图 6-12　COPEExp 柱状图

为了进一步研究数据修剪，需要删除极端值 1 和 4，这也是一个行筛选操作。接下来，提取大于 1 且小于 4 的 COPEExp 值。此时，可以回顾逻辑运算符"%gl%"的相关知识。除了使用了这一运算符提取数据，其他的代码依旧是相同的：

```
ggplot(data = acesData[SurveyInteger == 3 &
                       COPEExp %gl% c(1,4)],
       mapping = aes(x = COPEExp))+
  geom_histogram()
```

```
## 'stat_bin()' using 'bins = 30'. Pick better value with 'binwidth'.
```

经过调整之后，得到的图 6-13 看起来几乎是正态的。事实上，它看起来很像之前的企鹅物种——它的数据中有两个很普遍的 x 值。经过修剪后的数据接近于正态，仅有一点点右偏态。

虽然本书将介绍许多不同的模式和模型，但大多数真实世界中的数据与图 6-11 不同，因此在处理数据时必须要具有一定的灵活性。在本书中学习和实践的两个技能在未来将非常实用。

第一个技能是熟练掌握统计学和数据科学的基础。处理凌乱、真实的数据可能需要比正态或统一的模型更精细的模型。当然，这并不代表不能用这两个模型做出非常准确(或者足够准确)的结论。另一个技能是经验，通过学习 ggplot()函数可以看出将柱状图转化为点图有多么简单，凭借在此处获得的经验，将来在研究更为复杂的数据时，不需要做太多的工作就可以继续推进。

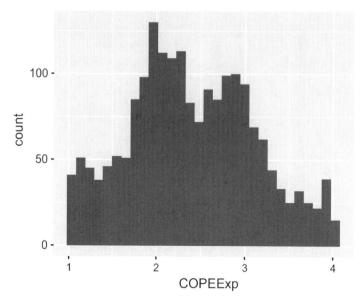

图 6-13 修剪后的 COPEExp 柱状图

6.3 集中趋势

"中间"这个词在前面的章节中出现得很频繁。然而，需要避免一些同义词的使用，即使这些是大多数人所熟悉的统计学术语。例如，在前面的章节中没有使用过"平均数""平均值"或"中值"这些词汇，现在，是时候解决这个问题，并讨论一个可以将一整列数据归纳为集中趋势的数字。

记住一个故事通常比记住一千个表面上看起来不同的事实更加容易。我们的目标是，通过了解更容易获取且规模可控的样本以了解总体。即便如此，样本的规模通常还是很大。通过前面章节的学习已知，好的图表可以用来总结样本的数值特征。而集中趋势则是找到一些平常的、中间的或者普遍的数值来描述样本"最可能"的值。

在日常生活中，人们习惯用"平均"这个词描述一些想法。为了在数学上更为精确，本书将尽量避免使用该词汇。不过，本书将介绍三种用来计算"平均值"并产生不同答案的方法。通过比较这些差异，不仅可以学到一些总结样本的好方法，还会学到更多关于样本的知识。

6.3.1 算术平均值

通常人们说数学意义上的"平均"时(例如维多利亚的平均收入)，指的是**算术平均值**。假设有两个人，一个人的工资为 0 美元，另一个人工资为 100000 美元，将这两个数字相加，除以人数的 2，就得到平均工资为 50000 美元。

虽然可以手动计算，但是信息量并不大。如果读者随机翻到这里，可能会看不懂是在做什么：

```
(0 + 100000)/ 2
```

```
## [1] 50000
```

求算术平均值的一个更好的方法是，在包含两种收入的变量上使用 R 语言中的 mean()函数：

```
salaries <- c(0, 100000)
mean(salaries)
```

```
## [1] 50000
```

假设样本中有三个人呢？假设新加的人的工资为 57364 美元，现在需要将三份收入相加，并除以 3，而不是 2：

```
(0 + 100000 + 57364)/3
```

```
## [1] 52455
```

```
salaries <- c(0, 100000, 57364)
mean(salaries)
```

```
## [1] 52455
```

在数学与统计学中，符号经常被用来表示某种想法。虽然这些符号有时看起来很神秘，但它们能让研究人员快速分享他们的想法。算术平均方程有两种表达方法，在本书中使用 mean()。

通常，省略号符号(...)表示"以同样的方式继续进行"。算术平均值(用 x 或 x bar 符号表示)为所有变量的总和除以所有变量的数量，等式的形式为 $\bar{x} = (x_1 + ... + x_n)/n$，刚刚的示例中便用到 $n=2$ 和 $n=3$。

更为传统或更为正式的表达方式为使用大写的希腊字母 sigma(将 sigma 视为总和)。在这种情况下 i 表示集合中从头到尾所有的值。

$$\bar{x} = \frac{x_1 + ... + x_n}{n} = \frac{\sum x_i}{n} \tag{6-1}$$

注意，式(6-1)中使用小写拉丁字符作为样本变量(例如 x、n 和 $\bar{x}$)，且使用一个大写希腊字母 Σ 代替省略号。

总体的规模很大，它的数据值与总结摘要被称为参数，大多数情况下，会使用小写希腊字母或者大写的拉丁字母表示总体。我们将要研究这些。

样本是总体的较小子集，它的数据值与总结摘要被称为统计数据，大多数情况下，会使用小写拉丁字母表示总体。因为对总体展开研究很困难，所以经常需要"处理"统计数据，并利用它们来估计或推断有关总体和总体参数的信息。

一般，即使数学计算结果相同，也会存在一个正式的总体参数方程。如果有人恰好知道总体中每一份工资的值，那么可以通过希腊字母 μ(大致发音为"mew")和表示个体数的大写拉丁字母 N 来标注。希腊字母 μ 对应的意思为平均(参见粗略发音)：

$$\mu = \frac{\sum x_i}{N} \tag{6-2}$$

此时需要再次强调，使用符号是为了能更好地与世界各地的数据和调查人员交流，无论使用 R (mean())、省略号、大写 sigma(Σ)还是小写 mu (μ)，在算术平均值的案例中均不会有计算差异。

1. 示例一

使用 mean()函数计算算术平均值(之所以这样命名，是因为在除以计数之前，需要通过算术将每个值加和)。默认情况下，该函数需要两个参数。第一个是定量数据，例如，可能在某一列中找到的数据。第二个参数是可选的，只有当数据存在 NA 时才需要，它是 na.rm = TRUE。

此处可以看到在删除或不删除缺失数据的 penguinsData\$flipper_length_mm 上运行 mean()函数的结果，无论是哪种情况，都可以从中得到一些有用的信息：

```
mean(penguinsData$flipper_length_mm)

## [1] NA

mean(penguinsData$flipper_length_mm, na.rm = TRUE)

## [1] 200.9
```

接下来，可以通过 geom_vline()函数在图表中添加一条垂直线。但是，本例中没有数据映射到垂直线的美学层。因为垂直线由 x 轴上的单个点确定，所以必须在对映射参数的二次调用中提供该信息。在这种情况下，不需要过于担心代码问题。仅需要关注图 6-14 中的算术平均值，它虽然明显位于所有点中间，但实际上并不属于柱状图最高的部分。

```
ggplot(data = penguinsData,
       mapping = aes(x = flipper_length_mm))+
  geom_histogram()+
```

```
geom_vline(mapping = aes(xintercept = mean(flipper_length_mm,
na.rm = TRUE)))
```

```
## 'stat_bin()' using 'bins = 30'. Pick better value with 'binwidth'.
```

```
## Warning: Removed 2 rows containing non-finite values (stat_bin).
```

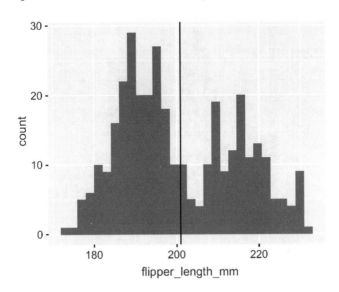

图 6-14　含有算术平均值的企鹅数据柱状图。

　　因此，当被问及企鹅鳍状肢的长度时，201 可能是一个很好的"平均"值，但可能还需要其他的方式进一步讨论集中趋势，稍后将介绍这一点！

2. 示例二

同样可以对 acesData 数据集使用 mean() 函数：

```
mean(acesData[SurveyInteger == 3]$COPEExp)
```

```
## [1] NA
```

```
mean(acesData[SurveyInteger == 3]$COPEExp, na.rm = TRUE)
```

```
## [1] 2.37
```

这一次，得到的图 6-15 中的垂直线不仅在数据中间，还在数据最"密集"的地方：

```
ggplot(data = acesData[SurveyInteger == 3],
       mapping = aes(x = COPEExp))+
  geom_histogram()+
  geom_vline(mapping = aes(xintercept = mean(COPEExp, na.rm = TRUE)))
```

```
## 'stat_bin()' using 'bins = 30'. Pick better value with 'binwidth'.
```

```
## Warning: Removed 264 rows containing non-finite values (stat_bin).
```

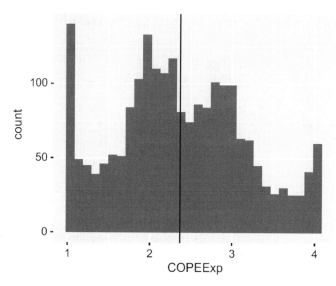

图 6-15　含有算术平均值的 COPEExp 柱状图

将图 6-14 和图 6-15 进行比较，算术平均值是否能够准确描述"平均"值？

6.3.2　中位数

由于算术平均值并不总能对数据进行理想的总结，因此有时使用其他值可能会更好。例如，位于数据点列表中心的数据点。

回顾上一节中三份工资的示例：

```
salaries
```

```
## [1]     0 100000  57364
```

在这个示例的三个人中，有两人的工资高于算术平均值，位于中间的 57364 美元就是收入的中位数，在本案例中，这可能是描述"普通人"收入的最好示例。这是一个真实的收入，并且位于三人收入的中间。与之前相同，R 语言的函数可以接受两个参数，一个为数据条目，另一个参数为可选的 na.rm = TRUE：

```
mean(salaries)
```

```
## [1] 52455
```

```
median(salaries)
```

```
## [1] 57364
```

有一点需要注意，因为收入的计数为奇数，所以能够准确地找到中间值。如果计数为偶数，中间的两个值将被平均。接下来的这个扩展示例对此进行了展示，R 语言中的 median()函数找到了位于中间的两个值，并计算它们的 mean()：

```
salariesEven <- c(0, 100000, 57364, 20000)
```

```
sort(salariesEven)
```

```
## [1]     0 20000 57364 100000
```

```
median(salariesEven)
```

```
## [1] 38682
```

```
mean(c(57364, 20000))
```

```
## [1] 38682
```

1. 示例一

将企鹅数据的平均值与中位数进行对比，平均值较大意味着什么？

```
mean(penguinsData$flipper_length_mm, na.rm = TRUE)
```

```
## [1] 200.9
```

```
median(penguinsData$flipper_length_mm, na.rm = TRUE)
```

```
## [1] 197
```

观察柱状图(此时仍旧不要花太多时间考虑 ggplot()代码)，在这里，使用虚线将中位数添加在图 6-16 中。如图所示，在本案例中，中位数可能是衡量数据集中趋势指标的更好选择，因为它穿过了图表更为完整的部分：

```
ggplot(data = penguinsData,
       mapping = aes(x = flipper_length_mm))+
  geom_histogram()+
  geom_vline(mapping = aes(xintercept = mean(flipper_length_mm,
  na.rm = TRUE)))+
  geom_vline(mapping = aes(xintercept = median(flipper_length_mm,
  na.rm = TRUE)),
                          linetype = "dashed")
```

```
## 'stat_bin()' using 'bins = 30'. Pick better value with 'binwidth'.

## Warning: Removed 2 rows containing non-finite values (stat_bin).
```

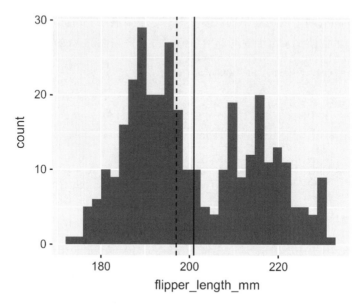

图 6-16　含有算术平均值以及虚线中位数的企鹅数据柱状图

2. 示例二

对于 COPEExp 数据，它的中位数和平均值非常接近。在图 6-13 的修剪示例中，得到的数据结果非常接近正态，而正态数据的特征之一是中位数和均值相同。当然，这些数据并不完全是正态——事实上，我们并不希望这两个值完全相同！

```
mean(acesData[SurveyInteger == 3]$COPEExp,
    na.rm = TRUE)

## [1] 2.37

median(acesData[SurveyInteger == 3]$COPEExp,
    na.rm = TRUE)

## [1] 2.312
```

可以看到，这两个值在图 6-17 中也很接近，需要注意的是，中位数小于平均值。观察图表，是否在 1 处看到了很多值？这是柱状图中计数最高的地方。虽然 1 的值很低，但是它不会过多地"拉低"平均值。此外，由于 1 处的计数很高，中位数又与计数有关，因此，代表中位数的虚线会被轻微拉向左侧：

```
ggplot(data = acesData[SurveyInteger == 3],
       mapping = aes(x = COPEExp))+
 geom_histogram()+
 geom_vline(mapping = aes(xintercept = mean(COPEExp, na.rm = TRUE)))+
 geom_vline(mapping = aes(xintercept = median(COPEExp, na.rm = TRUE)),
            linetype = "dashed")

## 'stat_bin()' using 'bins = 30'. Pick better value with 'binwidth'.

## Warning: Removed 264 rows containing non-finite values (stat_bin).
```

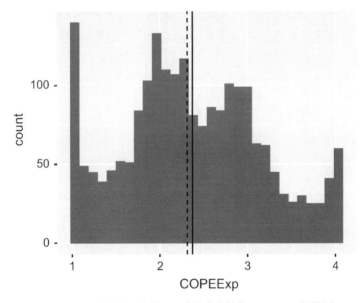

图 6-17　含有算术平均值以及虚线中位数的 COPEExp 柱状图

探索数据的次数越多，通过比较集中趋势值可以了解到的内容也就越多。

6.4　数据的分布

探索数据的中心之后，可以开始考虑数据的整体分布。已知中位数是正好位于数据中心的数据点，也就是说，50%的数据点小于或等于中位数，另外 50%的数据点则大于或等于中位数。

有时，了解除中间位置之外其他位置的截止点也很有用，这些点通常被称为**分位数**。常见的分位数为四分位数(在 25%、50%、75%和 100%的位置对数据进行四等分)和百分位数(从 1%到 100%按百分比划分数据)。

分位数的常见用途包括人均收入或者家庭收入(如之前在收入“数据”中讨论的那样)。事实上，这样的分位数可以用于数据分类(例如，基于财富的 acesData$SES_1

数据)。

计算分位数的函数名为 quantile()，该函数接收两个参数，第一个为数据，第二个为显示中断点或概率的数字列表。

使用第 5 章中学习的 seq()函数，可以创建一些常见公共分位数的截止点:

```
quartiles <- seq(0, 1, 0.25)
deciles <- seq(0, 1, 0.10)
grades <- seq(0.6, 1, 0.10)
percentiles <- seq(0, 1, 0.01)
```

接下来，按照四分位数处理收入数据。此时可以发现一个特例，median()函数的值就是第 50 个百分位数:

```
quantile(salaries, quartiles)

##    0%    25%     50%     75%    100%
##     0  28682   57364   78682  100000

median(salaries)

## [1] 57364

quantile(salariesEven, quartiles)

##    0%    25%     50%     75%    100%
##     0  15000   38682   68023  100000

median(salariesEven)

## [1] 38682
```

接下来，将用更大的数据研究分位数分类的想法。

6.4.1 示例一

回顾点图 6-8。除了在柱状图中排列数据，还可以直接观察原始数据，并做出决定。

接下来将使用几乎全部的常用 ggplot()代码，且将 flipper_length_mm 映射到水平 x 轴，并设置 y = 0，然后使用 geom_jitter()函数代替 geom_dotplot()函数。图 6-18 的结果展示了全部 344 只企鹅的鳍状肢长度(实际数量为 344 减去缺失值):

```
ggplot(data = penguinsData,
       mapping = aes(x = flipper_length_mm, y = 0))+
  geom_jitter()

## Warning: Removed 2 rows containing missing values (geom_point).
```

注意，图 6-18 右侧为鳍状肢较长的 Gentoo(回顾图 6-9)，中间有一个间隙将它们分隔，使数据点形成自己的集群。

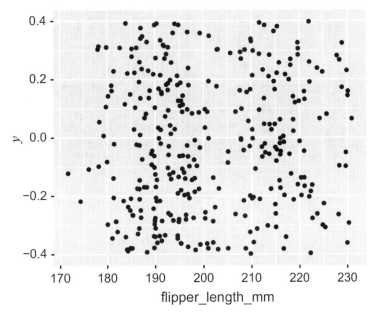

图 6-18　企鹅数据抖动图

得到的图6-18与分位数有什么关系？其实，图6-18中的点可以被认为是分位数块。仔细观察这些点，并想想四分位数，观察是否可以将不同长度的点分为最短的 25%或最长的 50%。因为鳍状肢长度中存在一些缺失值，所以还要使用代码短语 na.rm = TRUE，但并不需要在一开始就使用它。虽然 R 语言中并不是所有的错误信息都能提供帮助，但通常都是有用的。此外，即使是晦涩难懂的错误代码，通过将准确的信息内容复制并粘贴到搜索引擎中，通常也可以找到有用的线索：

```
quantile(penguinsData$flipper_length_mm, quartiles)

## Error in quantile.default(penguinsData$flipper_length_mm,
quartiles):
   missing values and NaN's not allowed if 'na.rm' is FALSE
   quantile(penguinsData$flipper_length_mm, quartiles, na.rm = TRUE)

##   0%  25%  50%  75% 100%
##  172  190  197  213  231
```

这是分割数据集的一种常用方法。有一个特殊的图表可以将其形象化，即**箱线图(又称箱须图)**。在图 6-19 中，可以看到在企鹅鳍状肢长度点图上绘制的褪色箱线图。

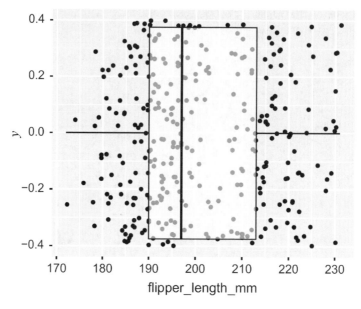

图 6-19　企鹅数据箱线图

　　箱线图的两侧为极值区域，这是数据底部的 25%和顶部的 25%所在的位置。方框内则为中间 50%的数据(范围为 25%到 75%)。一条实心、垂直的粗线表示中位数。

　　实际上，在鳍状肢长度的案例中，属于 25%到 50%范围的四分之一的点在箱线图中创建了很窄的部分，而属于 50%到 75%范围则创建了相对较宽的部分。将此信息与图 6-1 中的柱状图进行比较和对比，柱状图和箱线图不仅显示了整个数据范围，还显示了频数。

　　到目前为止，我们还只是进行了数据的理解、探索和描述，并未对其进行评估。使用常用的图表(例如，柱状图、点图、抖动图和箱线图)对于从不同的角度看待事物非常有用。

　　与之前一样，ggplot()可以轻松添加 geom_boxplot()。在现实生活中，并不总是同时使用抖动图和箱线图，因为抖动图中的点可能会分散注意力。如果想要总结数据，则表达形式的交汇越少越好。然而，箱线图是本书中较难理解的图表之一，所以以同时展示两者是个不错的选择。因为要同时展示两者，所以会在后面的代码中看到一个新参数。同时，为了使箱线图透明到可以让抖动图中的点显示出来，需要将 alpha 的值从 1 降低到 0.5。

```
ggplot(data = penguinsData,
       mapping = aes(x = flipper_length_mm, y = 0))+
  geom_jitter()+
  geom_boxplot(alpha = 0.5)
```

```
## Warning: Removed 2 rows containing non-finite values (stat_boxplot).
```

```
## Warning: Removed 2 rows containing missing values (geom_point).
```

6.4.2　示例二

假设想要了解不同年龄段的人如何对 acesData 中的调查做出反应，则需要观察整个调查集合中的年龄(这有助于在进行分析之前对规律进行探测)。

通常情况下，参与者不会重新输入他们的年龄，所以许多调查信息中都缺少年龄。因此，在探索数据之前，必须对数据进行清理或处理。

这在现实世界的数据中很常见。事实上，对于任何数据集，超过一半的工作通常都是修改。在现实世界中使用正在学习的技术时，这一点很重要，对于与利益相关者(如经理、董事或者客户等)沟通也很重要。虽然实际分析看起来很简单，但是数据质量通常会成为限制。

为了对 Age 进行清理，接下来需要用每个参与者的年龄填充缺失值。虽然这看起来复杂，但 data.table 程序可以快速对此进行处理。

回顾第 5 章中的频数表：

```
acesData[order(Age), .N, by = Age]
```

```
##      Age    N
##  1:   18  347
##  2:   19  908
##  3:   20  889
##  4:   21 1278
##  5:   22  821
##  6:   23  583
##  7:   24  396
##  8:   25 1036
##  9:   26  121
## 10:   NA  220
```

由此可以看出，有 220 个缺失年龄需要修复。其中一种修复方法是利用刚学的 mean()函数，将每个 UserID 的年龄设置为那个人的平均年龄(rm.na=TRUE)。

接下来，需要对所有的行都进行该操作，所以行操作 i 位置应该留空，并且需要将新值赋值给 Age 列。

现在是数据调整的关键时刻：内存是否因为新列的添加而耗尽？如果在第 j 个位置添加一个新列，则需要保留原始的 Age 列，因为未来的其他分析有可能需要。此外，添加一个新列带来了 6599 个新数据，这些数据主要通过复制得到(除了 220 个缺失值)。另外，还要记得是对哪一列年龄数据进行分析。大多数像这样的决定都需要权衡利弊。

在本案例中，将会创建一个名为 meanAge 的新列。

最后需要注意的一点是，需要采用每个参与者的平均年龄，data.table 最后一个位置中的 by = UserID 可以确保不会得到整体的平均年龄：

```
acesData[, meanAge := mean(Age, na.rm = TRUE), by = UserID]
```

添加了 meanAge 列的频数表仅剩下 26 行缺失数据。如果进一步探索，则可以发现，其实它们均来自一位从未反馈过年龄的参与者：

```
acesData[order(meanAge), .N, by = meanAge]
```

```
##     meanAge    N
##  1:      18  359
##  2:      19  932
##  3:      20  919
##  4:      21 1310
##  5:      22  844
##  6:      23  606
##  7:      24  413
##  8:      25 1064
##  9:      26  126
## 10:     NaN   26
```

清理完数据集之后，就可以进行可视化。现在，图 6-20 上有超过 6500 个点，仅通过观察这些点很难发现规律，但是箱线图对此做出了很好的总结。通过观察箱线图可以看出，一半的调查回复都来自年轻的参与者。

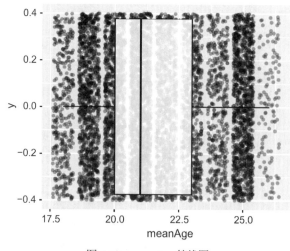

图 6-20　meanAge 箱线图

此图的代码与前面示例中的大致相同，唯一的区别是需要将 alpha 降低到 0.4 以增加 geom_jitter 的透明度：

```
ggplot(data = acesData,
       mapping = aes(x = meanAge, y = 0))+
  geom_jitter(alpha = 0.4)+
  geom_boxplot(alpha = 0.85)
```

```
## Warning: Removed 26 rows containing non-finite values (stat_boxplot).
```

```
## Warning: Removed 26 rows containing missing values (geom_point).
```

6.4.3　示例三

在最后一个箱线图示例中，将对**离群值**的概念进行讨论。回顾图 6-11 中的"完美"数据集，查看该图表左侧的正态数据，然后观察图 6-21 的左侧(正态)。注意，位于箱线图中间的 50%非常窄，因为这里对应柱状图最高的地方。位于两边的极值区域则比较长，因为这里对应柱状图两侧的尾巴。

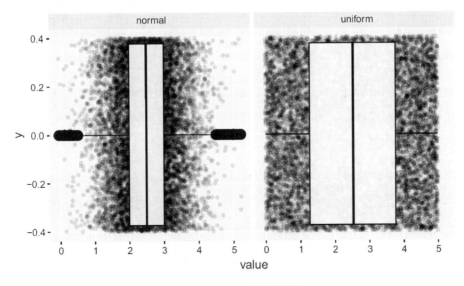

图 6-21　箱线图中的离群值

接下来，看一下图 6-21 中那些超大的点，这些点在箱线图上的位置对应抖动图中最微弱的散射点。那些稀疏的点(大点为箱线图总结的一部分，小点为该数据集的实际原始数据)是**离群值**。

在太阳系中，外围的小行星离中心很远，同样，数据中的离群值即离中心很远的点。

图 6-21 中的两个箱线图中还有一点需要注意：正态的箱线图在中间非常紧凑，有

更长的极值区域,并且有离群值(大点)。均匀箱线图的四部分有均匀的间距,并且没有异常值。此外,这些数据的中位数和平均值是相同的。

这些数据共享中位数和众数,它们共享大约 0 到 5 的范围。然而,它们的箱线图看起来不一样。该如何比较这两个数据集?这样的对比有意义吗?

6.5 数据湍流(方差)

答案是肯定的。用来描述图 6-21 中的差异的语言叫作数据湍流或方差。正态数据集中于均值,而统一数据则不集中于均值。

一般来说,在所有其他条件相同时,由于聚集于均值的特征,正态数据将比其他数据有更小的**方差**或**标准差**。

牢记图 6-22 中"近乎完美"的数据集,考虑以下输出(同样,对于这个"完美"示例,不关注它的代码,仅注意它的输出)。注意正态数据和均匀数据之间标准差的差异:

```
##    variable Variance StandardDeviation ArithmeticMean Median
## 1:   normal   0.5486            0.7406          2.505  2.503
## 2:  uniform   2.0830            1.4433          2.522  2.545
```

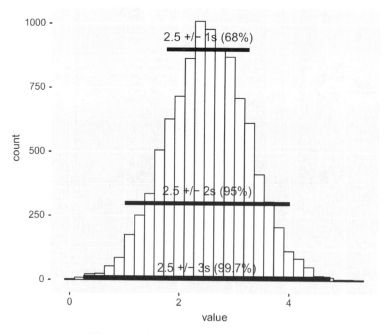

图 6-22 含有标准差对应范围捕获的柱状图

你很可能在之前的生活中已经接触过标准差,例如,在新闻的民意调查中经常会提到"…+/–3%"。样本估计中的弯曲、通量或者湍流与方差和标准差有关。

在形式上，方差为标准差的平方，也可以说方差的平方根是标准差。

回顾之前关于大写拉丁字母和小写希腊字母用于总体，而小写拉丁字母用于样本的相关讨论。虽然通过 R 语言进行计算，且本书只是一本关于方法的书，但是讨论形式方程是有价值的，这有助于更深入地探索统计学。

下面四个方程(总体方差、总体标准差、样本方差和样本标准差)的原理是相同的。目标均为将每个单独的行要素(如 x_i)与算术平均值进行比较。在数学中，差异通过减法来计算，因此，所有四个方程的核心均为 x_i - MEAN。

不要被符号迷惑！这些实际上只是一个公式，并不是四个。总体的平均值为 μ，样本的平均值为 $\bar{x}$，N 代表总体计数，n 代表样本计数。这些公式中唯一的区别是，在总体中要除以整个计数值 N，而样本中需要除以 n - 1。

样本小于总体。在现实生活中，几乎不会涉及总体级别的参数数据，一般都是采集样本，然后将从较小样本中得出的结论映射到较大的总体上。n - 1 事实上是对方程的调整，使样本方差和标准差比调整前更大。在接下来的章节中，将涉及调整方程如何让样本到总体的估计更加保守。

可以这样想：在正态数据中，因为数据聚集在中心，所以可以认为，如果从图中随机抽取一个点，很可能会抽到靠近中间的点。相比之下，均匀数据分布在更为广泛的区域。在某种程度上，标准差描述了最有可能被随机抽取到的值所属的中位数附近的范围。因此，通过扩大样本的标准差，统计学家可以告诉人们更广的"大多数"结果所属的可能范围。稍后将对此进行更深入的讨论。

对于方差和偏差需要注意的最后一点是，R 语言专注于使用样本来考虑整体，所以方差 var() 和标准差 sd() 的常用 R 语言函数会自动使用样本版本的方程。

总体方差：

$$\sigma^2 = \frac{\sum(x_i - \mu)^2}{N} \tag{6-3}$$

总体标准差：

$$\sigma = \sqrt{\frac{\sum(x_i - \mu)^2}{N}} \tag{6-4}$$

样本方差 - var()：

$$s^2 = \frac{\sum(x_i - \bar{x})^2}{n-1} \tag{6-5}$$

样本标准差 - sd()：

$$s = \sqrt{\frac{\sum (x_i - \overline{x})^2}{n-1}} \tag{6-6}$$

有一个练习能够提供手工计算样本标准差的机会。通常，这类手工计算只能在非常小的玩具数据集上进行，不能在较大的数据集上进行(即使是相对小的"较大数据集"，如 344 只企鹅)。现代数据通常都大到难以手工计算。

在现代更大的数据集中，通常都运用标准差来帮助总结和描述数据。其中一种方法为用标准差来描述数据的"通常范围"。就像在民意调查中可能看到的"60%支持率+/-3%"，可以将数据视为平均值加上或减去标准差。

为了直观地了解样本标准差 s 的使用情况，请观察图 6-22，图中使用了线段捕获"完美"正态曲线均值附近的箱。注意，与 $1s$(一个标准差)相交的柱状图箱代表了大部分的计数(柱状图越高意味着有越多的数据位于此处)。如果延长到 $2s$ 的距离，则几乎可以看到所有的箱。

在统计学中，有一个被称为**经验法则**的规则，即 68%的数据将位于第一个标准差区域，有 95%的数据位于两个标准差区域，有 99.7%的数据位于三个标准差区域。有时这条规则也被称为 68-95-99.7 规则。虽然在本书中会学习使用代码计算任何需要的精确比例的方法，但此规则有助于理解使用标准差和平均值的相关知识，了解特定数据集的特征。

如果对于商业世界有一定了解，那么你可能听说过六西格玛(six sigma)管理理念。这一管理理念的名称来自：工作的精确性——质量通常存在差异——即使在离平均值有 6 个标准差的情况下，产品仍具有可用的质量。

正如想象的那样，要在标准变化极端的情况下保持产品可用性，就需要让标准差很小，以便让 $\overline{x} \pm 6s$ 保持在一个很窄的范围内。

从图 6-23 中可以看到另一种方式。这里，正态分布以 σ 符号表示标准差，并且范围为"$\pm 4\sigma$"。现在，不要被图 6-23 中的信息迷惑，在第 9 章将更详细地讨论这个图表。现在需要关注的是曲线底部的那条线，这条线表示"距离平均值的标准差"。看一看，在 0 的两侧是否能找到-1σ 和$+1\sigma$？这两者之间的区域是否被标记为 0.3413？当然，如果将这两个区域加在一起则得到 0.3413 + 0.3413 = 0.6826，四舍五入则得到 68%，这即是 68%经验法则命名的由来。如果将-3σ 和$+3\sigma$ 之间的区域定为选定区域，则可得到 0.0214 + 0.1359 + 0.3413 + 0.3413 + 0.1359 + 0.0214 = 0.9972，也就是 99.7%，即 99.7%经验法则命名的由来。

图 6-22 来自 R 语言生成的样本，而图 6-23 则来自(理论)总体。这两张图有助于理解如何通过样本(和数据点的概率)了解总体。

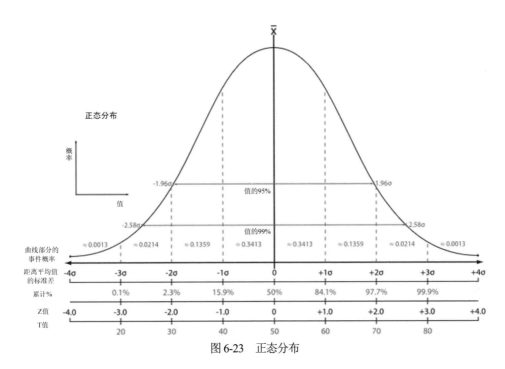

图 6-23　正态分布

　　当将注意力转向一些使用熟悉数据集得出的标准差示例时，其实已经对本章中的很多内容进行了学习与思考。标准差似乎并不足以灵活地总结数千个数据点。想要熟练使用刚刚学习的描述数据的方法，需要很多时间来练习，因此，需要在探索数据的同时专注于练习使用这部分内容。随着时间的推移，将有机会比较更多的数据集，并更好地掌握与运用这些方法。

6.5.1　示例一

　　在示例一中，将会使用三个不同且独立的函数。第一个函数 summary() 将前面几节中讨论的几个部分组合在一起。它给出了平均值、范围和四分位数。如果选择忽略平均值，那么其他所有内容都将被描述为五位数的总结。需要注意，五位数总结是箱线图上的五个点，因此，构建箱线图有助于同时直观地理解许多五位数的总结。summary() 函数接受单列数据的输入，并且该列为定距或定比、定量数据：

```
summary(penguinsData$flipper_length_mm)

## Min. 1st Qu. Median  Mean 3rd Qu. Max. NA's
## 172    190    197     201   213    231   2
```

　　从总结中可以发现，有很多已知的鳍状肢长度，它们的**范围**为最小 172 毫米到最大 231 毫米。因为中位数 197 小于平均值 201，所以有一大群数据更接近最大值而不是最小值(查看图 6-9 可以发现,这部分数据为 Gentoo 物种)。最后,所有鳍状肢长度的一半介于第一个四分位数 190 和第三个四分位数 213 之间。

前面提到了样本方差 var()函数和样本标准差 sd()函数,它们也接受定距或定比、定量数据。此外,在数据包含缺失值时,还要将 na.rm = TRUE 设置为第二个参数:

```
var(penguinsData$flipper_length_mm, na.rm = TRUE)
```

```
## [1] 197.7
```

```
sd(penguinsData$flipper_length_mm, na.rm = TRUE)
```

```
## [1] 14.06
```

根据之前关于经验法则的讨论,是否可以认定 68%的数据位于 201 ± 14 范围内?通过计算可以得出一个从 187 毫米到 215 毫米的标准差范围。将该范围与四分位数数据进行对比可以发现,这看起来要比中间的 50%数据的范围大一倍。

如果想更仔细地检查,快速计数法则非常有用。企鹅数据集有 344 个观察值,227/344=66%的事实说明这些数据并不完全遵循经验法则。当然,这并不意外,因为经验法则仅适用于正态数据,企鹅数据集并不符合这种模式。尽管如此,这个估计也很接近真实结果,实际上,非常接近:

```
count <- penguinsData[flipper_length_mm %between% c(187, 215),.N]
count
```

```
## [1] 227
```

```
count/nrow(penguinsData)
```

```
## [1] 0.6599
```

经验法则适用于正态数据。标准差的范围与该法则匹配的范围偏差得越远,说明数据越偏离正态。以后将学习其他的正态测试方法(除了已知的最简单的可视化检测)。此外,这也算是个人技能集合中的另一个探索工具。

最后,回顾对方差和标准差正式进行探索研究的相关内容,可以发现这两个公式是相关的。方差是标准差的平方,因此方差的平方根(sqrt())应与标准差相同。为了让学习更有趣(确保对逻辑运算符的学习保持新鲜感),接下来将对这一事实进行检验:

```
sqrt(var(penguinsData$flipper_length_mm, na.rm = TRUE)) ==
  sd(penguinsData$flipper_length_mm, na.rm = TRUE)
```

```
## [1] TRUE
```

6.5.2　示例二

虽然 penguinsData 数据集总是很适合探索研究，因为它相当小并且易于理解，但是 acesData 是模拟人类研究的，在此数据集中学到的东西总会是有帮助的。可以找到并用于练习的数据集越多，就能更好更快地锻炼比较和对比能力。而比较和对比则属于数据科学艺术性的一部分，它有助于发现数字背后的故事，从而为利益相关者、消费者、经理或社区描述重要的事实真相。

首先将使用 summary()函数，注意，数据中含有 NA 值：

```
summary(acesData$meanAge)
```

```
##  Min. 1st Qu. Median   Mean 3rd Qu. Max. NA's
##  18.0   20.0   21.0   21.7   23.0 26.0   26
```

由于缺失数据，在 var()函数和 sd()函数中都使用第二个参数 na.rm = TRUE。在研究中有一件至关重要的事项，即使在完美的随机样本中，参与者也可以自由地选择不做出回应(这属于道德要求，并且是知情同意的一部分)。如果参与者选择随机不做出回应，那么一切都还好。但是，如果参与者没有按某种模式做出回应，那么尽管付出了很大努力，数据中还是会存在偏差。传统上，统计方程除了放弃 NA 值并接受反馈回的偏差外别无选择。虽然这部分内容超出了本书的范围，但可以通过阅读统计学编程和数据模型的书，来学习有关解决数据缺失(并减少偏差)的更多相关知识。

此时，仅需要将缺失的变量删除：

```
var(acesData$meanAge, na.rm = TRUE)
```

```
## [1] 4.899
```

```
sd(acesData$meanAge, na.rm = TRUE)
```

```
## [1] 2.213
```

根据之前对经验法则的探讨,此处仍然可以判定 68%的数据应存在于 21.7 岁+/–2.2岁的范围内。这是否成立呢？通过计算将得出一个 19.5 到 23.9 的标准差范围，与四分位数对比，可以发现，这看起来比中间 50%的范围更大。

回顾企鹅数据示例相应的柱状图，相比之下，图 6-24 看起来似乎不是非常正态，因此经验法则可能并不适用于这些数据。但事实上，图 6-24 已经足够接近正态，所以可能会产生接近经验法则的结果：

```
ggplot(data = acesData,
       mapping = aes(x = meanAge))+
  geom_histogram()
```

```
## 'stat_bin()' using 'bins = 30'. Pick better value with 'binwidth'.
```

```
## Warning: Removed 26 rows containing non-finite values (stat_bin).
```

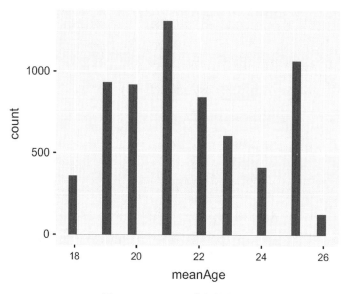

图 6-24　meanAge 数据柱状图

　　和之前一样，为了更仔细地检查，快速计数法则非常有用。因为 acesData 数据集有一些缺失的年龄数据，所以记得对 meanAge 列使用 is.na() 函数进行逻辑检查。该检查将会找到缺失值，所以必须用感叹号对其进行否定。与企鹅数据相比，这些数据在柱状图上看起来更接近正态，并且最终结果 0.56 也接近经验法则的 68%：

```
count <- acesData[meanAge %between% c(19.5, 23.9) &
                    !is.na(meanAge),
              .N]
count
```

```
## [1] 3679
```

```
count/nrow(acesData[!is.na(meanAge)])
```

```
## [1] 0.5597
```

6.6　总结

　　本章学习了可用于理解任何数据集的探索性数据分析工具，特别是学习了如何使用 ggplot()将数据快速绘制成柱状图、点图和箱线图。此外,还学习了如何使用 median()、mean()、summary()和 sd()函数创建数据总结,并根据集中趋势、位置和湍流等术语理解数据集。在此过程中,还将数据集与两个"完美"模型进行了比较,包括一个"正态"模型和一个"统一"模型。到目前为止,已经拥有了比较两个数据集并了解它们之间的异同的知识、技能和能力。之后进行练习时,可以参考表 6-1 中的条目。

表 6-1　章总结

条目	概念
hist()	基础 R 语言柱状图
setdiff()	比较集合 x 和 y 并输出在 x 中且不在 y 中的项
dotchart()	基础 R 语言点图
ggplot()	图形包主函数的语法,提取数据并映射参数
aes()	从数据列中提取"x =, y =, fill ="参数
geom_histogram()	将 ggplot 转化为柱状图
geom_dotplot()	将 ggplot 转化为点图
geom_jitter()	将 ggplot 转化为抖动图
geom boxplot()	将 ggplot 转化为箱线图
正态数据	最常见的数据点是平均数和中位数
均匀数据	矩形数据,每个点的可能性相同
mean()	计算算术平均值
median()	输出数据中间的数据点
quantile()	计算数据要素的相对位置
离群值	远离平均值和大量数据的数据点
标准差	数据湍流的测量值
sd()	计算标准差的函数调用
经验法则	也被称为 68-95-99.7 法则
summary()	数值版箱线图

6.7　练习与融会贯通

本节将通过一些练习题来检查你的进步与成长。理论核查部分会提出批判性思维的问题,最好用书面方式或口头方式来解答。统计学的美妙之处在于将结果成功地传达给利益相关者或者其他听众。有时这些听众非常专业,有时则不是。练习题部分则对本章探讨过的概念进行更直接的应用。

6.7.1 理论核查

1. 用自己的语言描述，平均值和中位数的区别是什么？它们计算的过程是什么？如果想要用一个数来描述一个国家"平均"的国民收入，哪个可能会更好？为什么？

2. 在研究 A 国和 B 国之间的年龄差异时发现，这两个国家的平均年龄分别为 36 岁和 40 岁。然而，A 国的标准差为 4.5 岁，B 国为 10.2 岁。年龄通常几乎遵循正态分布(中位数和平均值接近证明了这一点)。你认为这两个国家的柱状图会是什么样子？哪个国家更有可能会有 104 岁的公民？

6.7.2 练习题

1. 最好的学习方法往往都是实践。复制本章每个示例中生成图形的代码，并将"x ="切换到统一数据集中的不同列(例如，将 x= flipper_length_mm 替换为 x = body_mass_g)。从其他的数据列中可以学到什么？它们是正态的，还是统一的？

2. 在之前的练习中对图形进行了列切换，接下来，请在探索的每个新列中运用 summary()函数和 sd()函数。将新的均值与标准差与已经看到的进行比较，并且将图形进行比较。是否能够感受到较大和较小标准差图形之间的视觉差异？

3. 样本标准差 sd()函数的公式为 $s = \sqrt{\dfrac{\sum(x_i - \bar{x})^2}{n-1}}$。如何以传统方法手工计算标准差？数据集有 344 行，所有操作都由手工完成的过程可能会很多，请执行以下代码并查看标准差如何工作。

```
#first you get a data.table with only lengths
standardDeviationpenguin <- penguinsData[,.(flipper_length_mm)]

#you need to know the mean length
standardDeviationpenguin[, Mean := mean(flipper_length_mm, na.rm = TRUE)]

#so far we have one entry per penguin flipper length and the overall mean.
head(standardDeviationpenguin)

##    flipper_length_mm  Mean
## 1:               181 200.9
## 2:               186 200.9
## 3:               195 200.9
## 4:                NA 200.9
## 5:               193 200.9
## 6:               190 200.9

#this is the residual difference between each length and the mean
standardDeviationpenguin[ , x_iMinusMean := (flipper_length_mm - Mean)]
```

```
#this lets us see three penguins (these happen to be from each species by
visual inspection)
standardDeviationpenguin[c(1, 153, 277)]
```

```
## flipper_length_mm Mean x_iMinusMean
## 1:             181 200.9      -19.915
## 2:             211 200.9       10.085
## 3:             192 200.9       -8.915
```

注意，到目前为止，在 x_iMinusMean 中看到的是每个鳍状肢长度与平均长度的差异或残差。-19.9 意味着第一个鳍状肢长度比平均值小很多，而 10.1 则说明第二个鳍状肢长于平均水平。

正态数据的标准偏差很小，也就是说，这些数据集中的残差总是很小。均匀数据具有更大的标准偏差，也就是说，残差并不总是很小。

然而，就目前而言，如果对 x_iMinusMean 中的值进行求和，负值则将会被正值"抵消"(反之亦然)。这似乎不公平，因为第一只企鹅与平均值 201 差距过大。

因此，在数学中，为了摆脱负数，需要将它们平方：

```
standardDeviationpenguin[ , x_iMinusMeanSquared := (x_iMinusMean 2)]
```

```
#this lets us see three penguins (these happen to be from each species by
visual inspection)
standardDeviationpenguin[c(1, 153, 277)]
```

```
## flipper_length_mm Mean x_iMinusMean x_iMinusMeanSquared
## 1:             181 200.9      -19.915              396.62
## 2:             211 200.9       10.085              101.70
## 3:             192 200.9       -8.915               79.48
```

回顾平均值公式 $\overline{x} = \dfrac{\sum x_i}{n}$，求算术平均值的方法为将所有值相加并除以计数。

现在，x_iMinusMeanSquared 列中的数据可以在不消掉任何东西的情况下求和，这正是求方差需要做的事情！方差就是残差平方的算术平均值：

```
variance <- sum(standardDeviationpenguin$x_iMinusMeanSquared, na.rm = TRUE)
/ (nrow(standardDeviationpenguin) - 1)
```

通常，平方值并没有什么意义，所以需要取平方根来返回鳍状肢长度这个等级，而不是继续使用鳍状肢长度的平方这个等级。因此，方差的平方根就是标准差。此时可以使用 sd()函数来检查结果：

```
sqrt(variance)
```

```
## [1] 14.02
```

```
sd(standardDeviationpenguin$flipper_length_mm, na.rm = TRUE)
```

```
## [1] 14.06
```

看过这段代码后，请在 mtcarsData 数据集的 mpg 列上再次执行此操作，并记得用 sd()函数检查结果！

第7章

概率与分布

到目前为止，已经了解了如何描述作为样本的数据集，接下来将要介绍如何分析数据。从描述性统计跳跃到推论统计需要一些思考的时间。之前已经学习了很多关于 R 语言的知识、关于数据操作的知识，甚至还有通过各种总结(数字和图形)来描述数据的知识。**推论统计**是一种通过样本理解和预测总体行为的科学艺术。为了成功地做出推论，还需要掌握一些相关的数学知识。

数据分析通常建立在数学基础上，而基础的一部分是分数运算(例如，加法、减法、乘法和除法)。本章默认你已经对分数有所了解，就像在代数课程中会遇到常见的整数类型一样，本章中不会探究过于深奥的分数。如果对于分数的学习感到恐惧，请振作起来！当然，本章也将一如既往地使用 R 语言完成繁重的工作。其实，独立思考得越多，理解相关计算就越容易，此刻正是更新与分数相关的代数知识的好时机。

假设你已经完成了分数的相关练习，接下来将学习运用分数理解概率的统计学思维。对概率有一定理解后，就可以学习分布的相关知识。事实上，在前面的学习中已经见过两种类型的分布，一种被称为正态，而另一种被称为均匀。

由于本章从一些与之前熟悉的数据集完全不同的东西开始讲解，因此可能会令人感到一些陌生，但学习目标仍为通过对数学和 R 语言的了解以及练习，将统计学应用于数据处理。

本章涵盖以下内容：

- 了解概率的基本特征。
- 应用概率理解各种事件的可能性。
- 记住几种常见的分布。
- 使用已知的分布来评估各种数据样本。

7.1 设置R语言

像往常一样，为了继续练习创建和使用项目，在本章中将创建一个新的项目。

如有必要，请回顾第 1 章创建新项目的步骤。启动 RStudio 软件之后，在左上角的菜单栏选择 File 选项，单击 New Project 按钮，依次选择 New Directory | New Project 选项，并将项目命名为 ThisChapterTitle，最后选择 Create Project 选项。创建 R 脚本文件需要单击顶部菜单栏 File 选项下方的白纸上方带加号的小图标，选择 R 脚本菜单选项，单击光盘状的 save 图标，并将文件命名为 PracticingToLearn_XX.R(XX 为这一章的编号)，最后单击 Save 按钮。

在右下窗格中会显示项目的两个文件。单击 File 选项卡正下方的 New Folder 按钮，在 New Folder 弹出窗口中输入 data，并单击 OK 按钮。之后，单击右下窗格中新的 data 文件夹，重复上述文件夹的创建过程，创建一个名为 ch07 的文件夹。

本章将用到的程序包均已通过第 2 章的学习安装在计算机。不需要重新安装。由于这是一个新项目且是第一次运行这组代码，因此需要首先运行下面的 library() 调用：

```
library(data.table)

## data.table 1.13.0 using 6 threads (see ?getDTthreads). Latest news:
r-datatable.com

library(ggplot2)

## Need help getting started? Try the R Graphics Cookbook:
## https://r-graphics.org
library(palmerpenguins)

library(JWileymisc)
library(extraoperators)
```

接下来，需要将 3 个常用数据集设置为熟悉的变量，并使其符合 data.table 程序的格式。就统计学和 R 语言的实际应用而言，需要关注的就是 "常用" 数据集。拥有一个良好的用于处理数据的结构和流程(就像接下来要运行的代码一样)可以使日常工作更加轻松：

```
acesData <- as.data.table(aces_daily)
penguinsData <- as.data.table(penguins)
mtcarsData <- as.data.table(mtcars, keep.rownames = TRUE)
```

现在，可以自由地学习更多统计知识了！

7.2 概率

想象一下，将一枚完好的硬币抛向空中然后接住它，查看此刻的硬币为正面还是反面。其实，出现这两种情况的机会是均等的。以特定且可衡量的状态结束的现实生活中的事件被认为是有**结果**的。**概率**研究的核心就是研究特定结果和全部可能结果的比率。在抛硬币的情况下，总共有两个可能的结果(正面或反面)，因此，抛硬币的总体概率可以用两个比率来描述，即 $\frac{1}{2}+\frac{1}{2}=1$。

请认真思考公式"特定结果/全部可能结果"。如果想要知道抛硬币结果为正的概率，那么"特定结果"就是指硬币正面朝上，只有一种可能。"全部可能结果"则为硬币正面朝上或反面朝上，即存在两种可能的结果。因此，抛硬币且正面朝上的概率在数学上可以用比率 $\frac{1}{2}$ 来描述，当然，这个比率也可以写成小数 0.5 或者百分比 50%，这些描述方式是等效的。

在数学中，有时需要用公式表达一些概念(如第 6 章中的算术平均公式)，因此，此处可以用公式 $P(H)=\frac{1}{2}$ 来表示，该公式可以解释为"抛硬币正面朝上的概率是二分之一"。

如果将每个特定结果的概率加起来，那么总和应该为 1。在抛硬币的示例中可以写作：$P(H)+P(T)=1$。

接下来，学习一些概率中常用的语言。在抛硬币示例中，其实不可能同时得到正面和反面，也就是说，这两种结果是**互斥**的，因为它们不能同时发生。对于互斥，还有另一种说法，即正面和反面是对方的补集。对于现在讲解的一些公式来说，学习目标与之前在第 6 章中简要介绍的一些常用公式一样，都是确保熟悉研究中所使用的语言，而不是为了进行手动计算。对于两种不同的结果，在数学中常用大写拉丁字母表示(例如 A 和 B)，但是由于补集是完全相反的，所以常用 $\overline{A}$ (发音为"A bar")或者 A' (发音为"A prime")表示。因此，经常会看到接下来的公式：

$$P(A)+P(\overline{A})=1 \qquad (7\text{-}1)$$

就像根据上下文，单词"bat"会有两种不同的释义(例如，球棒或蝙蝠)，所以 $\overline{X}$ 与 $\overline{A}$ 也不同(这就是为什么有时用 A')。字母的不同、字母的大小写和上下文的线索揭示了它的含义。

硬币的任意两次抛掷都是**独立**的，因为第一次抛掷的结果对第二次抛掷的结果没有影响。与补集一样，独立事件也有一个公式。在抛硬币的示例中，会有两次均为正面朝上的情况，根据上下文的需求，如果想要描述两次均为正面朝上的概率，则可以写成 $P(H\&H)$。在数学中，经常会先以简单且通用的方式写出公式，然后再将具体内容代入，因此，接下来用 A 和 B 代表事件 A 和事件 B(在本示例中指的是正面和正面)，然后便可以得出独立事件概率公式：

$$P(A\&B)=P(A)P(B) \qquad (7\text{-}2)$$

如果式 7-2 成立，那么概率确实是独立的。另一方面，如果知道概率是独立的，那么可以使用式 7-2。

抛硬币为独立事件，因为每次都会用可能发生的情况的完整集合，**替换**可能发生的情况(如两次都是正面或反面)。在第二次抛硬币时，可能发生的情况完全相同(因为已经被替换回原始的初始状态)。此外，某种类型的概率**不会被替换**，例如，现在想要品尝一盘混合糖果中的巧克力，第二次时可能会有不同的选择。

互斥与独立的数学定义不相同，这是两种不同的概念，独立事件之间不会互相影响，而互斥事件不能同时发生。有了这些基础的认知之后，就可以探索接下来的一些示例。

7.2.1 示例一：独立性

回到多次抛硬币的示例中，如果抛 3 次硬币会发生什么？如图 7-1 中的树状图(使用 DiagrammeR[1]程序包绘制所示)，第一次抛硬币产生的结果展示在第一行，可以看到有两种结果，即正面或反面；第二次抛硬币产生的结果展示在第二行，可以看到有四种结果；第三次抛硬币产生的结果展示在第三行，此时可以看到有八种结果。

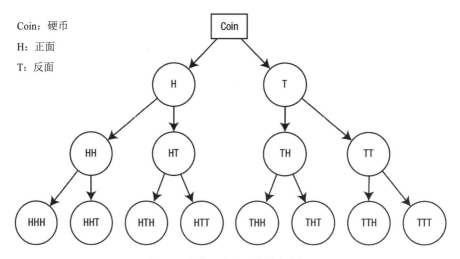

图 7-1　抛掷三次硬币的样本空间

每次抛硬币都是独立的，这在逻辑层面上是有道理的——第一次抛硬币不会影响第二次抛硬币。实际上这很重要。人类(一般而言)天生不擅长概率，因此必须通过自我训练理解其背后的数学原理。观察第二次抛掷的最左侧分支，此处显示结果为 HH。在第三次抛掷时，出现正面或反面的概率相同，均为 0.5。因此，抛硬币不是"注定"会出现反面的。你是否听人说过"暴风雨就要来了"？概率的工作原理不是这样的。也许你还听说过"祸不单行"——这在统计学中也是不正确的。

如果想要在第三次抛硬币中得到结果 HTH，即树状图第三行左侧的第三个结果，那么它的概率 P(HTH)为特定结果除以可能的所有结果，即 $\frac{1}{8}$，大约为 12%：

```
1/8
```

```
## [1] 0.125
```

但是，构建树状图后才能知道有 8 种可能的结果，如果多计算几轮硬币的抛掷结果，就会使树状图的规模变得很大。

因此，可以利用抛硬币为独立事件这一事实，使用公式 P(AandB) = P(A)P(B)，对于 3 次抛硬币示例，可以将公式扩展——运用的逻辑相同：

$$P\left(H \text{ and } T \text{ and } H\right) = P\left(H\right)P\left(T\right)P\left(H\right) = \frac{1}{2}\frac{1}{2}\frac{1}{2} = \frac{1}{2*2*2} = \frac{1}{8}$$

```
(1/2)*(1/2)*(1/2)
```

```
## [1] 0.125
```

使用该公式，可以快速计算连续的多次独立事件的发生概率(无需绘制图表)。

之所以用统计学研究概率，是因为它有助于了解一般情况下的期望值。假设有 8 名读者抛 3 次硬币，如果有一名读者得到了 TTT 的结果，会令人感到震惊吗？现在可能不会了——因为有 8 个人抛硬币，所以并不会令人感到震惊。

综上所述，可以通过抛硬币对图 7-1 中假想的抛硬币总体进行抽样。如果总体大到包含 8 个人抛硬币的所有结果，那么得到 TTT 结果就不会令人感到震惊。但是，如果只有一个人抛硬币，那么将不会轻易得到 TTT 结果。

7.2.2　示例二：补集

接下来介绍什么是期望值。在前面的示例中，通过计算得知 $P(TTT) = \frac{1}{8}$，那么，在前三次抛掷中没有得到 TTT 结果的概率为多少？这是补集的一个示例。通过补集的公式可以得知 $P(TTT)+P(\overline{TTT})=1$。注意，$P(\overline{TTT})$是抛掷结果 TTT 的补集，也就是说，它是抛掷结果不全部为反面的概率。接下来是一些代数计算：

$$P\left(TTT\right) + P\left(\overline{TTT}\right) = 1$$
$$P\left(\overline{TTT}\right) = 1 - P\left(TTT\right)$$
$$P\left(\overline{TTT}\right) = 1 - \frac{1}{8}$$
$$P\left(\overline{TTT}\right) = \frac{7}{8}$$

如果不擅长代数计算，R 语言也可以完成此计算：

```
1 - (1/8)

## [1] 0.875

7/8 == 1 - (1/8)

## [1] TRUE
```

因此，抛掷结果不全部为反面的概率为 88%！

就像独立性公式一样，补集公式也有助于理解期望值(无需绘制图表)。

接下来，再回想一下总体和样本的相关知识。假设在集市中的一个展位上有一个抛硬币的游戏，如果抛掷结果为 HHH 就可以赢得大型的动物玩具，但在实际游戏中你抛掷出的结果为 TTT，因此你对游戏公平性感到怀疑，并让你的一个朋友去参与游戏，结果他也得到 TTT，甚至你的另一个朋友参与后也得到了 TTT。在这种情况下，你对总体做出期望，假设它看起来像图 7-1，而现在你有一个包含三个 TTT 结果的样本，那么你的样本是否可能来自一个抛掷硬币得到正面或反面的概率相等的世界？

或者你会怀疑硬币加重了？

基于有 88%的概率可以得到除 TTT 以外的结果，你很可能怀疑硬币有问题！这就是概率的作用。更重要的是，你使用概率和样本对总体进行了描述，也就是说以上过程运用了统计学！

7.2.3 概率思维总结

概率始终是特定结果与所有可能结果的比率，因此，概率总是(作为小数)介于 0 和 1 之间的数字(有时写成百分比)。因为以物理方式绘制关于所有可能结果的树状图或某些类似图形并不总是可行的，所以需要学习一些公式来帮助计算概率。有很多与概率研究相关的书籍，里面包含更为灵活地计算复杂总体的所有可能结果的方法。对于我们来说，现在掌握的知识足以对简单的总体进行建模，并且其中也会包含很多统计学的相关知识。事实上，学习一项技能的关键就是进行终生研究，并不断探索创新。

你现在已经掌握了一种用来研究总体期望的语言和相应工具包。如果有一种方法可以将总体的全部可能结果设置为概率比，那么这些值的总和为 1。通过这一点，可以对总体进行建模(这对于将样本与总体的期望进行对比至关重要)。就像集市的示例，首先要制作一个总体的理想模型，然后将样本与总体模型比较，就可以判断总体模型的准确性。

为此，必须要了解分布的相关知识，也就是将第 6 章中的柱状图与新学习的概率知识相结合的简单方法。

7.3　正态分布

　　R 语言中的函数接收输入并给出相应的输出。在数学中，**函数**接收一个或多个输入(通常被称为 x)，并将其映射到输出(通常被称为 y)。**概率**分布则是将数值映射到特定发生概率的函数。其实大多数概率分布(如正态分布)，并不是单一分布，而是一种分布族，这是因为特定的正态分布通常取决于一些参数。

　　接下来，介绍正态分布的两个参数：

　　均值(μ)，有时也被称为"位置"，因为它控制正态分布中心的位置。

　　标准差(σ)，有时也被称为"规模"，因为它控制正态分布的规模或离散度。

　　形式上，正态分布通常写作：

$$N(\mu,\sigma)$$

　　谈到正态分布时，通常会想到标准正态分布，正态分布的均值为 0 且具有单位(或 1)方差或标准差：

$$N(0,1)$$

　　但是，实际上有很多种正态分布。图 7-2 展示了几种不同的正态分布，有些具有相同的均值和不同的标准差，有些则具有不同的均值。这表明，如果要计算概率，仅假设其为正态分布是不够的，还需要通过设定均值和标准差参数，指定正态分布的类型。

　　在图 7-2 中，哪个为标准正态分布的形状？提示：钟形的最高点部分要大于零。回顾经验法则中的内容，±1(标准正态分布的标准差)应占曲线下面积的 68%。

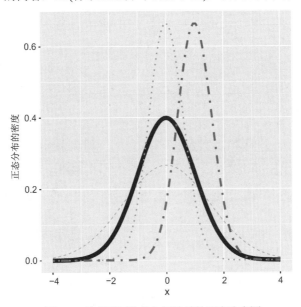

图 7-2　具有不同均值与标准差的正态分布图

答案为最粗的实线。

事实上，在第 6 章中有一个如图 7-3 的正态分布，当时被称为"完美"示例(它看起来不错)。标准正态分布的均值和标准差为 $N(0, 1)$，而这个"完美"示例则为 $N(2.5, 0.75)$。在观察柱状图的时候，曾经提到过不需要过于关注 y 轴，但是，现在需要观察一下这些正态分布的垂直 y 轴。

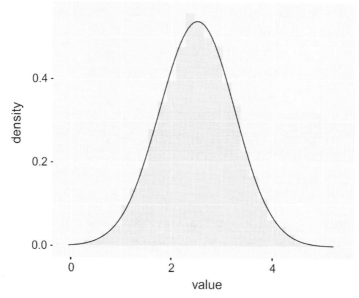

图 7-3　叠加了正态分布的近乎完美的正态柱状图

分布的概念是在概率之后引入的，在数学知识的混乱背后，总会有一种适当的学习方法。y 轴上的密度数与概率有关。概率**分布**的定义是一个将数值映射到特定发生概率的函数，而概率必须介于 0 和 1 之间。

分布的灵活之处在于，整个曲线下的面积等于 1，因此数据和抽样数据的概率之间的关系可以巧妙地在单个图形中展现。这实际上是一个非常聪明的想法(并且是一个将随机数学转化为统计学的伟大想法)。为分布找到合适的函数，其实就是获取均值和标准差的输入，并将其转化为显示概率的输出。接下来，如果绘制分布函数，那么会得到之前看到的曲线，并且总概率必须为 1(有 100% 的概率会发生某些事情)。

默认情况下，柱状图的 y 轴为初始的"计数"，而不是密度/概率/权重。因此，柱状图是一种正在制作中的原始分布，它并不成熟。还记得之前在柱状图的相关讨论中假装向柱状图扔飞镖的例子吗？示例一中有一个更好地进行相应研究的方法——将柱状图背后的数据映射为一个分布。

7.3.1　示例一

回顾关于企鹅鳍状肢长度的数据和该样本的均值和标准差。该样本有 344 个观察值(尽管包含几个 NA)。如果对调查人员不熟悉，344 实际上是一个相当不错的样本规模。计数(在本案例中为鳍状肢数量)很重要：

```
mean(penguinsData$flipper_length_mm, na.rm = TRUE)
```

```
## [1] 200.9
```

```
sd(penguinsData$flipper_length_mm, na.rm = TRUE)
```

```
## [1] 14.06
```

接下来观察图 7-4，左侧为正态曲线表示密度的 y 轴。该正态曲线基于样本的算术均值和标准差，换句话说，也就是 $N(201,14)$。

然而，在绘制这样的正态曲线时，需要考虑一个问题：柱状图中显示的样本是否可能来自按这条正态曲线分布的总体？

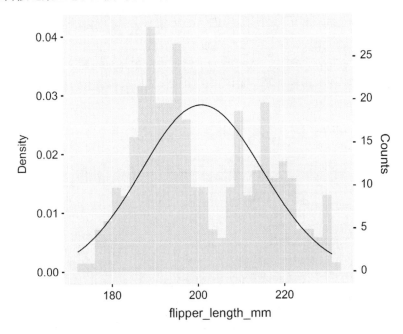

图 7-4　企鹅鳍状肢长度柱状图与正态曲线

答案似乎是否定的。柱状图和正态曲线并不能很好地匹配，可以看到，图中有一个相当大的空白空间，恰好为期望中企鹅鳍状肢长度最密集的地方。是否是随机样本意外导致的？看起来似乎不太可能，就像设法在展位的游戏中，通过抛掷"标准"的硬币只得到 TTT 的结果一样不可能。

企鹅数据实际上包含 3 个不同物种的企鹅。如果只观察 Adelie 物种，就会出现不同的情况，就像在图 7-2 中一样，存在正态曲线族。此外，Adelie 物种企鹅似乎鳍状肢平均长度最短：

```
penguinsData[, mean(flipper_length_mm, na.rm = TRUE),
            by = species]

##        species     V1
## 1:     Adelie  190.0
## 2:     Gentoo  217.2
## 3: Chinstrap  195.8

penguinsData[, sd(flipper_length_mm, na.rm = TRUE), by = species]

##        species     V1
## 1:     Adelie  6.539
## 2:     Gentoo  6.485
## 3: Chinstrap  7.132
```

如果绘制的柱状图和正态曲线只考虑 Adelie 物种会怎样？如图 7-5 所示，这些数据现在看起来更加符合正态。

这个示例故意将代码简化，主要是为了建立对正态分布的直觉和理解，因为学习重点应该放在图形上。虽然在接下来的示例中也将采用这种方式，但是很快就会将 R 语言的相关知识纳入学习内容。

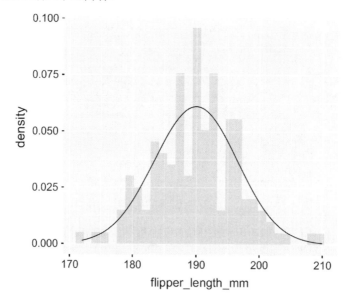

图 7-5　Adelie 物种鳍状肢长度柱状图与正态曲线

7.3.2　示例二

在前面的学习中，不止一次提到，对柱状图的目视检查可能会表明样本是否正常。为了更深入地理解这个基本原理，需要进行一些回顾，并了解一些关于统计学的事实。

统计的目标是确定一个总体，并提出一些关于该总体的调查问题，选择一种能够捕获无偏差样本的抽样方法，然后在一定程度上描述样本，从而通过样本了解总体。

分布(例如，正态分布)的数值在很多度量上都符合正态分布，因此，可以在正态分布上对总体进行建模。但是，如果样本看起来不符合正态，就表明这种哲学方法可能面临两个挑战之一：要么样本有偏差，要么总体实际上不符合正态。

回顾图 7-3 中用于模拟正态的数据。在图 7-3 中，使用了真实数据绘制柱状图，并根据样本均值和标准差叠加了一条正态曲线。虽然边缘有些粗糙(字面意思)，但这显然属于正态数据。

使用相同的数据，现在请观察图 7-6。首先，图 7-6 的上半部分有两个不同的图形，二者几乎重叠。实心的图形是几乎完美的正态数据的平滑密度图，看起来就像边缘平滑的柱状图(有助于比较)。虚线是基于样本均值和标准差的正态曲线。正如期望的那样，这次契合紧密。

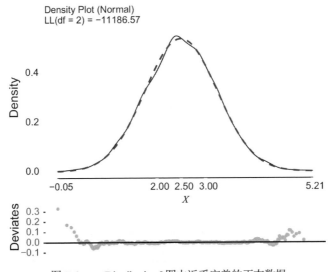

图 7-6　testDistribution()图中近乎完美的正态数据

接下来，观察图中的 x 轴。该图并没有给出很多 x 轴上的值(像柱状图那样)，而是将注意力集中在五个总结数字上(最小值、第一个四分位数、均值、第三个四分位数和最大值)。需要注意的是，x 轴本身就被分开并显示为一种较扁平的图形，因此，可以直观地看到每个四分位数的开始与结束位置。

仅查看这一部分，虽然图 7-6 确实在很小的空间内提供了大量的信息，但还是检查柱状图的老方法更好。

图 7-6 的下半部分使这个图形发挥了作用。下半部分不需要过于技术化，基于所谓的分位数-分位数图(更常见的说法为 Q-Q 图)。如果样本数据接近期望的分布，那么这些点大部分应该都在这条线上，而事实也是如此。此外，因为测试针对正态分布，所以可以确认这是一个正态分布。

事实上，还需注意这组点在 y 轴上的规模范围，这些被称为偏差，即差异的数学名词。从偏差的范围中可以发现，任意数据点与正态曲线之间的差异实际上较小，均为非常小的小数。

将此图与第 6 章中介绍的近乎完美的均匀分布进行对比，如图 7-7 所示。同样，在上半部分中可以看到代表密度函数的实线与代表基于相同均值和标准差的正态分布虚线。因为数据是均匀的，所以在 x 轴上可以看到均匀的四分位数。

图 7-7 的下半部分则显示了偏差或差异。可以明显地发现，图 7-7 的下半部分显示的图形与正态分布存在一些差异。不仅有很多点不在这条线上的主要区域，而且 y 轴上的比例不是小数，而是整数。综合来看，这明确地表明均匀数据不符合正态(当然，在之前的学习中就已经了解)。

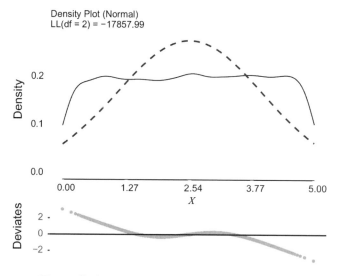

图 7-7　位于 testDistribution() 图中近乎完美的均匀数据

既然已经了解了这种检测正态的方法，那么，在以后的学习中该如何运用呢？

7.3.3　示例三

前面使用的名为 testDistribution 的函数来自 JWileymisc 程序包。它可能会需要几个参数，但现在只需要掌握两个。第一个参数接收一个数据集，第二个参数接收一个文本字符串，用于表明期望的分布类型。

　　通过前面的学习已经得知，正态分布实际上是一个函数族，且并非所有的分布都是正态分布，也了解了均匀分布的相关内容。除了这两种，还有更多的分布种类，因此第二个参数会有很多可接收的选项(尽管分布的种类要比该函数可以构建处理的种类更多)。

　　testDistribution()函数实际上很高级，因此有些输出超出了目前的需求，所以需要获取函数结果并将它们赋值给变量，这样就可以访问当前所需的信息。与之前一样，第一个参数设置为数据，第二个参数为 distr ="normal"。一旦将此输出赋值给一个变量(此处使用 testF 作为变量名称)，plot()函数就会绘制出图 7-8。正如预期，企鹅数据不是很符合正态，偏差图中的大多数数据点都偏离了直线：

```
testF <- testDistribution(penguinsData$flipper_length_mm,
              distr = "normal")
```

plot(testF)

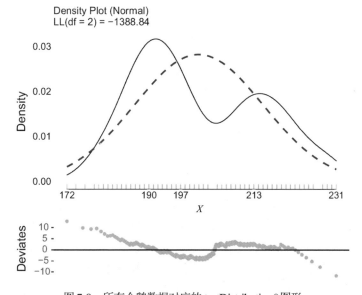

图 7-8　所有企鹅数据对应的 testDistribution()图形

　　通过查看密度图可以发现，代表企鹅鳍状肢密度的实线有两个波峰，或者说最大值。此外，在 x 轴上，因为这个数据集有合理的点的数量("完美"数据有 10000 个点)，所以可以看到一个地毯图。在这个图中，在 x 轴上看到的每条线都代表一个单独的观察值。在一些案例中，实际上不止一个观察值会重叠，因此，这个特殊的版本不能很好地显示密度(尽管密度图中的峰值可以说明，一些线一定具有更高的频数)。在地毯图中，可能会通过色标显示频数，此外，观察特定地毯图的目的在于可以直观地研究"原始"数据。需要注意，在 x 轴上的 172 标记附近可以发现，数据点之间有相当宽的间距，峰值下的间距变窄。

至此，已经观察了模拟正态和均匀数据的示例，以及一个不符合正态的真实示例。那么，现实世界中符合正态的示例是怎样的呢？通常，观察和比较的示例越多，在现实世界的数据研究中就能越灵活地运用相应的技能。

7.3.4 示例四

虽然将 3 个物种的企鹅数据都放置在同一个柱状图中时，企鹅数据看起来不符合正态，但是，实际上其中 2 个物种的样本符合正态，如图 7-9 所示。

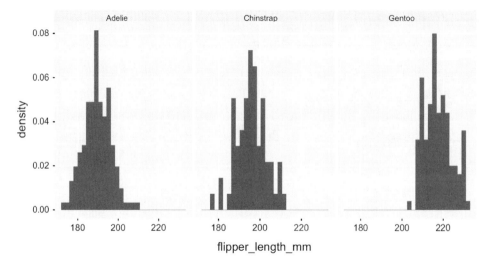

图 7-9 分物种企鹅鳍状肢柱状图(密度)

创建图 7-9 的 ggplot()代码值得深入讨论。通常，在使用 ggplot()时，首先需要对数据参数进行设置，在本例中为 data = penguinsData。接下来，需要将整个图的美学层映射为 x 轴上的鳍状肢长度。像往常一样，使用 geom_histogram()函数构建柱状图。然而，此处需要使用一个新参数。在第一次的操作中，设置了 y 轴(垂直)美学层，在本例中将使用 y = ..density..保证 y 轴(在柱状图中默认为计数)可以展示概率或相对频数。最后一行代码 facet_grid()根据给定的变量将图形分列。在本案例中，将使用 cols =vars(species)。

总的来说，得到的柱状图看起来都符合正态，因此这些样本可能来自一个符合正态的总体：

```
ggplot(data = penguinsData,
       mapping = aes(x = flipper_length_mm)) +
```

```
    geom_histogram(aes(y = ..density..)) +
    facet_grid(cols = vars(species))
```

```
## 'stat_bin()' using 'bins = 30'. Pick better value with 'binwidth'.
```

```
## Warning: Removed 2 rows containing non-finite values (stat_bin).
```

请记住，研究目标为通过样本数据(如企鹅样本)了解企鹅物种的特征，因此，如果发现有证据表明样本不符合正态，则需要确定样本是否存在偏差，或者是否需要将假设的总体分布模式从正态改为其他。虽然存在多种可能的分布方式，但大多数介绍统计学的书籍都侧重于讲述正态分布。因此，一方面，如果没有证据表明企鹅数据为正态分布，那么本书后面描述的大多数技能都没有什么用处；另一方面，如果企鹅数据不符合正态，那么至少可以排除一种分布模式。

使用 R 语言这样的编程语言的其中一个优点是，它最终证明了正态分布和其他分布之间的许多计数在很大程度上是相同的。这点很有用，因为 R 语言允许像这样的介绍性文本只关注最常见的分布——正态分布——并提供研究其他分布所需的几乎所有技能(即函数)。

与之前用于探索企鹅物种的方法相比，唯一的区别是运用 data.table 程序 *i* 位置的行筛选功能控制选择的物种。使用之前的命名方式，变量赋值名称中的 "test" 词汇后面的字母代表了物种：

```
testA <- testDistribution(penguinsData[species == "Adelie"]$flipper_length_mm,
            distr = "normal")
```

```
testC <- testDistribution(penguinsData[species == "Chinstrap"]$flipper_
length_mm,
            distr = "normal")
```

```
testG <- testDistribution(penguinsData[species == "Gentoo"]$flipper_length_mm,
            distr = "normal")
```

首先观察图 7-10，可以看到 Adelie 物种的企鹅的鳍状肢长度密度与期望的正态密度非常接近。此外，偏差图线上的点很少，然而，一般来说这些点包含在 ±1 的范围中。这种对称性对于大多数正态分布来说通常是正常的。有一点需要特别注意，这些点构成了许多倾斜的带状图案，且每个图案至少有一个点与实线相交。

```
plot(testA)
```

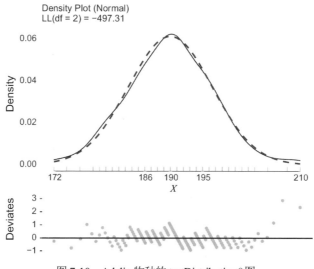

图 7-10　Adelie 物种的 testDistribution()图

接下来，观察图 7-11 中的 Chinstrap 物种企鹅，可以发现，结果与 Adelie 物种非常相似。特别需要注意，偏差图中间有很多点与实线相交，在图 7-10 中也发现了这种现象。但是，在密度图中，远端(实线)位于正态曲线(虚线)上方。这是鳍状肢长度范围的极端观察值超出正常范围的一种迹象，即密度曲线在两端很高且分布均匀。但是，较小的样本规模也可能会导致此现象(极端长或极端短的鳍状肢长度都可能导致偏差)，这也就是为什么更大的样本规模往往更为理想(不仅是因为更大的样本规模能更好地捕获总体特征)。

```
plot(testC)
```

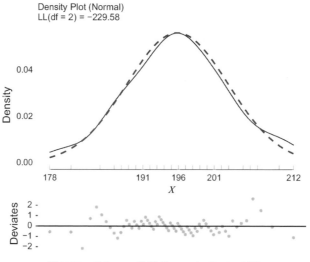

图 7-11　Chinstrap 物种的 testDistribution()图

需要观察的最后一个物种为 Gentoo，结果如图 7-12 所示。根据密度图可以发现，Gentoo 物种的数据不符合正态。在图 7-9 中，它的柱状图看起来也最不符合正态。再观察偏差图，可以发现一些主要差异。在图 7-12 中，线的一侧有几个点排成一排，而不是均匀地分布在两侧，它们都在上方(位于图形左侧)。此外，在偏差图中间的倾斜带中，可以发现有几个带完全位于线的下方。更为重要的是，好几个连续的带同时呈现这种情况。如果只是一个带全部在下方，而下一个带全部在上方，情况就会有所不同。相比之下，图 7-11 中的每个倾斜带都与线相交，并且只要有一个带没有相交，那么下一个带就会相交，这个迹象表明了 Chinstrap 物种企鹅的鳍状肢长度呈正态分布。

```
plot(testG)
```

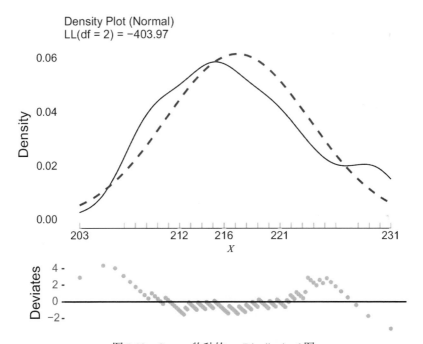

图 7-12　Gentoo 物种的 testDistribution()图

通过将企鹅数据划分为三个物种进行观察，可以发现完整数据集中不可见的正态性。Gentoo 物种鳍状肢长度不符合正态分布的原因可能是什么？其实，这可能是企鹅的生理性别导致的。有些物种的鳍状肢长度根据生理性别会有所不同。在数据集中，Gentoo 物种似乎不是按照性别均匀划分的，这或许是造成偏差的原因：

```
penguinsData[,
            .N,
            by = .(species, sex)]

##      species   sex  N
```

```
## 1:    Adelie    male 73
## 2:    Adelie  female 73
## 3:    Adelie   <NA>  6
## 4:    Gentoo  female 58
## 5:    Gentoo    male 61
## 6:    Gentoo   <NA>  5
## 7: Chinstrap female 34
## 8: Chinstrap   male 34
```

到目前为止,已经掌握了一些测试数据是否符合正态的方法。虽然本书侧重于正态分布,但是大多数现代统计函数都有好几个可以轻易切换的分布模式,因此,在检查样本可能符合的分布模式时,可以使用类似的技术。

7.4 概率分布

如果样本数据来自正态总体,则可以根据数据要素的位置理解数据。回顾图 7-13 和经验法则(68-95-99.7 法则)。

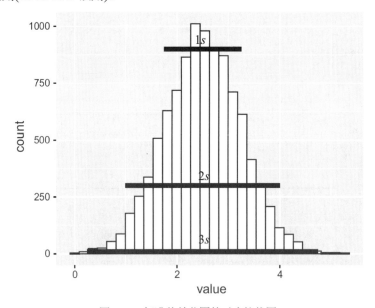

图 7-13　标准偏差范围的对应柱状图

数据集中的每个数据点都可以根据其标准分数来理解,换句话说,它位于第一个还是第二个标准偏差范围内?标准化分数是单位转化的一个示例——将一种单位转化为另一种单位(例如英里和公里,华氏度和摄氏度)。在这种情况下,转化指的是从数据单位到标准正态分布 $N(0, 1)$ 的标准单位,也被称为 **Z 值**。虽然理想情况下使用的是总体参数,但实际情况中大多还是使用样本统计数据代表总体参数。

运用总体参数的 Z 值公式：

$$z - score = \frac{x - \mu}{\sigma} \tag{7-3}$$

运用样本统计数据的 Z 值公式：

$$z - score = \frac{x - \overline{x}}{s} \tag{7-4}$$

总之，Z 值为数据点 x 与算数均值之间的差除以标准差。Z 值以标准差为单位，表示数据点与中心(正态分布 $N(0, 1)$ 中的 0)之间的距离。

这听起来可能难以理解，所以，接下来请仔细观察。之前完美数据集的正态分布为 $N(2.5, 0.75)$，事实上，这是一个总体衡量标准。考虑样本数据中的数字 2，从图 7-13 中可以直观地发现它位于第一个标准偏差的范围内，并且显然位于数据中心的左侧(均值为 2.5)。

运用"完美"数据总体参数的 Z 值公式如下：

$$z - score = \frac{x - \mu}{\sigma}$$
$$z - score = \frac{2 - 2.5}{0.75}$$
$$z - score = \frac{-0.5}{0.75}$$
$$z - score = -0.66$$

R 语言中，运用相同数学原理产生的相同结果：

```
perfectZscore <- (2-2.5)/0.75
perfectZscore
```

```
## [1] -0.6667
```

Z 值为负意味着样本数据中的数字 2 位于均值的左侧。它的绝对值小于 1 则说明它位于第一个标准偏差范围内。

数据点 $x = 4.5$ 时，同样的过程会得到不同的结果。观察图 7-13 可以发现 4.5 位于图形的最右侧，刚好越过 2s 线的边缘。它位于右侧，因此期望中的 Z 值为正，且绝对值大于 2。

通过 R 语言检验期望是否正确：

```
perfectZscore <- (4.5-2.5)/0.75
perfectZscore
```

```
## [1] 2.667
```

回顾经验法则，对于正态分布，期望在第二个标准偏差之外的值的数量很少，就像三个人连续抛掷出 TTT 结果很奇怪一样，从 $N(2.5, 0.75)$ 的正态分布中频繁地抽取到数字 4.5 也很奇怪。

经验法则指出，95% 的数据位于第二个标准偏差内，使用补集的概率思想可以得知，P(不在第二个标准偏差内) = $1 - P$(在第二个标准偏差内) = $1 - 0.95 = 0.05$。然而，5% 的数值平均分布在左侧和右侧，所以可以把这个数字减半，也就是说 4.5 的左下侧大约有 97.5% 的数据点，而右下侧大约有 2.5% 的数据点。此概率基于经验法则，所以只是一个粗略的估计。此外，还需注意此概率估计假设数据点刚好大于两个标准偏差线的末端。但是，如图 7-13 所示，4.5 比 $2s$ 线末端的位置更加靠右，因此，选到一个小于 4.5 的点的概率甚至大于 97.5%。

那么，怎样才能得到更为准确的估计值呢？R 语言是一个很好的选择。因为刚刚计算的是正态分布的概率，所以使用的函数名为 pnorm()，发音大致为 "P，Norm"。pnorm() 函数需要 4 个参数，分别为数据点、均值、标准差和一个默认为 lower.tail = TRUE 的布尔值。lower.tail 意味着 "选到点的概率小于"。之前估计该概率超过 97.5%，接下来看看下面的代码并观察对概率的估计是否正确：

```
pnorm(4.5,
      mean = 2.5,
      sd = 0.75,
      lower.tail = TRUE)

## [1] 0.9962
```

接近，但并不完美。这也在意料之中，因为点 4.5 的 Z 值约为 2.67，恰好位于 $2s$ 区域末端(结束于均值右侧的两个标准偏差处)的右侧。

在可以快速计算的现在，经验法则的价值主要在于能够进行足够接近的预估，从而发现代码中的错误。从数学的角度上看，在过去，只有微积分才能准确地计算出 0.9962 的概率。近代人们可能会使用标准正态分布表来查找 Z 值并估计概率。而现在，使用 pnorm() 函数就可以完成这一切。实际上，学习统计学时使用的表格现在已经过时了(老实说，R 语言更加好用)。

7.4.1 示例一

需要注意，pnorm() 函数(就像经验法则一样)只能在总体为正态分布时给出准确的估计，因此检验是否符合正态假设很重要。从前面示例中的图 7-11 中得知，企鹅数据集中 Chinstrap 物种的企鹅鳍状肢长度为正态分布。

为了更轻松地处理 Chinstrap 物种的企鹅数据，需要将其赋值给名为 chinstrapData 的变量。此外，也将 mean() 与 sd() 赋值给变量：

```
chinstrapData <- penguinsData[species == "Chinstrap"]
chinstrapMean <- mean(chinstrapData$flipper_length_mm)
chinstrapSD <- sd(chinstrapData$flipper_length_mm)
```

虽然 Z 值不是计算概率所必需的，但得到 Z 值有助于了解概率。接下来，可以使用 scale() 函数创建一个名为 chinstrapData 的新列。scale() 函数可自行计算均值与标准差。作为确认检查，可以使用公式 7-4 手动计算 Z 值：

```
chinstrapData[, zScoreFlipper := scale(flipper_length_mm)]
head(chinstrapData)
```

```
##       species island bill_length_mm bill_depth_mm flipper_length_mm
## 1: Chinstrap  Dream           46.5          17.9               192
## 2: Chinstrap  Dream           50.0          19.5               196
## 3: Chinstrap  Dream           51.3          19.2               193
## 4: Chinstrap  Dream           45.4          18.7               188
## 5: Chinstrap  Dream           52.7          19.8               197
## 6: Chinstrap  Dream           45.2          17.8               198
##    body_mass_g    sex year zScoreFlipper
## 1:        3500 female 2007      -0.53612
## 2:        3900   male 2007       0.02474
## 3:        3650   male 2007      -0.39590
## 4:        3525 female 2007      -1.09698
## 5:        3725   male 2007       0.16496
## 6:        3950 female 2007       0.30517
```

```
(192-chinstrapMean)/chinstrapSD
```

```
## [1] -0.5361
```

有了 Z 值之后，就可以通过一些示例更好地了解 Chinstrap 物种的企鹅数据。回顾图 7-11 中的第一个四分位数，它在 $x = 191$ 处结束。从之前的研究中可以得知，25% 的数据应该在 191 的左侧。此处需要注意，四分位数不需要正态总体。接下来，查看 pnorm()(需要正态总体)是否与 lower.tail = TRUE 的估计值相同：

```
pnorm(191, chinstrapMean, chinstrapSD, lower.tail = TRUE)
```

```
## [1] 0.2494
```

事实确实如此！这并不令人感到震惊。如图 7-11 所示，数据确实看起来符合正态。接下来回顾偏差图的相关内容。偏差图基于 Q-Q 图，工作原理是将 Chinstrap 物种的鳍状肢长度的分位数与正态分位数进行比较，如果点经常落在线上则说明分位数相同。

抽取到鳍状肢长度超过 191 毫米的 Chinstrap 物种企鹅的概率为多少？根据四分位数可以大致推断为 75%，也可以对刚刚计算的 pnorm()运用补集的概率思维或者设置 lower.tail = FALSE 计算，不论哪种方法，答案都是一样的：

```
1 - pnorm(191, chinstrapMean, chinstrapSD, lower.tail = TRUE)

## [1] 0.7506

pnorm(191, chinstrapMean, chinstrapSD, lower.tail = FALSE)

## [1] 0.7506
```

就像抛掷一枚标准的硬币得到的总体分布有助于了解三个人连续三次得到 TTT 结果的概率一样，知晓(正态)总体的分布有助于了解随机找到许多鳍状肢长度超过 210 毫米的 Chinstrap 物种企鹅的概率。可能找到吗？答案是肯定的，然而这很可能是人为干预造成的结果。

```
pnorm(210, chinstrapMean, chinstrapSD, lower.tail = FALSE)

## [1] 0.02342
```

7.4.2 示例二

基于样本数据，随机找到鳍状肢长度大于 202 毫米的 Adelie 物种企鹅的概率是多少？

之前已经确认，这些样本数据不排除为正态参数，并且图 7-10 证实可以通过正态分布对总体进行建模。根据 mean()和 sd()，Adelie 物种的正态分布大致为 $N(190, 6.5)$：

```
adelieData <- penguinsData[species == "Adelie"]
adelieMean <- mean(adelieData$flipper_length_mm, na.rm = TRUE)
adelieSD <- sd(adelieData$flipper_length_mm, na.rm = TRUE)
```

使用样本统计量作为假设的正态总体参数的粗略估计，使用 pnorm()函数估计右尾概率：

```
pnorm(202, # x > 202mm
      mean = adelieMean, #sample mean
      sd = adelieSD, # sample sd
      lower.tail = FALSE) #GREATER than is upper/right tail
```

```
## [1] 0.03273
```

结论是，不太可能随机看到鳍状肢这么长的 Adelie 企鹅！

为了对该示例进行总结，接下来需要进行一些思考。仔细看看这个示例中的逻辑流程。起初只是对看到一只长鳍的 Adelie 企鹅感到好奇，然后对样本数据的检查表明，Adelie 物种的企鹅总体似乎是正态分布(并没有证据表明样本不是来自图 7-10 中的正态总体)。接下来，使用样本统计量中的均值 $\bar{x}$ 和标准差 s 估计(假设为)正态分布总体的 μ 和 σ。如果所有的猜想都是正确的，那么通过 pnorm()估计的概率应该是准确的。

整个过程中包含很多假设。能够确定 Adelie 物种的总体为正态分布吗？从技术上讲，不能(至少在不使用生物学知识的情况下是这样的，而 152 只企鹅的小样本不能总结出生物学知识)。即使 Adelie 物种的总体为正态分布，那么能否确定样本统计量 $\bar{x}$ 和 s 是总体参数 μ 和 σ 的精确值？答案还是不能(必须要参考关于 Adelie 物种企鹅的一些外部研究)，毕竟样本可能存在偏差。

那么，通过什么方法可以确定总体是否为正态？如何更好地了解统计数据在估计总体参数时的准确度？这些重要问题会在未来章节中会给出答案。

7.5　中心极限定理

目前为止，已经练习了如何识别可能符合正态分布的数据样本，现在面临的挑战是，把学过的概率和分布的知识结合在一起，来更好地了解样本的使用价值。但是，目前似乎做出了一个奇怪的选择，即只关注正态分布——为什么不止一次断言有很多数据都是正态分布？正如前文所说，可以确定潜在的总体符合正态吗？

要找到这些问题的答案，需要先了解一些信息。回顾来自 N(2.5, 0.75)标准正态分布的两个随机样本(记住，第一个值为均值，第二个值为标准差)。为了保证得到的值一致，此处将再次使用 set.seed(1234)函数。在 R 语言中生成随机数据的函数通常以 r 开头，表示随机。对于正态数据来说，特定函数为 rnorm()，发音大致为 "R, Norm"。如果将从中提取的两组随机数分别赋值给 sampleA 和 sampleB，可以从 summary()函数得到的结果中发现，数据范围相当不同，也就是最小值和最大值相差很大，这在随机样本中是合理的，而它们的算术均值实际上非常接近：

```
set.seed(1234)
sampleA <- rnorm(n = 5, mean = 2.5, sd = 0.75)
sampleB <- rnorm(n = 5, mean = 2.5, sd = 0.75)
```

```
summary(sampleA)
```

```
##   Min. 1st Qu. Median   Mean 3rd Qu.   Max.
## 0.741    1.595  2.708 2.236   2.822  3.313
summary(sampleB)
```

```
##   Min. 1st Qu. Median   Mean 3rd Qu.   Max.
##  1.83     2.07   2.08   2.19    2.09   2.88
```

随机样本的无偏性导致了均值如此接近。如果仅从图形的最左侧或最右侧抽取随机样本将会导致很大差异，也就意味着会出现偏差。回顾如图 7-6 所示的典型正态分布图形，事实上，用来演示的"完美"正态数据集正是运用 rnorm()函数创建的。该密度图上的最高点位于中间，因此不会随机抽取太多不位于中间的数据点。尽管任意一次随机抽取都可能得到一个非常极端的数字，但从总体中抽取的样本的均值应与实际总体的均值非常接近。当计算平均值时，样本数据统计值与总体数据参数非常接近(回顾之前的定义)。

样本均值统计量接近总体意味着参数 σ 不是正态分布独有的。回顾刚才使用的代码，将 rnorm()改为 runif()，此函数表示随机均匀，发音大致为 "R, Unif"。"完美"的均匀数据如图 7-7 所示，与正态分布完全不同。从密度图 x 轴上的四分位数可以看到，整个总体的均值为 2.5。

接下来观察样本 sample 和 sampled，可以发现彼此的最大值并不接近，且第一个四分位数也不接近。尽管如此，两者的样本算术均值依旧很接近，并且都接近总体的均值 2.5：

```
set.seed(1234)
sampleC <- runif(n = 5, min = 0, max = 5)
sampleD <- runif(n = 5, min = 0, max = 5)
```

```
summary(sampleC)
```

```
##   Min. 1st Qu. Median   Mean 3rd Qu.   Max.
## 0.569    3.046  3.111 2.830   3.117  4.305
```

```
summary(sampleD)
```

```
##   Min. 1st Qu. Median   Mean 3rd Qu.   Max.
## 0.047    1.163  2.571 2.063   3.202  3.330
```

以上为两种不同的总体分布。即使是很小的随机样本，其均值也会非常接近总体均值。在最初的学习中就接触到平均工资，平均工资不会像单一的个人工资一样会有极端值。样本均值通常聚集在总体均值周围。虽然定理这个词在流行文化中往往被用来描述一个猜想，但在数学与科学中，这个词有不同的定义。在数学中，**定理**本质上是数学中的真理，即一个可证明的事实，可以参考著名的科学理论，如相对论或弦论。对于统计学来说，**中心极限定理**(central limit theorem, CLT)指出，从相同的总体分布中抽取的随机样本将具有符合正态分布的算术平均值或样本总和。此外，样本均值的特定正态分布将符合以下公式(其中，n 越大，符合度越高)：

从均值 μ 和标准差 σ 的任意总体分布中抽取的样本均值的正态分布：

$$N\left(\mu, \frac{\sigma}{\sqrt{n}}\right)$$

中心极限定理是什么意思？

首先，需要牢记正态分布的形状。大多数的数据点都位于中间，因此中心极限定理表明，对于随机样本，取算术平均值 $\bar{x}$ 或平均值都很可能会得到一个接近总体均值 μ 的结果。最重要的一点是，无论总体的分布模式是什么，样本算数平均值都将符合正态分布！听起来难以置信，因此，接下来将会在示例中证明这一点。

如果中心极限定理成立，那么就可以像找到隐藏在整体企鹅数据中的分物种正态企鹅数据一样，找到隐藏在任意分布中的正态样本均值数据。

如果只需要选择一种分布进行讲解，那么选择将会用到的样本对应的分布模式是一个不错的选择。如果对理论事实很感兴趣，则可以考虑探索统计学背后的数学理论(在数学中，定理是可证的)。此外，如果只是想要利用这个定理来了解周围的世界，那么学习本书中的知识就已足够。

在上一个 Z 值的示例中，有一个基本假设为总体符合正态。根据中心极限定理，无论总体如何分布，总体的均值分布一**定**是符合正态的。因此，需要对 Z 值进行微调，就像调整正态分布一样。

在均值抽样分布中，使用总体参数的 Z 值公式为：

$$z = \frac{\bar{x} - \mu}{\frac{\sigma}{\sqrt{n}}} \tag{7-5}$$

式 7-5 理解起来可能有点困难，在示例一中将详细讲解该公式。通过使用中心极限定理，可以确保总体呈正态分布，这也消除了使用随机样本推测总体的一个疑问。

7.5.1 示例一

如何证明来自任意分布类型(可能不是正态分布)的总体的随机样本的平均值 $\bar{x}$ 为正态数据？尽管本书并不意在讲解如何证明数学理论，但也可以对这个理论进行某种验证。这种验证依赖于 R 语言对数据的模拟能力，而目前已经拥有了需要的所有工具，因此，接下来只需要用一种新的方式将它们组合在一起。

之前学习了 runif()函数，但此次不会用它来构建样本，而是通过设置 "n = 100000" 来创建一个总体。到目前为止，已经很熟悉 data.table 程序的运用了，但是还没有尝试过从开始创建自己的程序。用于创建程序的函数为 data.table()。它接收选择好的名称(称之为列名)，然后可以将该列设置为与一些数据相等。本案例将选择 uniform 作为列名，并且将该列设置为与之前名为 "perfect uniform" 的数据集非常接近的均匀数据集的随机抽样样本中的值相等。在第 5 章中，1:191 为获取整数 1～191，在此处，用 1:1000 的重复值(R 语言将重复利用这些数据，因为相比第一列的 100000 行，它太少了)构建名为 sample 的第二行。这是 K 抽样的一个示例，其中每 1000 个随机均匀分布的数据被放入一个样本中，这种情况将一次又一次地发生，直到发生 100000 次。接下来，请观察 perfectUniform 数据的前几行和最后几行：

```
set.seed(1234)
perfectUniform <- data.table(uniform = runif(n = 100000,
                                             min = 0,
                                             max = 5),
                             sample = 1:1000)

perfectUniform

##         uniform sample
##      1: 0.5685       1
##      2: 3.1115       2
##      3: 3.0464       3
##      4: 3.1169       4
##      5: 4.3046       5
## ---
##  99996: 1.8576     996
##  99997: 0.9441     997
##  99998: 2.3871     998
##  99999: 4.4129     999
## 100000: 4.0344    1000
```

接下来，为了保证获得的是一组均匀的数据，使用 hist()函数查看柱状图，如图 7-14 所示：

```
hist(perfectUniform$uniform)
```

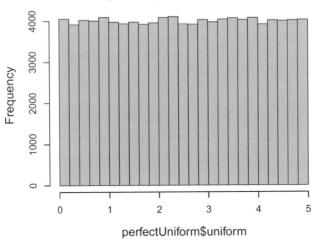

图 7-14 N=100000 的均匀分布

注意，数据位于数据表中，且需要的是 1000 个样本均值，也就是说，需要所有的行，所以不需要对 i 进行筛选或排序，但是需要一个新的列，即 mean()，此过程属于 j 位置的列操作。最后还需要通过 by = sample，将 mean() 赋值给 sampleMeans 并确保作为结果的数据表中的每个样本都为一行数据：

```
sampleMeans <- perfectUniform[,
              .(SampleMean = mean(uniform)),
              by = sample]
sampleMeans

##      sample SampleMean
##   1:      1      2.189
##   2:      2      2.275
##   3:      3      2.528
##   4:      4      2.296
##   5:      5      2.493
## ---
## 996:    996      2.288

## 997:    997 2.537
## 998:    998 2.453
## 999:    999 2.589
## 1000: 1000 2.570
```

在本案例中，总体为均匀分布且有 1000 个通过 K 抽样抽取的样本(也可以使用随机抽样方法，但 K 抽样更为简便)。再次使用 hist() 函数创建柱状图，如图 7-15 所示，该图看起来更加符合正态：

```
hist(sampleMeans$SampleMean)
```

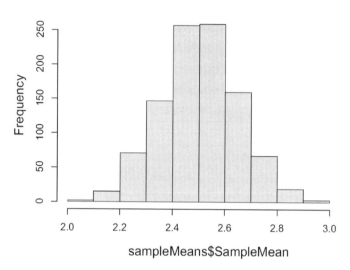

图 7-15　来自均匀分布的 1000 个样本的均值

这结果令人感到诧异，不是吗？

这就是中心极限定理描述的事实——样本均值的分布符合正态。

如果总体数据不符合正态，但是需要用符合正态的数据进行统计分析，那么可以通过构建样本，并根据样本进行预测，强制使数据符合正态，这也就是为什么如果只有一种研究分布空间的话，会选择正态分布。

那么，现在离中心极限定理预测的正态分布有多接近呢？

请记住，接下来的正态分布是预测结果：

$$N\left(\mu, \frac{\sigma}{\sqrt{n}}\right)$$

该预测基于原始的总体，也就是 perfectUniform 均匀分布。第二部分 $\frac{\sigma}{\sqrt{n}}$ 有时也被

称为**标准误差**(standard error，SE)。综上所述，便得到了以下关于总体均匀分布的信息，通过该信息可以计算出预测的样本均值分布。注意，此处的 n 代表了每个样本的要素个数，而不是样本个数：

```
mu <- mean(perfectUniform$uniform)
sigma <- sd(perfectUniform$uniform)
n <- 100000/1000
```

```
standardError <- sigma/sqrt(n)
standardError
```

```
## [1] 0.1444
```

那么，这些值与实际样本均值结果的匹配度如何？

```
mean(sampleMeans$SampleMean)
```

```
## [1] 2.502
```

```
sd(sampleMeans$SampleMean)
```

```
## [1] 0.1454
```

均值几乎完美匹配，而 0.1444 的期望标准误差与计算得出的样本平均标准差 0.1454 不太匹配。中心极限定理只有在当每个样本中的要素变多时才成立，换句话说，也就是当 n 变大时。事实上，选择的抽样方法并不完全恰当，因为使用的是 K 抽样而不是随机抽样。

但是，结果依然很接近。

7.5.2　示例二

除了从个体构成的总体数据转化为平均的总体数据——通过 σ 除以标准误差实现——计算 Z 值的方法完全相同。显然，这种转化需要通过一些额外工作来完成。

回顾图 7-8 中不太符合正态的完整企鹅数据集样本，虽然鳍状肢长度不符合正态可能是样本偏差导致的(在这种情况下，样本统计数据可能会对总体参数做出错误的估计)，但也可能是由于物种的不同而导致的。无论是哪个原因，运用中心极限定理均可以将数据转化为正态分布进行分析。

与"完美"数据集不同，这里只有 344 只企鹅的数据，并不足以提供所需的大量样本。之前在"完美"数据集的研究中，作弊使用了 K 抽样，即在没有替换的情况下进行了抽样，但是并没有产生太大的影响，这是因为数据本身就是通过 runif() 函数生成的。

在真实数据中，当从个体数据转化为样本均值分布时，样本需要替换。也就是说，要让 R 语言进行完美的随机抽样的话，同一只企鹅可能会被多次选中。就像每次抛掷硬币都会有正面和反面"参与"，每只企鹅每轮都有可能被抽取，这便可以使样本规模变得足够大(传统意义的足够大指的是 $n \geqslant 30$)。

为了实现以上步骤，需要通过 R 语言创建一个可容纳 1000 个样本的数据表，这意味着每次会对 30 只企鹅进行抽样并同时进行替换。首先要创建数据表，表中需要包含一个占位符 sampleMean，并暂时将其设置为 0(一旦抽取样本，它就会改变)。此外，在 sampleMeansF 中有 1000 行，且每行在 sampleID 列中都有唯一的编号，同时每行都具有默认正态均值 sampleMean = 0。接下来的代码是为了创建用于计算即将抽取样本的壳和占位符：

```
sampleMeansF <- data.table(sampleID = 1:1000,
                           sampleMean = 0)
```

为了保证结果一致，此处仍需使用函数 set.seed(1234)。在真实数据的处理中，不需要这样做：

```
set.seed(1234) #ensures your results match ours; not used in real life
```

在这里，将学习一些新的代码。首先是循环函数 for()。需要抽取一个可以替换的随机样本，并取得该样本的平均值，然后将其存储在 sampleMeansF 数据表中恰当的行中。该过程必须重复 1000 次，使用 for()循环函数比不停地复制粘贴简便得多。

循环函数可以让 R 语言重复执行相同的代码。为了更清晰地了解循环的运行过程，接下来将对代码进行逐行注释。以下为循环的一般结构(此代码无需在 R 语言中运行)：

```
for(i in startInteger:endInteger){ #notice this starting bracket

  #code inside here gets repeated from startInteger to endInteger.

} #notice this ending bracket!
```

这段代码将会不停地运行其内部的代码直到完成 1000 次。此外，还需要运行 sample()函数，从企鹅数据集中抽取大小为 30 的样本并进行替换。这些样本将被赋值给 randomSample 变量。实际上，在运行此代码后，将会在全局环境中发现包含 30 个整数的列 randomSample。

一旦抽取了随机样本，就可以使用迭代器变量 i 选择正确的 sampleID。由于这在 sampleMeansF 数据表中属于行筛选操作，因此将在 i 位置运行。此外，该样本的 mean() 均值需要存储在 sampleMean 列中，因此需要用实际样本均值替换占位符 sampleMean = 0，至此一个循环结束。接下来，需要对 1 到 1000 的所有 i 值重复上述操作：

```
for(i in 1:1000){#for loop cycles 1 to 1000 times, getting a random sample
each time.

  #each iteration of the loop, a NEW, with-replacement sample of flipper
  lengths
  randomSample <- sample(x = penguinsData$flipper_length_mm,
      size = 30, #there are 30 flipper lengths in each sample
      replace = TRUE) #with replacement!
  sampleMeansF[sampleID == i, #row selection to CURRENT sample ID
```

```
sampleMean := mean(randomSample, #assign sample mean
                   na.rm = TRUE)]
}
```

前面的代码运行完毕之后(可能需要一分钟)，将会在全局环境中出现一些新变量。此时 randomSample 变量中仍包含最后一个 sample()，并且还应有一个值为 1000 的 i 变量。

此时，已经拥有了一个包含 1000 个均值的样本，且每个样本中有 30 个随机的企鹅鳍状肢长度数据，sampleMeansF 数据表包含每个样本的 ID 以及该样本的 mean()。在完成从企鹅个体到企鹅样本群组的转化之后，就可以对样本均值使用 testDistribution，以判断是否产生了符合正态分布的数据集。观察图 7-8 和图 7-16 并进行比较：

```
testMF <- testDistribution(x = sampleMeansF$sampleMean,
                           distr = "normal")
plot(testMF)
```

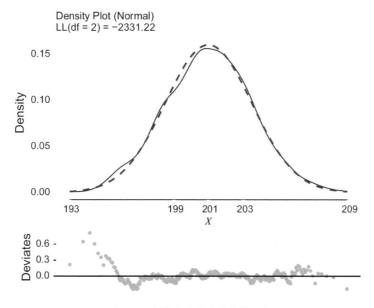

图 7-16　所有企鹅样本均值的分布

图 7-16 看起来符合正态分布。

接下来，需要检查 sampleMeansF 数据是否符合中心极限定理$N\left(\mu, \dfrac{\sigma}{\sqrt{n}}\right)$。

在本案例中，由于没有总体层面的数据，所以必须通过统计预估参数。此外，需要注意标准误差的计算方式，即应使用标准差除以样本规模的平方根。

```
xbar <- mean(penguinsData$flipper_length_mm, na.rm = TRUE)
stdDev <- sd(penguinsData$flipper_length_mm, na.rm = TRUE)
n <- 30

standardError <- stdDev/sqrt(n)
standardError
```

```
## [1] 2.567
```

如果含有替换代码的抽样有效，则可以预期其结果应与刚刚计算的中心极限定理的值相匹配。接下来，就可以对两者进行比较：

```
xbar
```

```
## [1] 200.9
```

```
mean(sampleMeansF$sampleMean)
```

```
## [1] 201
```

```
standardError
```

```
## [1] 2.567
```

```
sd(sampleMeansF$sampleMean)
```

```
## [1] 2.491
```

可以发现，两者非常接近。

由于实际数据与理论数据非常接近，且样本分布看起来符合正态，因此可以使用 Z 值判断企鹅样本的概率。

抽样分布的 Z 值公式中不再使用企鹅个体数据，而是企鹅样本数据。接下来，先观察用文字描述的 Z 值公式，再与个体分布的 Z 值公式和抽样分布的 Z 值公式进行比较。

用文字描述的 Z 值公式：

$$z = \frac{数据点 - 分布平均值}{分布标准差}$$

个体分布的 Z 值公式：

$$z = \frac{x - \mu}{\sigma} \qquad\qquad 同(7\text{-}3)$$

抽样分布的 Z 值公式：

$$z = \frac{\overline{x} - \mu}{\frac{\sigma}{\sqrt{n}}} \qquad \text{同}(7\text{-}5)$$

在不知道参数数据时,可以用统计数据替代(虽然这种行为不太正确)。接下来,将数据代入 Z 值公式并得出企鹅样本分布的 Z 值约数:

$$z = \frac{\overline{x} - 201}{2.5}$$

现在,请思考一个问题:随机抽取 30 只企鹅的鳍状肢长度数据,它们的平均值小于 195 的概率是多少?

可以像以前一样运用 pnorm()函数解答此类问题,只不过此处需要将均值和标准差设置为相应的样本分布值:

```
pnorm(195,
    mean = mean(sampleMeansF$sampleMean),
    sd = sd(sampleMeansF$sampleMean),
    lower.tail = TRUE)

## [1] 0.008206
```

综上所述,随机抽取 30 只企鹅的鳍状肢长度数据,并得到一个如此低的平均值几乎是不可能的。

通过前面的学习,不难发现,抽样分布的标准差小于个体分布的标准差。此外,中心极限定理还有一个特点:样本规模越大,总体偏差(标准误差)越小。

除了可以强制使企鹅数据符合正态之外,中心极限定理还有其他应用。如果数据是关于公司股票而不是企鹅,从所有股票中随机抽样(含替换)意味着可以从一家公司购买比另外一家更多的股票,因此,即使股票投资组合的均值可能会保持不变,它的标准差也会减少很多。这虽然会降低股票暴涨的可能性(也就是最终结果位于分布的最右端),但是也会降低股票出现大幅亏损的风险(也就是最终结果位于分布的最左端)。

7.5.3 示例三

在最后一个示例中,将会对 acesData 数据集进行探索。接下来,将注意力放在 191位参与者的年龄上,并考虑以下问题:假设与由 30 名参与者构成的小组面对面交谈,那么随机抽取到的小组的平均年龄超过 24 岁的概率是多少?也就是说,随机抽取的30 名研究参与者大部分都处于年龄范围上限的概率是多少?

除了需要切换数据集,其他的步骤与之前完全相同,很多代码会被重复利用。

使用第 6 章中的代码，将 acesData 数据集减少到只包含输入过年龄的参与者，并且不存在重复项：

```
unduplicatedAcesAge <- acesData[! is.na(Age),
                                .(UserID, Age)]
unduplicatedAcesAge <- unique(unduplicatedAcesAge)
```

接下来，使用之前示例中的代码，从该数据集中导出 1000 个样本(带有替换)。其实，被重复利用的不仅是代码，还有一些变量名。虽然这会覆盖之前全局环境中的值，但在此案例中并不属于风险，因为前面的示例已经完成了：

```
sampleMeansA <- data.table(sampleID = 1:1000,
                           sampleMean = 0)

set.seed(1234) #ensures your results match ours; not used in real life

for(i in 1:1000){#for loop cycles 1 to 1000 times, getting a random sample
each time.

  #each iteration of the loop, a NEW, with-replacement sample of ages
  randomSample <- sample(x = unduplicatedAcesAge$Age,
      size = 30, #there are 30 ages in each sample
      replace = TRUE) #with replacement!

  sampleMeansA[sampleID == i, #row selection to CURRENT sample ID
              sampleMean := mean(randomSample, #assign sample mean
                               na.rm = TRUE)]
}
```

还需要检查分布是否符合正态。虽然在图 7-17 中可以看到顶部有一个小凹陷，但是从偏差图中可以看到，几乎所有倾斜带都与线相交，因此，可以将其视为正态分布。对于样本数量并没有明确的规定，因此可以将其从 1000 增加到 10000(能够确保更加符合正态)，但同时计算时间也会变长(数量为 1000 时就已经需要短暂等待)：

```
testAces <- testDistribution(x = sampleMeansA$sampleMean,
                             distr = "normal")
plot(testAces)
```

下一步是检验 sampleMeansA 数据是否符合中心极限定理 $N\left(\mu, \dfrac{\sigma}{\sqrt{n}}\right)$。

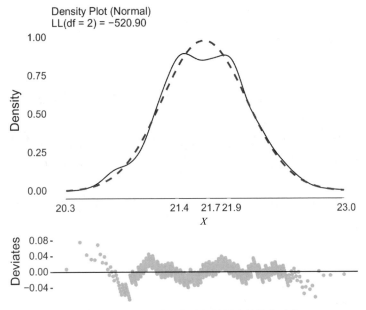

图 7-17　acesData 数据集中年龄样本的均值分布

　　因为没有总体层级的数据，所以必须使用统计预估参数。需要注意，标准误差等于标准差除以样本规模的平方根：

```
xbar <- mean(unduplicatedAcesAge$Age, na.rm = TRUE)
stdDev <- sd(unduplicatedAcesAge$Age, na.rm = TRUE)
n <- 30

standardError <- stdDev/sqrt(n)
standardError
```

```
## [1] 0.4086
```

　　如果含有替换代码的抽样有效，则可以预期其结果应与刚刚计算的中心极限定理的值相匹配。接下来，就可以对二者进行观察比较，实际上，二者也非常接近：

```
xbar
```

```
## [1] 21.66
```

```
mean(sampleMeansA$sampleMean)
```

```
## [1] 21.67
```

```
standardError
```

```
## [1] 0.4086
```

```
sd(sampleMeansA$sampleMean)
```

```
## [1] 0.4076
```

现在，请回顾之前的问题：假设与 30 名参与者构成的小组面对面交谈，随机抽取到的小组的平均年龄超过 24 岁的概率是多少？

与之前一样，此时需要运用 pnorm()函数，只不过这次为抽样分布值设定了均值和标准差。回顾图 7-17 可以发现，几乎不会得到大于 24 岁的样本均值，实际上，x 轴截止在 23 岁处。

接下来，使用 pnorm()函数进行计算，不要忘了设置 lower.tail = FALSE。最终，得到了一个看起来很奇怪的答案：

```
pnorm(24,
      mean = mean(sampleMeansA$sampleMean),
      sd = sd(sampleMeansA$sampleMean),
      lower.tail = FALSE) #more than 24
```

```
## [1] 5.158e-09
```

5.158e-09 是使用科学记数法的结果。e 后面的数字表示小数点移动位数，此处为 -9，因此要左移。也就是说，抽取容量为 30 且平均年龄在 24 岁以上样本的概率为 0.000000005158，几乎不可能。

实际上，有 47 名年龄在 24 岁以上的参与者，因此随机抽取的 30 名参与者的平均年龄绝对有可能超过 24 岁。回顾抛硬币的示例，三人均得到 TTT 结果的概率是多少？可能吗？硬币本身可能存在问题吗？

```
unduplicatedAcesAge[Age >= 24, .N]
```

```
## [1] 47
```

目前为止已经学习了很多知识，接下来需要练习巩固。

7.6 总结

想要通过样本统计数据理解总体参数，需要先了解统计值是否符合对参数的猜想(或假设)。也就是统计数据是否符合 $N(\mu, \sigma)$分布模式？此外，分布本身就是对概率的巧妙运用，分布曲线下的总面积等于 1(这意味着所有可能结果的概率加和为 1)。

Z 值可以用来估算抽取低于或高于某个临界值的单个数据点或样本的概率，因此可以利用它来观察某些极端值出现的概率(可用于风险评估与控制)。此外，Z 值还可以根据样本数据对总体情况进行校验，就像在抛硬币案例中提到的那样。

表 7-1 中为本章学习的关键点，可以在练习时作为参考。

表 7-1 章总结

条目	概念
推论统计	统计学中负责"分析"的部分，做决定
结果	可测量的，事件的结束状态(例如，抛硬币正面向上)
概率	结果总和为 1，即特定结果/全部可能结果
互斥事件	两个分开的事件，且不能同时发生
补集的公式	$P(A)+P(\bar{A})=1$
独立	不会在概率上相互影响的事件或结果
有替换的抽样	每次都在相同的环境中进行随机抽样
概率分布	将特定结果映射到概率的函数，曲线下面积为 1
正态分布	完全由 mean()和 sd()定义的特定概率分布
testDistribution()	针对数据分布的 JWileymisc 测试
plot()	绘制密度和偏差图，用于校验正态数据
...density..	具有 y 轴密度的 geom_histogram() aes()修饰符
rnorm()	随机正态，需要样本规模、均值和标准差
runif()	随机均匀，需要样本规模、最小值和最大值
data.table()	给列数据命名并从头开始创建一个新的 data.table
pnorm()	正态分布的概率，需要值、均值、标准差和上下限
for()	使代码重复运行的 for 循环

7.7 练习与融会贯通

本节将通过一些练习题来检查你的进步与成长。理论核查部分会提出批判性思维的问题，最好用书面方式或口头方式来解答。统计学的美妙之处在于将结果成功地传达给利益相关者或者其他听众。有时这些听众非常专业，有时则不是。练习题部分则对本章探讨过的概念进行更直接的应用。

7.7.1 理论核查

1. 假设有一个人在玩基于随机概率的游戏(例如扑克、彩票)，他提出："因为我已经输了 200 次，所以接下来我会把赌注加倍，因为接下来一定会赢。"根据图 7-1 和独立概率的概念，你想对他说什么？

2. 假设网页上显示你居住城市的人均收入为$50000，并且有 68%的人收入在$25000 到$75000 之间，也就是说，均值为$50000 且标准差为 25000。假设随机抽取 40 人，他们的平均工资为$34000，那么网页中的描述是正确的吗？样本是否符合预期？

7.7.2 练习题

1. 回顾理论核查中的第二个问题，人均收入为$50000，标准差为 25000，那么，随机抽取到一个收入等于或低于$34000 的人的概率是多少？随机抽取 40 人，他们的平均收入等于或小于$34000 的概率是多少？

2. 运用 testDistribution()和 plot()评估到目前为止使用过的 acesData 数据集中的列数据的正态性。

3. 作为中心极限定理的应用，选择使用 for()循环替换并抽取随机样本的示例之一来创建均值的抽样分布，并将循环迭代次数从 1000 增加到 10000。对两个循环计时并讨论差异。接下来，完成示例中的其余部分并比较 testDistribution()函数构建的图形，哪一版看起来更加符合正态？两版分布的均值相同吗？标准差呢？

4. 一项名为引导的技术中包含有使用 for()循环和带有替换的随机样本。请搜索关于引导和统计的信息(可以利用网络搜索引擎)。

第8章

相关与回归

到目前为止，都只学习了单一变量的处理，从探索性数据分析(EDA)到检验数据集是否符合正态，重点都放在单一变量上，如鳍状肢长度或参与者年龄。此外，预测分析中的第一步——正态概率和 Z 值——也仅针对单一变量。虽然第一步很重要，但预测分析往往试图了解两个或多个数据维度之间的关系，其最终目的是了解许多变量或数据列之间的相互作用。现实世界的问题往往能通过更加复杂的模型得到更加准确的答案，而且大部分现实世界的问题都需要考虑多个要素。本章将从如何处理两个变量开始讲解，这将使变量处理更可视化和易于理解，后面的章节会建立在本章学到的技术和基础之上。

本章涵盖以下内容:

- 自变量与因变量。
- 运用相关性分析两个变量之间的关系。
- 创建两个变量之间的线性回归关系。

本章将会涉及一些很长的公式，这些公式并不要求记忆，只是为了展示背景信息与公式结果(即在示例中看到并且使用的部分)。背景(用数学术语来说即理论)知识的掌握是很棘手的问题，如果掌握太少就可能会误用一些技术，而过早地掌握太多则会让人失去兴趣。这些公式第一次只需要浏览，第二次(或第三次)阅读时则可以深入研究。在开始学习之前，请回顾第 5 章数据类型的相关知识(定性、定序、定距和定比)。

8.1　设置 R 语言

像往常一样，为了继续练习创建和使用项目，在本章中将创建一个新的项目。

如果有必要，请回顾第 1 章创建新项目的步骤。启动 RStudio 软件之后，在左上角的菜单栏中选择 File 选项，单击 New Project 按钮，依次选择 New Directory|New Project 选项，并将项目命名为 ThisChapterTitle，最后选择 Create Project 选项。创建 R 脚本文件需要单击顶部菜单栏 File 选项下方的白纸上方带加号的小图标，选择 R 脚本菜单

选项，单击光盘状的 save 图标，并将文件命名为 PracticingToLearn_XX.R(XX 为这一章的编号)，最后单击 Save 按钮。

在右下窗格中会显示项目的两个文件。单击 File 选项卡正下方的 New Folder 按钮，在 New Folder 弹出窗口中输入 data，并单击 OK 按钮。之后单击右下窗格中新的 data 文件夹，重复上述文件夹的创建过程，创建一个名为 ch08 的文件夹。

本章将用到的程序包均已通过第 2 章的学习安装在计算机，不需要重新安装。由于这是一个新项目且是第一次运行这组代码，因此需要首先运行下面的 library() 调用：

```
library(data.table)

## data.table 1.13.0 using 6 threads (see ?getDTthreads). Latest news:
r-datatable.com

library(ggplot2)
library(visreg)
library(palmerpenguins)
library(JWileymisc)
```

本章仅使用 ACES 数据集中的晚间调查数据，因此每个参与者仅有一个观察值，并且随机选择了 2017 年 3 月 3 日的数据作为研究对象：

```
acesData <- as.data.table(aces_daily)[SurveyDay == "2017-03-03" &
SurveyInteger == 3]
str(acesData)

## Classes 'data.table' and 'data.frame': 189 obs. of 19 variables:
## $ UserID            : int 1 2 3 4 5 6 7 8 9 10 ...
## $ SurveyDay         : Date, format: "2017-03-03" ...
## $ SurveyInteger     : int 3 3 3 3 3 3 3 3 3 3 ...
## $ SurveyStartTimec11 : num 0.518 0.428 0.529 0.423 0.391 ...
## $ Female            : int 0 1 1 1 0 1 0 0 0 1 ...
## $ Age               : num 21 23 21 24 25 22 21 21 22 25 ...
## $ BornAUS           : int 0 0 1 0 0 1 0 1 0 1 ...
## $ SES_1             : num 5 7 8 8 5 5 6 7 4 6 ...
## $ EDU               : int 0 0 0 0 1 0 0 0 0 1 ...
## $ SOLs              : num NA 33.1 29.63 3.41 100.47 ...
## $ WASONs            : num NA 0 0 2 2 1 NA 1 1 1 ...
## $ STRESS            : num 2 1 4 4 0 0 0 4 0 1 ...
## $ SUPPORT           : num 5.93 3.94 8.84 4.45 2.1 ...
## $ PosAff            : num 1.55 3.17 3.51 1.7 2.22 ...
## $ NegAff            : num 1.39 1 1.69 1.38 1.08 ...
## $ COPEPrb           : num 2.05 1.93 3.21 2.12 1 ...
## $ COPEPrc           : num 2.31 1.69 3 1.7 1.1 ...
```

```
## $ COPEEExp          : num 2.24 1.8 2.05 2.93 1 ...
## $ COPEDis           : num 1.94 2.13 2.53 1.21 1.86 ...
## - attr(*, ".internal.selfref")=<externalptr>
```

此外，本章还会用到熟悉的企鹅和汽车数据集：

```
penguinsData <- as.data.table(penguins)
mtcarsData <- as.data.table(mtcars, keep.rownames = TRUE)
```

现在，可以自由地学习更多统计知识了！

8.2 相关性

可以通过**散点图**观察两个变量的相关程度。散点图在水平 X 轴上显示一个变量，在垂直 Y 轴上显示另一个变量。如图 8-1 所示的散点图显示了 mtcars 数据集中汽车马力(hp)与每加仑英里数(mpg)之间的关系。通过直接观察可以发现，每加仑英里数较高的汽车通常马力较低。

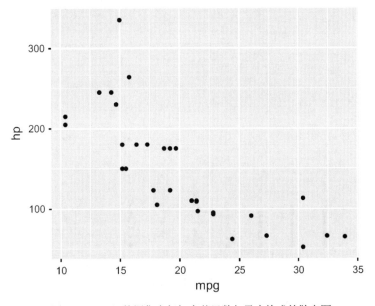

图 8-1　mtcars 数据集中每加仑英里数与马力构成的散点图

其实，之前在第 1 章中曾经使用 mpg 与 wt 绘制过类似的图形，在这里仍将使用 ggplot()函数来绘图。接下来，将学习更多关于图形构建的知识。因为现在需要比较数据的两个维度，所以需要同时映射一个 x 变量和一个 y 变量，跟以前一样，将映射应用于美学层。

此外,还需要一个新的可视化几何函数——在本例中为 geom_point()——创建数据

集中每个(*x*, *y*)坐标点的点图:

```
ggplot(data = mtcarsData,
       mapping = aes(x = mpg,
                     y = hp)) +
  geom_point()
```

图 8-2 为 ACES 数据集中的压力(stress)和负面影响(NegAff)数据构建的散点图。相比之下,这个数据集更大且变量的倾斜度更大,此外,还有很多低值(低压力和低负面影响的人)。本章将研究这两个示例,探究它们是如何影响结果的:

```
ggplot(data = acesData,
       aes(x = STRESS,
           y = NegAff)) +
  geom_point()
```

```
## Warning: Removed 2 rows containing missing values (geom_point).
```

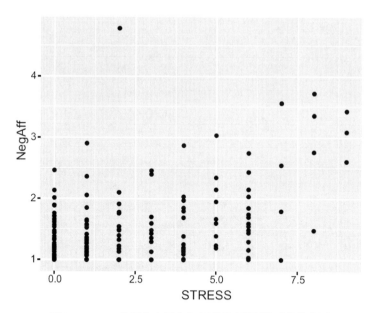

图 8-2　ACES 数据集中压力和负面影响数据构成的散点图

请比较这两个示例,并探索两个变量或维度之间的关系。在之前的章节中,学习了如何通过方差和标准差讨论数据的波动性,以及通过中位数和算术平均值讨论数据的集中趋势,接下来需要开发一种语言,来讨论两个不同变量之间的关系。

　　相关系数是量化或讨论两个变量之间的线性关联或关系的标准化方法。在本章中，将看到一些常见的相关系数，并且需要根据数据类型选择合适的相关公式。

8.2.1　参数化

　　皮尔逊积差相关系数(PPMCC) r 可能是最常用的相关法。这个方法适用于成对的定量数据以及区间或比率数据(回顾第 5 章的内容)，并且需要假设这些数据本身是正态分布。参数化(Parametric)意味着存在一些参数或者标准可以使相关性起作用(或不起作用)。如果这些数据只是轻微地偏离正态分布，皮尔逊相关法也足以用来预测结果(尽管并不完美)：

$$r_{xy} = \frac{\sum_{i}^{N}(x-\bar{x})(y-\bar{Y})}{\sqrt{\sum_{i}^{N}(x-\bar{x})^2 \sum_{i}^{N}(y-\bar{y})^2}} \tag{8-1}$$

　　这个杂乱的公式用来测量变量 x 和变量 y 之间直线或线性关系的强度。特别是，由于这个公式的数学性质，相关系数 r 是一个属于 -1 和 1 范围之内的数字。两个变量之间的相关性越强，结果会越接近 -1 或 1。在这种情况下，强相关性看起来几乎像一条直线(也可称之为**线性**)。正相关表示两个变量一起同步增加或减少，负相关表示两个变量沿相反方向移动。

1. 示例一

　　式 8-1 很易于阅读(并且将以理解这个公式作为长期目标)，但用于大数据集还是过于冗长。R 语言将公式 8-1 调节为相关性函数 cor()，有 x 和 y 两个参数。观察图 8-1，我们预期相关性是一个负值，因为 mpg 上升的时候，hp 下降，这两个数沿相反方向移动。另外，散点图上的点主要位于一条凌乱的线上。因此，推断这个相关性小于 0 且接近 -1。

　　观察函数的输出结果，我们预期的结果是正确的：

```
cor(x = mtcarsData$mpg, y = mtcarsData$hp)

## [1] -0.7762
```

mpg 和 hp 之间的负相关性很强。

2. 示例二

　　图 8-2 跟之前的示例不同。首先，随着 x 轴上 STRESS 增加，y 轴上的 NegAff 也变化到一些位置比较高的点。其次，通过视觉上的观察，能肯定地指出，图中 NegAff 至少有一个在中间的点比在最右边时略高，导致相关性看起来不是很符合线性。

因此，可以推断在中间的相关性是接近 0 的。尽管如此，总的来说，点的位置从左向右沿 x 轴移动的同时，它在 y 轴上大部分的对应位置变得更高，因此，可以推断相关性是一个正值。

当图 8-2 创建完成的时候，会得到一个关于删除两个缺失数值的警告。缺失数值通常有两种情况：一种是缺失完整的一对数值(x, y)；一种是缺失一对数值的一部分，要么缺失 x 值，要么缺失 y 值。在缺失数据的案例中，有不同的方法可以应对这类问题。最简单的方式是要求所有成对的数据都是完整的，可以通过第三个输入 use=pair 来实现。这个过程存在风险，从 *statistical programming and data models* 中，可以学到更多相关内容，这些内容对于这部分也很有帮助。

多年来，统计学中的默认方法是简单地删除含有缺失数据的行列。在以下代码中，我们在 data.table 方法中使用 cor()。它是一个列操作符，属于第 j 列操作位置：

```
acesData[,
        cor(x = STRESS,
            y = NegAff,
            use = "pair")]
```

```
## [1] 0.5029
```

跟预测的一样，变量之间的关系比示例一中的弱，而且是正相关性关系。

3. 示例三

考虑示例二，假设建立一个 data.table()，其中 x 值在 1 到 100 之间，y 值为 x 的立方。

```
cubicData <- data.table(x = -100:100)
cubicData[, y := x  3]
```

通过观察如图 8-3 所示的散点图，可以发现，变量 x 和变量 y 之间不是直线关系。

```
ggplot(data = cubicData,
      mapping = aes(x = x,
                    y = y)) +
  geom_point()
```

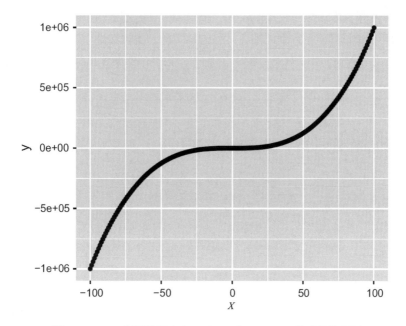

图 8-3 ACES 每日数据库中 STRESS 和 NEGAFF 构成的散点图

然而，它们之间的关系呈现出很强的正相关性，因为：

```
cubicData[,
        cor(x = x,
            y = y)]
```

```
## [1] 0.9165
```

因此，为了更加透彻地理解皮尔逊相关性，首先要满足我们的假设。需要使用区间或比率数据才能使散点图更好地展示线性关系。其次，所有的变量(例如 x 和 y)应该属于正态分布。在立方数据的案例中，这些数据不是共同线性关系也不是单独的正态分布。因此，虽然能从散点图中得出(事实上，可能是从常识中得出)变量 x 和变量 y 有某种共同的上升趋势关系，但是皮尔逊相关性不是检测这个趋势的理想方法。

8.2.2 非参数化：斯皮尔曼

非参数化测试减少了对数据的假设。

在上一小节中，皮尔逊相关性有几个假设用于测量数据间的线性关系。换句话说，变量 x 的变化(增长/减少)被认为可以预测变量 y 的变化。事实上，皮尔逊相关性认为 x 和 y 的关系中有一个恒定的比例。也就是说，无论在 x 轴的何处，向右移动一个单位应该(大致)导致在 y 轴上产生相同的变化(向上或向下)。

有时，变量 x 和变量 y 之间有关系，但这种关系并不是一致的。如果变量 x 和变量 y 是顺序或者排序数据，就可能会发生这种情况。换句话说，根据数据在 x 轴上的位置，向右移动一个单位应该(大致)在 y 轴上产生不同的变化量(但仍然是在相同的方向上)。

斯皮尔曼秩相关系数 ρ(这个希腊字母发音为 "rho")，可以作为排序数据上的皮尔逊相关性计算，用 Rx 和 Ry 表示变量 x 和变量 y 的排序。这个测试只有一个假设，即数据是有序的(相对而言不是一个要求很多的假设)

$$\rho_{xy} = \frac{\sum_i^N (Rx - \bar{R}x)(Ry - \bar{R}Y)}{\sqrt{\sum_i^N (Rx - \bar{R}x)^2 \sum_i^N (Ry - \bar{R}y)^2}} \quad (8\text{-}2)$$

尽管如此，斯皮尔曼仍然给出介于 - 1 和 1 之间的通常相关性系数。

1. 示例一

在 R 中，使用另一个 cor()参数，method="spearman"得出斯皮尔曼相关性。其实在之前的章节中使用的是 method="pearson"，但因为 pearson 是默认值，所以不必将它写出来。在练习中，特别是当需要其他人阅读和理解编码并分析选择时，对方法进行硬编码将提供很大帮助。

在图 8-1 的案例中，可以注意到当 mpg 在 x 轴上从 15 移到 20 的时候，hp 对应在 y 轴上有相当大的下降，从 300 到略超过 100。与之相反，mpg 在 x 轴上从 25 移到 30 的时候，对应的 hp 在 y 轴的变化则相对平坦。因此，如果通过斯皮尔曼相关性——专注于顺序而不是恒定的变化比率——推断能得到很强的相关性：

```
cor(x = mtcarsData$mpg,
    y = mtcarsData$hp,
    method = "spearman")

## [1] -0.8947
```

事实上，也确实得到了很强的相关性，并且依旧是负相关性，即当 mpg 上升的时候，hp 下降。使用斯皮尔曼方法时，得到的相关性更接近-1，因为虽然这些数据是相对线性的，但它们的关系数量仍发生了改变。

2. 示例二

同样，即使数据缺失，也可以在 data table 中使用斯皮尔曼方法。尽管它本身看起来只减少了一些$输入，但当和其他总结方法结合使用的时候很有帮助。在这里，将了解并学习斯皮尔曼方法，以使后面的工作更为轻松。同样，由于缺少数据，将使用 use= "pair"参数。如果不使用这个参数，输出的结果将为 NA：

```
acesData[, cor(x = STRESS,
               y = NegAff,
               use = "pair",
               method = "spearman")]
```

```
## [1] 0.4328
```

本例中，皮尔逊相关性和斯皮尔曼相关性相当接近。

8.2.3　非参数化：肯德尔

与斯皮尔曼相同，肯德尔也是非参数化的——它只要求数据是定量有序的。为了更加透彻地理解肯德尔方法，接下来将会研究如表 8-1 所示的玩具示例。当配对的两个值的某项排名相同时，就会出现一致配对，也就是说，只要排名向同一个方向移动，这对数据就会保持一致。假设有两个人对毛绒玩具进行评级，如果对于一个玩具，两人给出的排名相同，那就表明是一致的(如表中的毛绒熊玩具——两人均认为其排名应比毛绒兔低)。然而，当两人意见不同时(如毛绒狗)，就会出不一致的一对数据。

表 8-1　玩具示例

玩具	评级人 A	评级人 B	配对类型
毛绒兔	第 1	第 1	一致
毛绒熊	第 2	第 3	一致
毛绒狗	第 3	第 2	不一致

在数学中，肯德尔相关系数表示为 τ(希腊字母 "tau")，排名一致的数据对数表示为 n_c，不一致的数据对数表示为 n_d，从总对数中选择两项的方法数为 n_0，其中，n 为配对数：

$$n_0 = \frac{n(n-1)}{2} \tag{8-3}$$

因此，τ 被定义为：

$$\tau_{xy} = \frac{n_c - n_d}{n_0} \tag{8-4}$$

如果一致对数量很多，例如(x_2, y_2)有相同的排序，那么 n_c 将变大，n_d 将变小，并且 τ 将接近 1。如果所有对都具有一致的等级，则 τ 为 1。相反，如果所有对完全不一致，则 τ 为 -1。

如果排名有某种关系，R 语言则会使用更复杂的公式 τ_B，该公式可以对这些关系进行调整。

回到玩具示例的讲解，在示例中有 $n_c=2$ 个一致对，有 $n_d=1$ 个不一致对，因此，对于这三种玩具，$n_0 = \frac{3(3-1)}{2} = \frac{6}{2} = 3$，$\tau_{xy} = \frac{2-1}{3} = \frac{1}{3}$。

为了在 R 语言中确认这一点，可以使用 data.frame()函数，构建一个名为 toy 的数据集：

```
toy <- data.frame(toy = c("rabbit", "bear", "dog"),
                ReviewerA = c(1, 2, 3),
                ReviewerB = c(1, 3, 2))
Toy

##      toy ReviewerA ReviewerB
## 1 rabbit         1         1
## 2   bear         2         3
## 3    dog         3         2
```

当然，在 R 语言中不需要手动插入公式。通过 cor()函数中设置 method = "kendall" 可以直接得出 τ 值。注意，$\frac{1}{3} = \overline{0.3333}$：

```
cor(x = toy$ReviewerA,
    y = toy$ReviewerB,
    method = "kendall")

## [1] 0.3333
```

肯德尔 τ 的计算过程中最烦琐的部分是对配对进行排序，并确定配对是否一致，特别是毛绒熊这样的示例——两对排名均低于其他东西，但它们的排名并不相同。之前，对于较大的数据集，斯皮尔曼 ρ 更容易计算，但如今，由于使用 R 语言，肯德尔 τ 或许会成为首选。

1. 示例一

再次运用肯德尔方法，查看 mtcarData 数据集中的相关数据，可以看到很强的负相关关系：

```
cor(x = mtcarsData$mpg,
    y = mtcarsData$hp,
    method = "kendall")

## [1] -0.7428
```

2. 示例二

再次运用肯德尔方法，查看 acesData 数据集中的相关数据，可以看到较弱的正相关关系：

```
acesData[, cor(x = STRESS,
               y = NegAff,
               use = "pair",
               method = "kendall")]
```

```
## [1] 0.3342
```

8.2.4　相关性选择

在本节结束之前，还需要了解各种相关性的使用场景。

皮尔逊积矩相关系数(有时缩写为 PPMCC，简称为相关性)是比较旧的方法之一。它通常用于检测数据的两个维度(例如，两个不同的数据列)之间的线性关系。因为线性关系是连续的，基础数据也应该是连续的，因此，它的前提是假设数据有线性关系，基础数据类型为区间或比率数据。

斯皮尔曼等级相关系数(通常被称为斯皮尔曼 ρ)是比较新的方法。与数据科学和统计方法中的常见情况一样，数据是混乱的，因此，用于理解数据的方法必须能够使旧架构适用于当前的应用程序。作为一种非参数化的相关性，它可以在数据上没有先决条件的情况下检测两个变量之间的关系。但是，它需要假设数据为定量的(毕竟要用于计算)，因此数据至少必须是有序的。在计算上，斯皮尔曼的计算速度比肯德尔快，但在实践中，由于硬件的进步，现在，这点并不像十年前那么重要。

肯德尔等级相关系数(通常被称为肯德尔 τ)也是最近创造的方法。它也是非参数化的。由于数据需要运用在公式中，因此数据至少要是定量和定序。虽然斯皮尔曼和肯德尔的精确度不同，但它们都可以用来检测两个变量之间的正相关或负相关关系，即它们本质上是相同的(但它们在特定的、真实的应用中有着不同的用途)。

8.3　简单的线性回归关系

8.3.1　介绍

在 8.2 节中曾提到，皮尔逊相关性假设散点图的数据点之间存在线性或直线关系。如果数据大多以线性方式相关，就像在图 8-1 中看到的那样，那么通过这些点构建一条直线可能会有意义。虽然能够画出几条适合这些点的线，但需要找到最合适的一条线，即尽可能靠近每个点的线，这其实很难做到(R 语言可以使这更容易实现)。这样的线通常被称为回归线。

接下来，要讲解一些在 8.2 节中没有提到的内容。在数学(和编程)中，函数接收输入并给出对应的输出。传统意义的输入指的是 x 值，输出指的是 y 值。在统计和回归线领域经常需要做预测分析类的工作，因此 x 轴的输入通常被称为**预测变量**，有时也被称为**解释变量**或**自变量**，y 轴输出则被称为**结果**或**因变量**。

回归线的难点之一是，这条线很少能够触及图上所有的点(除非相关性为 1 或 - 1)。回顾图 8-1 可以发现，图中没有一条可以触及每个点的线，因此，即使是最贴切的线也经常会"失准"。此外，通常直线方程为 $y = b_0 + b_1 \times x$。事实上，散点图上的许多点会稍微高于或低于该线，因此，简单的线性回归基于直线方程，但包含一个小的误差值，用以描述这种偏差。"error"一词以"e"开头，因此，表示误差的希腊字母为 ε (发音为"ep-sil-on")。对于第 i 对数据点，方程为：

$$y_i = b_0 + b_1 * x_i + \varepsilon_i \tag{8-5}$$

该方程中：

- y 为结果或因变量。
- x 为预测变量，解释变量或自变量。
- ε 为残差或误差项。
- b_0 为截距，即 $x = 0$ 时 y 的预期值，写作 $\varepsilon(Y | x = 0)$。
- b_1 为斜率，即 x 变化一个单位会导致 y 发生多少变化。
- 点为 (x_i, y_i)。

模型**参数** b_0 和 b_1，即回归系数，对于所有的点都是相同的。下标 i 则表示每个点都有自己的 y 值和 x 值。由于模型不可能完美，所以会有一些无法解释的残差 ε_i。之所以称它为 ε_i，是因为对于每个数据点 (x_i, y_i)误差都不同，也就是一些点的误差较小，而另一些点的误差较大。

如果想要得到基于回归系数(模型参数)的 y_i 预测值，而不是 y_i 真实值，则可以将方程写成：

$$y_i = b_0 + b_1 * x_i \tag{8-6}$$

该方程忽略了残差项 ε_i，因为想要研究的是模型中的预测值，而不是预测值加上误差后的 y_i 真实值。

事实上，更正式的写法为：

$$\boldsymbol{\eta} = b_0 + b_1 * x_i \tag{8-7}$$

其中，希腊字母 η ("eta")表示模型中所有观察值的线性预测值。粗体的 $\boldsymbol{\eta}$ 表示它是所有观察值的向量，而不仅是针对第 i 个。接下来，在"假设"部分将对此进行更多的讨论。

参数截距 b_0 和斜率 b_1 如图 8-4 所示。

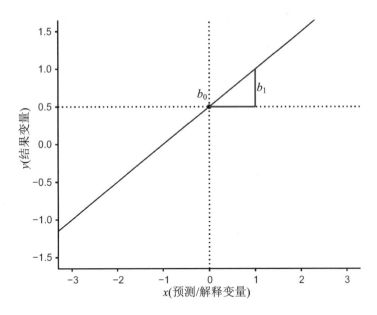

图 8-4 简单的线性回归模型对应的直线图形

截距符号的变化意味着线的高度(有时被称为水平面)发生了偏移。当截距为正值时,即 $b_0>0$ 时,将在 $y=0$ 处将线向上移到 x 轴的上方,而当截距为负值时,即 $b_0<0$ 时,将在 $y=0$ 处将线向下移到 x 轴的下方,如图 8-5 所示。注意,截距改变并不意味着斜率改变。

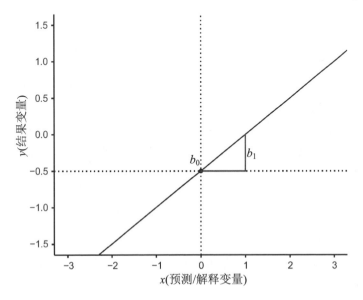

图 8-5 简单的线性回归模型对应的直线图形,截距值与之前不同

斜率的变化表明线的倾斜程度发生了改变。较大的正斜率值表示线的倾斜程度较大，即随着 x 的增加，y 会增加得更多；而较小的负斜率值也表示线的倾斜程度较大，但是随着 x 的增加，y 会减少得更多。图 8-6 中的直线与预期从图 8-1 中得到的直线有些接近。

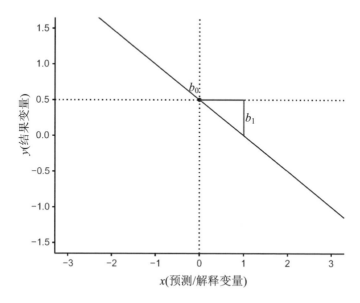

图 8-6 简单的线性回归模型对应的直线图形，斜率值与之前不同

回归线不能随意设定，需要找到众多线中最合适的那条线。这里的最合适指的是残差平方和最小的线，也就是最接近所有点的线。如果将这条线移近某个点，它便会远离另一些点(并且不再是最合适的线)。在研究这个理论时，请记得使用 R 语言来处理烦琐的工作。本书的目标是让读者充分认识到 R 语言的输出是有意义的，并且可以将其用于向合适的受众(如客户、老板或同事)解释结果。

为了更好地理解残差，接下来研究简单线性回归中的残差。图 8-7 是 mtcars 数据集中马力和每加仑英里数两个变量构成的散点图。其中，实线是最合适的回归线，每个观察值与这条线之间的虚线则代表残差，残差代表模型预测结果和实际观测结果之间的差异。

这意味着还有一种编写残差(观测结果和预测结果之间的差异)方程的方式：

$$\varepsilon_i = y_i - \hat{y}_i \tag{8-8}$$

当构建回归线时，需要解残差平方和为最小值的方程来得到 b_0 和 b_1，这些参数(或回归系数)会构建最合适的回归线。在学习如何用 R 语言来完成这些步骤之前，必须先讨论一下前提假设。

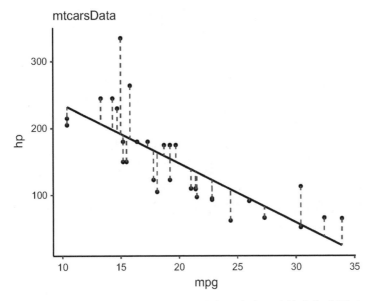

图 8-7 包含数据点(黑点)、线性回归线实例(实线)和残差(虚线)的图形

8.3.2 假设

前面已经讨论了有关线性回归的基础知识。与许多统计模型一样,线性回归模型也需要一些假设才能使结果有效。下面将介绍该理论的更深层次的背景。如果想要设计研究,那么以下内容值得被反复阅读,且每次通读都能带来更多的领悟;如果只是想要通过编码构建线性模型,那么请关注假设总结部分。

之前已经展示了线性回归方程的标准形式,该方程使用截距 b_0 和斜率 b_1 与预测变量 x_i 来预测 y_i 的值。而预测中无法解释的部分为残差 ε_i。在图 8-7 中,虚线即表示残差,它们是预测和实际之间的误差量:

$$y_i = b_0 + b_1 * x_i + \varepsilon_i \qquad \text{同(8-3)}$$

尽管所有观察值的回归系数 b_0 和 b_1 均相同,但预测变量 x_i 的值对于不同的观察值可能不同,因此,可以根据 x_i 的值为每个观察值计算出相应的预测值。

之前提到预测值也可以定义为 η:

$$\eta = b_0 + b_1 * x_i \qquad \text{同(8-5)}$$

因此,可以将前面的等式简化为:

$$y = \eta + \varepsilon \qquad (8-9)$$

这里将用粗体来表示它们对每个 (x_i, y_i) 点对都成立,这些点对有时被称为**向量**。重写回归方程突出了线性回归的基本组成部分,即"结果 y 等于模型预测值 $\boldsymbol{\eta}$ 和一个无法解释的(残差)部分 $\boldsymbol{\varepsilon}$ 的总和。

了解这些内容之后，就可以讨论线性回归模型的 4 个假设。

1. 线性

线性回归中的**线性**假设指预测变量 x 和结果 y 之间的关联必须是线性关联，因为回归系数 b_0 和 b_1 定义了一条直线，如果 x 和 y 之间的真实关联是非线性的，那么将无法用线性回归来体现。

与统计学中的许多事物一样，在现实世界中，大多数事物都不是完全线性或非线性的。在实践中经常需要判断联系是否符合线性，而现在面临的问题是，仅使用一条直线来描述关联是否足够精确。

评估是否符合线性的一种方法是使用散点图。图 8-8 中的两个示例都不是完全线性的，但图 8-8 中的 B 组很接近线性，因此，线性回归线可以用于理解预测变量和结果之间的主要关联。

```
## Registered S3 methods overwritten by 'car':
##   method                        from
##   influence.merMod              lme4
##   cooks.distance.influence.merMod lme4
##   dfbeta.influence.merMod       lme4
##   dfbetas.influence.merMod      lme4
```

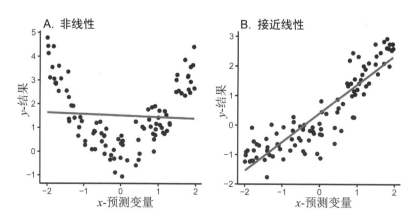

图 8-8 预测变量 x 和结果 y 之间的非线性关联(A 组)和
近似线性关联(B 组)。线性回归线为黑色实线

2. 正态性

线性回归也需要假设符合**正态**分布。但是，假设符合正态到底指什么？我们假设的是有条件的正态，并且这往往取决于模型。在实践中有两种写法，并且它们是等价的：

$$y \sim N(\eta, \sigma_\varepsilon)$$

上式表示，y 分布为正态分布，均值为 η，且标准差为 σ_ε。其实，y 本身并不需要符合正态分布，只需假设对于任何给定的预测值 η，y 的观察值正态分布在预测值周围。

在实践中，这其实很难检验。假设 y 服从正态分布，但不同正态分布的均值对于每个 η 值都不同。为了只用一个正态分布来检验假设，可以做一个小变化。如果通过从变量中减去均值来创建新变量，则新变量的均值始终为 0，因此，可以将其用于简化假设检验。请记住简化的高级回归方程：

$$y = \eta + \varepsilon \qquad\qquad 同(8\text{-}7)$$

如果通过两边同时减去 η 来重新排列，则可以得到：

$$y - \eta = \varepsilon \qquad\qquad (8\text{-}10)$$

残差 ε 为观察值与预测变量之间的差异(即图 8-7 中的那些垂直的黑色虚线)。由于线性预测变量为每个 y 值得正态分布的假定平均值，那么减去它后的结果应该为平均值 0。

因此，正态性假设又可以写作：

$$\varepsilon \sim N(0, \sigma_\varepsilon)$$

该方法与之前唯一的区别是：是否使用残差并假设均值为 0(因为残差的均值总是被构造为 0)；或者使用原始结构变量，但假设均值等于 η。实践上，即假设结果围绕回归线正态分布且标准差基于残差的标准差。

然而，残差更容易检验，因为现在只是假设一个特定的正态分布，所以可以利用图形或者其他方法来评估残差是否确实大致符合均值为 0 且标准差为 σ_ε 的正态分布。

换句话说，线性的正态假设为残差——预测值和实际值之间的误差——应该符合均值为 0 的正态分布。

3. 同方差性

与正态性假设相关的是**同方差性**假设。方差性(有时也称为 "homo")指的是误差或者残差项的分布，因此，该假设为：误差项具有相同的分布或可变性。

同方差性假设指假设对于每个 η 值，它残差的方差是相同的，换句话说，图 8-7 中的垂直的黑色虚线应该是相等的。这个假设的设定与正态性方程有关：

$$y \sim N(\eta, \sigma_\varepsilon)$$

每个观察值都有一个标准差 σ_ε。实际上，这意味着围绕预测值的观察值的可变性在所有预测级别上都是相同的。当 η 范围内的方差不相同时，就存在异方差性，即误差(残差)分布不同。

评估同方差性的一种方法为使用散点图。接下来，可以观察图 8-9 中的两个示例。

在这两种情况下，都存在线性和正态关联，但是 A 组方差在值较高时增加(异方差性)，而 B 组中方差是一致的(同方差性)。如果在图 8-9 中添加垂直的黑色的虚线，那么这些线在 B 组中将会是相等的，在 A 组中则不是。

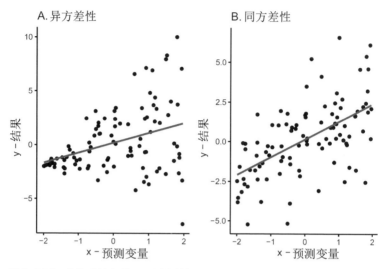

图 8-9 A 组包含不一致的残差方差，即异方差性；B 组包含一致或相等的残差方差，即同方差性

最后，还有一个关于同方差性的说明：当残差方差具有同质性时，它们看起来或多或少类似于图 8-9 中的 B 组。异方差性源于多种情况，方差可能增加、减少或者波动。异方差性指的不是任何单一模式，相反，它指的是缺乏一致或同质性的方差。

4. 独立性

线性回归需要满足的最后一个假设是观察值需彼此独立，也就是满足**独立性**。这个假设意味着一个观察值与另一个观察值无关且不会驱动另一个观察值。一般来说，这并不是从统计学上"测试"出来的假设，而是根据研究来设计或收集的数据的性质做出的假设。

例如，假设需要随机抽取不同的人来回答一些问题，在这种情况下，观察值有独立性则意味着一个人的回答不应该关联或依赖于另一个人的回答。

如果随机抽取不同的家庭并让每个家庭成员回答一组问题，在这种情况下便不能假设观察值相互独立，因为来自同一个家庭的人更有可能回答相似的问题。这有一个极端示例，假设一个问题是"你的家庭收入为多少？"，如果每次询问的都是来自同一个家庭的 2 到 4 人，那么即使总共有 100 个观察值，而这些值仅来自 35 个不同的家庭，则也不能得到一个准确的衡量标准。还有一种不满足独立性的情况是对观察值集群进行抽样(例如，对不同的教室进行采样，然后对教室中所有的学生进行采样)。此外，重复测量或纵向研究也不符合独立性，例如，连续几年都让同一个人回答问题，同一个人给出的观察值是不满足独立性的。

虽然这是一个很重要的假设，但通常都不会检验独立性假设，因为无论是收集数据的方式还是数据自身的结构(对一个人重复测量，来自同一个家庭的多个观察值等)，都需要使用不同的分析方法来检验是否符合非独立性。

5. 线性回归假设总结

- x 预测变量和 y 结果变量之间符合线性。可以通过散点图检验(见图 8-8)。
- 残差均值为 0 且符合正态性。可以通过 testDistribution()函数检验。
- 回归线残差的同方差性。可以通过散点图检验(见图 8-9)。
- 每个观察值的独立性。可以通过无偏差的研究设计检验。

8.3.3 方差 R² 的定义

回归和皮尔森相关性都含有线性假设，因此回归线满足这种相关性的要求，并且还有一个额外的用途。在之前，相关性简写为 r，将其平方得到 r^2 即可得到决定系数。因为 r 介于在-1 和 1 之间，所以 r^2 介于 0 和 1 之间，因此可以将其视为百分比。决定系数描述了(对于回归线)结果变量 y 的变化有多少是源自输入变量 x。

因此，如果 r^2 很高，那么找到的预测变量可能很合适。如果 r^2 并不高，那么可能需要找其他更加合适的预测变量。当然，在很多情况下，任何单个预测变量都不会对应一个很高的 r^2 值，因此可能需要多个预测变量。这部分内容将在第 11 章中进行讲解。

回顾第 7 章中对概率的研究，r^2 的补集为 $1-r^2$，这个补集指的是由预测变量 x 以外的因素导致的 y 的变化量。如果 $1-r^2$ 的值很大，那么也需要找一些额外的预测变量进行研究，这部分同样会在第 11 章进行讲解。

8.3.4 R 语言中的线性回归

在前面的章节中，已经学习了很多新知识，然而，还没有将这些知识运用到 R 语言中，因此，接下来需要将理论付诸实践。接下来的大多数函数在之前已经学习过，有两个需要掌握的新函数，一个是基于线性模型的 lm()函数，还有一个是 ggplot()中用于创建平滑线的 geom_smooth()函数。

除了计算截距 b_0 和系数 b_1，数据还必须满足 4 个假设，因此，查看线性回归图是一种很好的检验方法。

1. 示例一

接下来需要运用 penguinsData 数据集中的 flipper_length_mm 变量和之前没用过的新变量 body_mass_g(描述了企鹅重量)。通过望远镜和一些已知大小的关键地标，并运用某种巧妙的方法，即可测量企鹅的鳍状肢长度，但是，给企鹅称重会比较困难(假设企鹅必须被轻轻地捕获并安全释放)。在这种情况下，选取 flipper_length_mm 作为自变量或预测变量并选取 body_mass_g 作为因变量或结果更适合研究。

首先需要找到线性回归线和方程，也就是说，必须要计算截距 b_0 和系数 b_1，因此，首先需要确认数据符合线性回归的 4 个假设。

通过直接观察图 8-10 中的散点图可以检验线性假设。观察后可发现，数据看起来确实以大致线性的方式移动。该图由标准的 ggplot()函数创建，还利用了 geom_point()函数：

```
ggplot(data = penguinsData,
       mapping = aes(x = flipper_length_mm,
                     y = body_mass_g)) +
  geom_point()
```

Warning: Removed 2 rows containing missing values (geom_point).

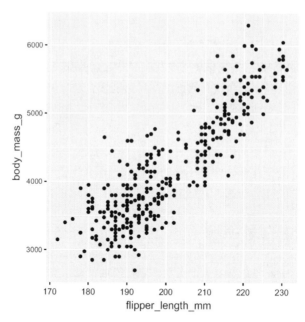

图 8-10　企鹅数据集中的鳍状肢长度与重量

为了检验残差的正态性假设，需要首先计算线性回归线，在得到线性回归线之前，是无法计算残差的(回顾图 8-7 中表示残差的黑色虚线)。因此，接下来必须学习如何计算线性回归线——并且确实这样做——然后才能确定这项工作是否会有回报。

线性回归是线性模型，而拟合线性模型的函数是 lm()。拟合模型通常会生成大量数据(残差只是模型的一部分)，因此，要做的不是简单地拟合模型，还需要将其赋值给一个变量，模型通常使用变量 m。为了区别于其他变量，这里将其命名为 mPenguin。

函数 lm()接受两个参数，第一个为 "formula =" 参数。R 语言有一个标准的公式 (formula)流程，使用 "~" 符号将因变量 y 与自变量 x 分开。当使用鳍状肢长度来预测体重结果时，公式将为 body_mass_g ~ flipper_length_mm：

```
mPenguin <- lm(formula = body_mass_g    flipper_length_mm,
               data = penguinsData)
```

为了检验正态性假设，可以直接对残差运用 testDistribution()函数，此函数来自 JWileymisc 程序包。此外，还有一个名为 modelDiagnostics()的辅助函数，可用于构建第 7 章中的正态假设测试图和一种用于检测同方差性的新图。

该函数只接收一个参数，即在之前的代码中赋值给 mPenguin 的线性模型。一旦将检验结果赋值给新变量 mPenguinTests，就可以使用 plot()函数。从技术上来说，这是一个值对应的两张图，因此，plot()将使用第二个参数并将列数设置为 2(ncol = 2)：

```
mPenguinTests <- modelDiagnostics(mPenguin)

## Warning in .local(x, ...): singularity problem

## Warning in rq.fit.sfn(x, y, tau = tau, rhs = rhs, control = control,
...): tiny diagonals replaced with Inf when calling blkfct

## Warning in .local(x, ...): singularity problem

## Warning in rq.fit.sfn(x, y, tau = tau, rhs = rhs, control = control,
...): tiny diagonals replaced with Inf when calling blkfct
plot(mPenguinTests,
     ncol = 2)

## 'geom_smooth()' using formula 'y    x'
```

由此产生的图 8-11 有两个并排的图形。左边是来自 testDistribution()函数的图形(只有残差，不是原始数据)。如图所示，在密度图中很好地拟合了正态曲线。虽然可以看到有一点偏离，但是偏差变化的大小范围为 - 0.1 到 0.4，并不是一个特别大的范围，因此这些点都很接近线。此外，虽然边缘略高于正常线，但中间低于正常线。因此，这些点多次与线相交。尽管这些数据不完全符合正态，但是足够接近，因此，可以说模型通过了残差正态假设的验证。

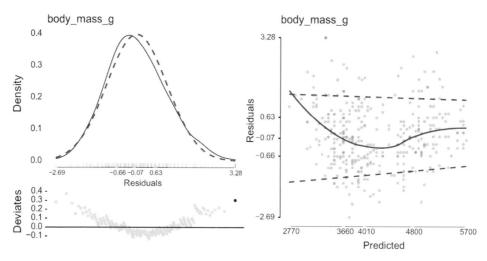

图 8-11　检验企鹅数据是否符合残差正态性假设和同方差性假设

右边的图之前没有了解过，它用来检验同方差性假设。右侧的虚线是预测值的第 10 十分位数和第 90 十分位。同方差性指的是残差在回归线附近分布均匀，如图 8-9 中的 B 组所示。因此，此处期望对于图 8-11 右侧的残差，预测结果看起来更加均匀，也就是期望这些虚线大致平行于彼此并构成一个矩形。事实上，虽然它们不完全平行，但非常接近，因此模型通过了同方差性假设的检验。

最后一个要检验的假设是独立性，即企鹅之间相互独立。如果它们均来自同一家族或同一物种、同一岛屿，那么需要阅读原始研究论文来检查是否针对 palmerpenguins 使用了随机抽样或便利抽样方法。实际上，企鹅来自不同地点的事实足以假设企鹅数据在某种程度上符合独立性：

```
penguinsData[order(island, species),
             .N,
             by = .(island, species)]

##        island   species    N
## 1:     Biscoe    Adelie    44
## 2:     Biscoe    Gentoo  124
## 3:      Dream    Adelie    56
## 4:      Dream Chinstrap   68
## 5: Torgersen    Adelie    52
```

四个假设检验完成后，就可以使用该线性模型。在模型变量 mPenguin 上运用 summary()函数，将数据展示在屏幕上。接下来，需要为线性公式找到系数。在标记为 Coefficients 的部分中的 Estimate 列可以找到需要的数据，截距 $b_0 = -5780.83$，斜率 $b_1 = 49.69$：

```
summary(mPenguin)

##
## Call:
## lm(formula = body_mass_g   flipper_length_mm, data = penguinsData)
##
## Residuals:
##      Min      1Q   Median      3Q      Max
## -1058.8 -259.3    -26.9   247.3  1288.7
##
##  Coefficients:
##                      Estimate Std. Error t value Pr(>|t|)
## (Intercept)          -5780.83     305.81   -18.9   <2e-16 ***
## flipper_length_mm       49.69       1.52    32.7   <2e-16 ***
## ---
## Signif. codes: 0 '***' 0.001 '**' 0.01 '*' 0.05 '.' 0.1 ' ' 1
##
## Residual standard **error**: 394 on 340 degrees of freedom
##   (2 observations deleted due to missingness)
## Multiple R-squared: 0.759, Adjusted R-squared: 0.758
## F-statistic: 1.07e+03 on 1 and 340 DF, p-value: <2e-16
```

因此，预测公式为：

$$y_i = -5780.83 + 49.69 * x_i + \varepsilon_i$$

当然，目前为止还不知道误差 ε_i 的值。也就是说，对于线性模型训练的鳍状肢长度范围内的数据都可以通过该公式给出预测重量。假设鳍状肢长度为 201 毫米，那么根据该模型，它对应的重量可能为 4207 克。

```
range(penguinsData$flipper_length_mm,
      na.rm = TRUE)

## [1] 172 231

xiPenguin <- 201
yiPenguin <- -5780.83 + (49.69*xiPenguin) yiPenguin

## [1] 4207
```

在第 2 章中已经安装了 visreg 程序包，现在将使用该程序包中的函数，将 lm()函数拟合的回归线可视化。因为回归线需要是最佳拟合线，所以有时需要一条线与数据点拟合(或将模型与数据拟合)，因此 visreg()函数接收一个名为"fit="的参数，该参数需要被赋予一个模型，在本例中将使用 mPenguin 企鹅模型。现在，不需要关心显示的第二个参数 band = FALSE，在第 9 章中将对这个参数进行介绍：

```
visreg(fit = mPenguin,
       band = FALSE)
```

在图 8-12 中查找鳍状肢长度为 201 毫米的位置，对应的 y 值似乎为 4207，这与具有该鳍状肢长度的企鹅的实际重量相符吗？

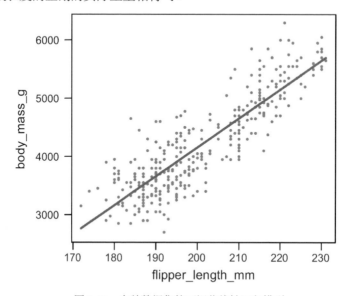

图 8-12　企鹅数据集的可视化线性回归模型

最后需要关注 r^2。summary()函数提供了两个用于解释方差的值，一个为 0.759，名为 Multiple R-Squared；另一个是调整后的数字(尽管四舍五入都为 0.76)，通常被称为决定系数，用于表示体重结果的 76% 的变化源自鳍状肢长度的预测变量。如图 8-12 所示，对于任何一个鳍状肢长度，散点图上似乎都有几个对应的不同的重量点。接下来，应用补集的思想，1 - 76%=24%，即重量的 24%不由鳍状肢长度预测变量决定，还有其他因素决定企鹅的重量。

该模型实际上是一个很好的模型，它不仅符合 4 个假设，而且重量作为结果变量的大部分变化似乎都是通过自变量鳍状肢长度预测到的，这表明鳍状肢长度是衡量企鹅重量的一个很好的因素。虽然接下来可能还会对这个模型进行改进，但至少现在有了一个良好的开端。

2. 示例二

接下来，研究一下 acesData 数据集中的 STRESS 和 NegAff 两个变量。是否可以缩短对研究参与者的夜间调查，并将 STRESS 作为自变量或预测变量，将 NegAff 作为因变量或结果呢？

解答这个问题需要先考虑线性回归线和方程，也就是计算截距 b_0 和系数 b_1。因此，首先需要确认数据符合线性回归的 4 个假设。

通过观察如图 8-13 所示的散点图可以发现，这些数据不太符合线性，即不符合线性假设，谨慎地说，也就是并不能在此处运用线性模型：

```
ggplot(data = acesData,
       mapping = aes(x = STRESS,
                     y = NegAff)) +
  geom_point()
```

```
## Warning: Removed 2 rows containing missing values (geom_point).
```

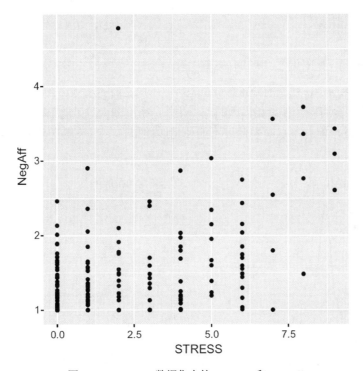

图 8-13　acesData 数据集中的 STRESS 和 NegAff

为了检验残差正态性假设，需要计算线性回归线。接下来，比较本例与示例一中 lm() 函数的异同：

```
mAces <- lm(formula = NegAff   STRESS,
            data = acesData)
```

为了检验残差正态性假设和同方差性假设，此处将再次使用 modelDiagnostics() 函数：

```
mAcesTests <- modelDiagnostics(mAces)
```

```
## Warning in .local(x, ...): singularity problem

## Warning in rq.fit.sfn(x, y, tau = tau, rhs = rhs, control = control,
...): tiny diagonals replaced with Inf when calling blkfct

## Warning in .local(x, ...): singularity problem
## Warning in rq.fit.sfn(x, y, tau = tau, rhs = rhs, control = control,
...): tiny diagonals replaced with Inf when calling blkfct

## Warning in rq.fit.br(x, y, tau = tau, ...): Solution may be nonunique
```

```
plot(mAcesTests,
     ncol = 2)
```

```
## 'geom_smooth()' using formula 'y   x'
```

如图 8-14 所示，残差的分布符合正态，但不像之前的示例那么清晰。偏差也经常
靠近线，但至少有一个偏离相当远的点。此外，密度图大致呈现正态。处理结果时，
必须保持谨慎，但并不意味着此处不能使用线性拟合，而是需要在解释结果时更加
谨慎。

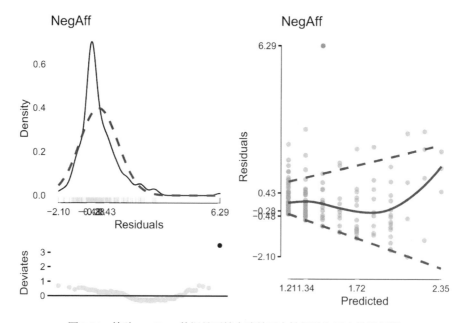

图 8-14　检验 acesData 数据是否符合残差正态性假设和同方差性假设

图 8-14 右侧的虚线明显不是彼此平行的，而且数据左侧有一个明显的收缩，而右侧则有一个明显的扩展，看到这张图，可能会想到图 8-9 中 A 组的图形，即数据具有异方差性。因此，此处假设要么不成立，要么接近于异方差性。

到目前为止，有两个选择。似乎很多证据表明本案例中的线性拟合不会像企鹅示例中的那样好。在某种情况下，可以选择继续进行下去，但如果选择继续，则需要明确告知最终用户该模型并不理想；也可以现在选择停止并表明数据不符合假设(包括同方差性)，因此不适用于线性回归模型。

为了多加练习代码的使用，接下来选择继续研究。

最后一个需要检验的假设是独立性，即假设参与者是相互独立的，因此，在本例中需要假设研究设计得很好，可以满足独立性假设。

尽管有几个假设几乎并不符合，但既然选择继续研究，接下来就可以使用 summary() 函数检验线性模型：

```
summary(mAces)

##
## Call:
## lm(formula = NegAff   STRESS, data = acesData)
##
## Residuals:
##    Min    1Q Median    3Q   Max
## -1.095 -0.252 -0.146 0.228 3.318
##
## Coefficients:
##             Estimate Std. Error t value Pr(>|t|)
## (Intercept)   1.2097     0.0515   23.50  < 2e-16 ***
## STRESS        0.1265     0.0160    7.91 2.2e-13 ***
## ---
## Signif. codes: 0 '***' 0.001 '**' 0.01 '*' 0.05 '.' 0.1 ' ' 1
##
## Residual standard error: 0.529 on 185 degrees of freedom
##   (2 observations deleted due to missingness)
## Multiple R-squared: 0.253, Adjusted R-squared: 0.249
## F-statistic: 62.6 on 1 and 185 DF, p-value: 2.23e-13
```

因此，预测公式为：

$$y_i = 1.2097 + 0.1265 * x_i + \varepsilon_i$$

接下来，不需要对示例进行计算，只需观察图 8-15 就能理解为什么这不是线性的，也不接近线性。STRESS = 2 时，NegAff 的范围很窄，仅从 1 到略大于 2，而当 STRESS = 7 时，NegAff 的范围变得很宽，从 1 到大约 3.5。实际上，图中不同点对应的 NegAff 结果的范围也不同：

```
visreg(fit = mAces,
       band = FALSE)
```

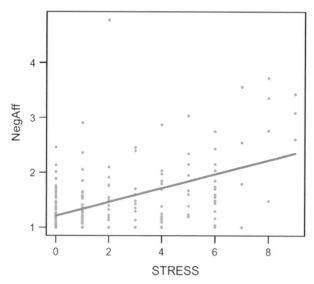

图 8-15   acesData 数据集的可视化线性回归模型

此外，r^2 =0.25 也是一个不好的信号。即使这是一个很好的线性模型(事实上它不是，在最好的情况下它的同方差性也是很差的)，也只有 25%的 NegAff 结果变化是可以通过 STRESS 进行预测的——与企鹅示例完全相反。本例中，75%的结果变化不可以通过预测变量预测。

该模型并不精准，因此，在每晚的问卷调查中包含 STRESS 和 NegAff 两部分是有必要的。

8.4   总结

本章对两个变量之间的关系进行了研究。在线性的情况下，可以使用参数相关性，而如果线性假设在散点图中不成立，则可以使用非参数相关性。如果线性、残差正态性、同方差性和独立性四个假设成立，就可以构建线性模型。表 8-2 展示了本章学习的关键点，可以在练习时作为参考。

表 8-2 章总结

条目	概念
geom_point()	ggplot()中，用于构建散点图的可视化函数
参数化	技术工作所需的标准或假设
非参数化	无需假设的统计技术
线性的	呈现为一条直线
正相关	随着 x 增加/减少，y 增加/减少(相同趋势)
负相关	随着 x 增加/减少，y 减少/增加(相反趋势)
cor()	接收两个变量和 method = ""参数(皮尔逊、斯皮尔曼或肯德尔)
残差	线性回归与实际数据点之间的差异
线性	通过观察散点图进行检验
残差正态性	通过 modelDiagnostics()函数进行检验
同方差性	通过 modelDiagnostics()函数进行检验
独立性	每个观察值的独立性。可以通过无偏差的研究设计进行检验
R^2	决定系数。x 预测 y 的方差是多少
lm()	线性模型函数。接收公式和数据参数
modelDiagnostics()	检验正态性假设和同方差性假设
visreg()	实现回归可视化

8.5 练习与融会贯通

本节将通过一些练习题来检查你的进步与成长。理论核查部分会提出批判性思维的问题，最好用书面方式或口头方式来解答。统计学的美妙之处在于将结果成功地传达给利益相关者或者其他听众。有时这些听众非常专业，有时则不是。练习题部分则对本章探讨过的概念进行更直接的应用。

8.5.1 理论核查

1. 用自己的语言，以书面形式重新描述线性模型的 4 个假设。如果此部分内容为课堂课程的一部分，请与同学交流。如果是自学，请利用搜索引擎进行自我检查。

2. 思考两个线性回归模型的示例以及它们的同方差图，对于满足假设或违背假设的"临界点"是否有一个清晰的印象？如果没有，请针对数据集中尽可能多的变量复制并粘贴代码，比较结果，看能否得到大致彼此平行或者完全平行的示例。请牢记，大多数真实世界的数据并不完全符合假设，任何数据集都可以进行线性模型拟合，但并非所有数据集都值得进行拟合。4 个假设有助于将有价值的模型从严重损坏的模型、破损的模型和无用的模型中筛选出来。

8.5.2 练习题

1. 使用相关性示例，研究 acesData 数据集中某一整天的调查结果。观察 PosAff 和 NegAff 的散点图，查看是否符合线性模式？如果有，则运用皮尔逊相关性；如果没有，则同时使用斯皮尔曼和肯德尔相关性。该相关性是正相关还是负相关？强相关还是弱相关？

2. 使用相关性示例，研究 acesData 数据集中某一整天的调查结果。观察 Age 和 STRESS 的散点图，查看是否符合线性模式？如果有，则运用皮尔逊相关性；如果没有，则同时使用斯皮尔曼和肯德尔相关性。该相关性是正相关还是负相关？强相关还是弱相关？

3. 使用线性回归示例作为模板，将 bill_length_mm 作为预测变量，bill_depth_mm 作为结果，来检验企鹅数据集是否符合 4 个假设。如果假设成立，请构建线性模型，并使用 visreg() 函数绘制图形，并使用模型预测喙的长度为 41.2 毫米时所对应的喙的深度。

4. 使用线性回归示例作为模板，将 bill_length_mm 作为预测变量，flipper_length_mm 作为结果，来检验企鹅数据集是否符合 4 个假设。如果假设成立，请构建线性模型，且使用 visreg() 函数绘制图形，并使用模型预测喙的长度为 41.2 毫米时所对应的鳍状肢长度。

第9章

置信区间

第 8 章中学习的回归模型是否准确？将统计的样本均值用于总体均值参数是否准确？如何在这类预估值中加入一些"摇摆空间"，使其达到期望中的准确度？

通常的形式为，在单个数字的估计值后面加一个含正负的值。单个数字的估计被称为**点估计**，而正负值的范围被称为**置信区间**(confidence interval, CI)。例如，假如世界上有 50%±50%的统计学家推荐这本书，虽然全球受欢迎程度点估计为 50%，看起来十分夸张，但置信区间实际上是在 0%和 100%之间，其实并没有那么夸张。

注意

置信区间通常缩写为 CI，CI 定义了一个由两部分组成的区间：置信下限和置信上限。例如，在前面提到的示例中，置信区间为 0%~100%，0%即置信下限，100%即置信上限，通常，用缩写 LL 表示下限，用 UL 表示上限。实际上，有时下限和上限还会写成 2.5 和 97.5，这是最常见的置信区间类型百分位数，即置信水平(confidence level, CL)为 95%的置信区间。本章将学习很多关于 CI 的知识，希望这些常见术语有助于接下来的学习。

接下来的学习目标是建立一个有助于创建可行的置信区间的统计框架。一个好的置信区间应该能够传达不确定性的水平，而一个好的数据样本则应该足够完整，足以将置信区间的范围缩小到可行的水平。

本章涵盖以下内容：

- 通过 Z 值了解置信区间(CI)理论。
- 了解 t 值置信区间的应用方法。
- 使用 t 值构建置信区间。
- 评估两个样本的总体相似性/不相似性。

9.1 设置 R 语言

像往常一样，为了继续练习创建和使用项目，在本章中将创建一个新的项目。

如果有必要，请回顾第 1 章创建新项目的步骤。启动 RStudio 软件之后，在左上角的菜单栏选择 File 选项，单击 New Project 按钮，依次选择 New Directory|New Project 选项，并将项目命名为 ThisChapterTitle，最后选择 Create Project 选项。创建 R 脚本文件需要单击顶部菜单栏 File 选项下方的白纸上方带加号的小图标，选择 R 脚本菜单选项，单击光盘状的 save 图标，并将文件命名为 PracticingToLearn_XX.R(XX 为这一章的编号)，最后单击 Save 按钮。

在右下窗格中会显示项目的两个文件。单击 File 选项卡正下方的 New Folder 按钮，在 New Folder 弹出窗口中输入 data，并单击 OK 按钮。之后单击右下窗格中新的 data 文件夹，重复上述文件夹的创建过程，创建一个名为 ch09 的文件夹。

本章将用到的程序包均已通过第 2 章的学习安装在计算机，不需要重新安装。由于这是一个新项目且是第一次运行这组代码，因此需要首先运行下面的 library() 调用：

```
library(data.table)
```

```
## data.table 1.13.0 using 6 threads (see ?getDTthreads). Latest news:
r-datatable.com
```

```
library(ggplot2)
library(visreg)
library(palmerpenguins)
library(JWileymisc)
```

在本章中，仅使用来自 ACES 每日数据集中的晚间调查数据，因此，每个参与者只有一个观察值。接下来，随机选择了 2017 年 3 月 3 日的调查数据：

```
acesData <- as.data.table(aces_daily)[SurveyDay == "2017-03-03" &
SurveyInteger == 3]
str(acesData)
```

```
## Classes 'data.table' and 'data.frame':   189 obs. Of 19 variables:
##  $ UserID           : int 1 2 3 4 5 6 7 8 9 10 ...
##  $ SurveyDay        : Date, format: "2017-03-03" ...
##  $ SurveyInteger    : int 3 3 3 3 3 3 3 3 3 3 ...
##  $ SurveyStartTimec11: num 0.518 0.428 0.529 0.423 0.391 ...
##  $ Female           : int 0 1 1 1 0 1 0 0 0 1 ...
##  $ Age              : num 21 23 21 24 25 22 21 21 22 25 ...
##  $ BornAUS          : int 0 0 1 0 0 1 0 1 0 1 ...
##  $ SES_1            : num 5 7 8 8 5 5 6 7 4 6 ...
```

```
##  $ EDU          : int 0 0 0 0 1 0 0 0 0 1 ...
##  $ SOLs         : num NA 33.1 29.63 3.41 100.47 ...
##  $ WASONs       : num NA 0 0 2 2 1 NA 1 1 1 ...
##  $ STRESS       : num 2 1 4 4 0 0 0 4 0 1 ...
##  $ SUPPORT      : num 5.93 3.94 8.84 4.45 2.1 ...
##  $ PosAff       : num 1.55 3.17 3.51 1.7 2.22 ...
##  $ NegAff       : num 1.39 1 1.69 1.38 1.08 ...
##  $ COPEPrb      : num 2.05 1.93 3.21 2.12 1 ...
##  $ COPEPrc      : num 2.31 1.69 3 1.7 1.1 ...
##  $ COPEExp      : num 2.24 1.8 2.05 2.93 1 ...
##  $ COPEDis      : num 1.94 2.13 2.53 1.21 1.86 ...
##  - attr(*, ".internal.selfref")=<externalptr>
```

此外，本章中还会用到熟悉的企鹅和汽车数据集：

```
penguinsData <- as.data.table(penguins)
mtcarsData <- as.data.table(mtcars, keep.rownames = TRUE)
```

现在，可以自由地学习更多统计学知识了！

9.2 可视化置信区间

为什么不能轻易相信由单个样本得出的结论呢？

为了回答这个问题，首先需要使用 R 语言创建 10000 个数据点，来构建一个熟悉的、符合正态的总体，且可以将其称为完美的数据集。接下来，运用 set.seed(1234) 函数确保与本书得到相同的"随机"数据，然后创建一个具有两列的新的 data.table()，其中一列命名为 Data，列中通过 rnorm() 函数得到 10000 个平均值为 2.5，标准差为 0.75 的随机的正态数据。因此，Data 就是 N(2.5, 0.75)。因为数据本身已经是随机抽取的，所以接下来可以使用 K 抽样，将数据点分成 100 个组。因为 10000/100=100，所以此时在 100 组数据中均含有 100 个点。虽然为了加快运行速度采用了 K 抽样，但实际上数据还是属于随机样本。注意，此处总体参数 muP 和 sigmaP 表示完美的 μ 和 σ：

```
set.seed(1234)
muP <- 2.5
sigmaP <- 0.75
perfectData <- data.table(Data = rnorm(n = 10000,
                                       mean = muP,
                                       sd = sigmaP),
                          Group = 1:100)
```

100 个样本量似乎并不是很多，但是调查 100 人其实需要很长时间。

接下来，计算每组数据的算术平均值 mean()。因为有 100 组，所以结果数据集中应该有 100 行或观察值。计算新的值属于列操作，因此在 data table 中的 *j* 列操作位置进行。计算每个组的 mean(Data)属于 by 操作，因此需要运用 by = Group 函数。

虽然下面的代码达成了以上需求，但仍然存在一些不足之处。首先，含有算数平均值的列名为 V1，由于该列名并不是描述性的，因此未来的研究人员(甚至未来的自己)可能不知道该列包含的内容是什么。其次，以下代码不会保存在任何地方，均值仅在控制台显示，并且中间的 90 组被截断并隐藏在输出结果中。由于结果没有保存在 R 语言中的任何地方，因此不能使用它们进行进一步的分析。虽然这段代码可以用于快速查阅，但对当前的需求来说还不够：

```
perfectData[, mean(Data),
            by = Group]

##      Group     V1
## 1:       1  2.518
## 2:       2  2.449
## 3:       3  2.460
## 4:       4  2.442
## 5:       5  2.527
## ---
## 96:     96  2.437
## 97:     97  2.626
## 98:     98  2.396
## 99:     99  2.519
## 100:   100  2.554
```

很显然，还是需要用更好的名称标记该列并保存，以备将来使用。事实上，有两种给列命名的方法。第一种是使用赋值运算符 groupMean := mean(Data)在 perfectData 中创建一个新的列。但如果这样做，perfectData 将出现第三个名为 groupMean 的新列。由于 perfectData 本身含有 10000 个观察值，而每个观察值都会产生对应的新列，因此会有 10000 个项目添加到表中，也就意味着内存将比之前大 50%。此外，更糟糕的是，每个组只有一个平均值，所以每个均值都会重复出现 100 次，即存在很多额外且重复的信息副本。

另一种方法则是直接给该列命名，此方法不会将任何值保存到内存中。此时要运用的不是赋值运算符，而是列选择符 ".()"。下面的代码实际上与前面的输出相同，在全局环境中还是没有任何东西被保存到内存中，与之前唯一的区别是，列名 V1 被替换为更易于理解的 groupMean：

```
perfectData[,
            .(groupMean = mean(Data)),
            by = Group]

##      Group groupMean
```

```
##   1:    1    2.518
##   2:    2    2.449
##   3:    3    2.460
##   4:    4    2.442
##   5:    5    2.527
## ---
##  96:   96    2.437
##  97:   97    2.626
##  98:   98    2.396
##  99:   99    2.519
## 100:  100    2.554
```

因为需要保存得到的值，所以接下来可以使用外部赋值运算符 "<-"。该操作将会创建一个新的 data.table，在本例中将其命名为 perfectMeans，它只有 100 个观察值。由于赋值会捕获输出，因此结果不会呈现在控制台。如果需要，可以运用 head(perfectMeans) 函数检查想要的数据是否保存成功：

```
perfectMeans <- perfectData[,
                    .(groupMean = mean(Data)),
                    by = Group]
```

创建和保存信息的两种方法都有它们各种的用途。如果创建的新列对于原始数据的每一行都是唯一的，那么 groupMean := mean(Data) 这类内部赋值是不错的方法。另一方面，当新列将多行原始数据合并为一个单点进行预估时，.(groupMean = mean(Data)) 与外部赋值运算符 "<-" 将成为首选。

接下来，观察得到的 100 个样本均值。为了保持点的不同，需要将 y 轴设置为样本组标识符的离散变量。此外，还需使用 geom_vline() 函数设置一条表示总体均值的垂直线 xintercept = muP：

```
ggplot(data = perfectMeans,
       mapping = aes(x = groupMean, y = Group))+
  geom_point()+
  geom_vline(xintercept = muP)
```

回顾之前的内容可以得知，总体分布为 $N(2.5, 0.75)$。图 9-1 中，每个点都是大小为 $n=100$ 的样本的平均值。之前学习了中心极限定理，观察图形可以发现，这些平均值在 2.5 附近符合正态分布(符合预期)。当样本汇总为单个数据点(如均值)时，就可以称之为**点估计**。这些点估计中的大多数都接近参数 2.5，只有少数触及了 2.5 对应的垂直线。

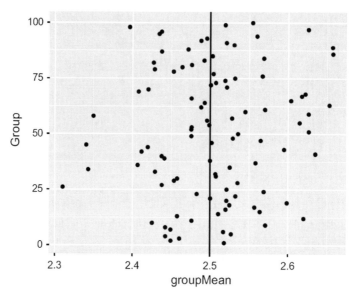

图 9-1 含有总体均值垂直线 mu = 2.5 的样本均值

要进行更好的分析不能只依赖点估计，还需要在样本统计量周围得到捕获总体参数的某个区间，也就是需要创建一个**置信区间**。置信区间的格式是这样的：

(点估计-误差界限，点估计+误差界限)

误差界限的计算涉及关于概率的一些知识。回到图 9-1，图中为 100 个点估计，也就是说，在随机抽取的 100 个样本中，有一些估计得很准确，接近 $\mu = 2.5$，而另一些则不是那么准确。假设每个点都构成一条延伸至某个置信区间的线，那么如果选择一个大的误差界限，例如，位于图中最左侧和最右侧的稀少样本，它们之间的置信区间范围可能会超过 2.5。

在本章开头的示例中，本书受欢迎程度的置信区间为(0%,100%)，该置信区间用十进制表示的话则为(0.00,1.00)。虽然该置信区间肯定能够反映本书真实的受欢迎程度，但事实上该区间是无用且无意义的。

由于需要长到足以捕获总体参数的置信区间，但是又不能太长，因此需要考虑样本分布概率。

接下来，将通过研究熟悉的完美示例，探索可以用于现实世界中的真实案例的方法。

9.2.1 示例一：Sigma 已知

如果已知总体参数，特别是 Sigma 值，即可为误差界限创建一个概率框架，但这种方法几乎从未运用于现实生活中。毕竟，如果已知总体参数，就无需进行抽样调查分析。因此，要了解正在发生的事件(并探索概率)，最好从已知量开始研究。

对于使用已知参数 $N(2.5, 0.75)$ 创建的完美数据集，可以计算其标准差：

```
standardErrorP <- sigmaP / sqrt(100)
```

参考第 7 章的内容，抽样分布一般为：

$$N\left(\mu, \frac{\sigma}{\sqrt{n}}\right)$$

在该特殊案例中，$N(2.5, 0.075)$ 正态分布的标准差为刚刚计算得出的 standardErrorP。假设需要的置信区间的**置信水平**为 95%，那么，能否将误差界限设置得大到随机样本的置信区间有 95% 的机会捕捉到参数？

答案是肯定的，**均值误差界限**(EBM)的公式如下所示：

$$EBM=(Z 值)*(标准差)$$

更加正式的写法为：

$$EBM = \left(Z_{\frac{\alpha}{2}}\right)*\left(\frac{\sigma}{\sqrt{n}}\right) \tag{9-1}$$

要理解 Z 值，需要参考正态曲线和概率的相关知识。与概率的研究案例相同，需要考虑补集的概念。如果有 95% 的置信水平，也就是说有 5% 的 alpha，或者说 $\alpha = 0.05$。alpha 指的是从总体中随机抽取样本的几率，它离中间水平太远，以至于置信区间无法捕获总体参数。

之前提到，正态曲线下方的面积为 1(数学家以这种方式构建它，以便计算概率)。在第 6 章介绍的经验法则(也被称为 68-95-99.7 法则)中，正态曲线下方 68% 的面积包含在正负一个标准差的范围中，95% 的面积包含在正负两个标准差的范围中，99.7% 的面积处于正负三个标准差的范围中。以上是关于曲线下面积(等于概率)与标准差(也被称为 Z 值)之间关系的近似值。

图 9-2[6]是一种可视化经验法则的方法。

注意，在图 9-2 中，中间 95% 的值为最上面的水平线，有两条垂直的虚线分别垂直于左侧的 -2σ 和右侧的 $+2\sigma$。在下面的 Z 值中，这两条虚线只是被称为 -2 和 $+2$。仔细观察可以发现，垂直的虚线并不垂直于 ±2。此外，在正态曲线中表示中间 95% 的水平线的两侧标有 -1.96σ 和 $+1.96\sigma$，这是 sigma 的实际值(因此，Z 值为 ±1.96)。

如果 95% 的值位于中间，那么正态曲线最左侧和最右侧的尾部则包含 5% 的值，这 5% 的值也被称为 alpha。但是，如果想要找到最左边的 Z 值(即左侧的标准差值)，则需要将 5% 分成两份(分为两个尾部)，也就是式(9-1)中提到的 $\frac{\alpha}{2}$。

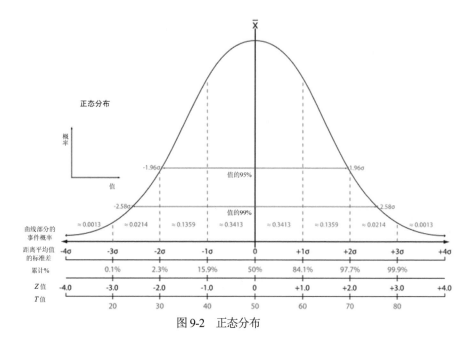

图 9-2　正态分布

qnorm()函数可以接收一个区域(与之前的概率相同)并给出该区域的 Z 值。也就是说，对于图 9-2，qnorm()函数可以将累计面积(%)作为输入并输出 Z 值：

```
ConfidenceLevel <- 0.95
alpha <- 1 - ConfidenceLevel

qnorm(alpha/2)

## [1] -1.96
```

将此答案四舍五入到小数点后两位，即可得到图 9-2 中显示的-1.96σ：

```
round(qnorm(alpha/2), 2)

## [1] -1.96
```

对于式(9-1)，Z 值需要为正。因此，需要从正态曲线的右侧(也称为上尾)开始计算累计面积，而不是从正态曲线的左侧(也称为下尾)开始。

通过在 qnorm()函数中设置 lower.tail = FALSE，即可得到正值：

```
round(qnorm(alpha/2,
            lower.tail = FALSE),
      2)

## [1] 1.96
```

如果需要使用 99% 的置信区间，只需进行一些更改。经验法则中，近似于 3 个标准差的范围约为 99.7%，因此，可以预计 99% 的置信区间大于 1.96 个标准差且小于 3。图 9-2 表明，该值为 2.58。在以下代码中，将置信水平改为 0.99，以验证该结论：

```
ConfidenceLevel <- 0.99
alpha <- 1 - ConfidenceLevel

qnorm(alpha/2,
      lower.tail = FALSE)
```

```
## [1] 2.576
```

如上所示，该方法可以计算任何置信水平对应的准确的 Z 值。在实践中，95% 是最常见的置信水平，所以接下来将继续采用该水平。

将图 9-1 中 perfectMeans 范围内任意值的均值的误差界限代入式 9-1 中：

$$
\begin{aligned}
EBM &= \left(Z_{\frac{\alpha}{2}}\right) * \left(\frac{\sigma}{\sqrt{n}}\right) \\
&= (1.96) * \left(\frac{0.75}{\sqrt{100}}\right) \\
&= (1.96) * (0.075) \\
&= 0.147
\end{aligned}
$$

在 R 语言中的计算如下所示：

```
ebmP <- 1.96*standardErrorP
ebmP
```

```
## [1] 0.147
```

接下来，将误差下限和误差上限添加到 perfectMeans 数据集中。这需要创建一个新列，且每一行都需要有该列(因为每一行都是样本之一)，因此，需要在 j 列操作位置使用内部赋值运算符 ":="：

```
perfectMeans[,
          lowerEBM := groupMean - ebmP]

perfectMeans[,
          upperEBM := groupMean + ebmP]
```

接下来，再次使用之前的 **ggplot()** 代码，并且需要再添加一段代码，通过 **geom_segment()** 函数创建线段，得到的结果如图 9-3 所示。创建线段的过程中，有很多要做的事情，接下来将会进行详细讲解，因为图表相关知识很有用，但不必强求理解。

首先,每个线段都需要在刚刚添加到perfectMeans上的EBM的下限和上限开始和结束。此外,这些线段必须是水平的,因此 y 值需保持固定。最后,需要使用 alpha = 0.4 来控制线段的透明度,以使它们不那么显眼。此处的 alpha 除了名称相同之外,与置信水平(CL,本例中为95%)的概率补集(也被称为 alpha,例如,经常会设置的 $\alpha = 0.05$)无关。

```
ggplot(data = perfectMeans,
       mapping = aes(x = groupMean, y = Group)) +
  geom_point() +
  geom_vline(xintercept = muP) +
  geom_segment( mapping = aes( x = lowerEBM, xend = upperEBM,
                              y = Group, yend = Group),
              alpha = 0.4)
```

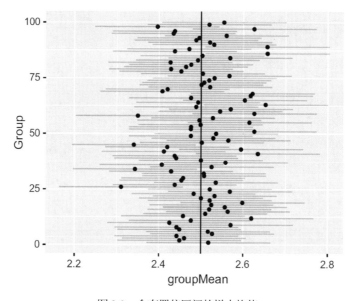

图9-3   含有置信区间的样本均值

图 9-3 中,是否存在不与垂直线相交的置信区间,即是否存在一些置信区间未达标的极端样本?

因为选择的是 95%的置信水平,也就是说,在 95%的情况下,置信区间能够捕捉到总体均值 2.5,标准的说法为:95%的置信区间能够捕获总体参数 $\mu = 2.5$。

从图 9-3 中可以看出,理论和实际似乎完美匹配。然而,这并不意味着随机挑选 100 个样本后其中只会有 5 个不符合条件,总会存在随机性的影响,因此结论也可能是不准确的。

接下来,可以使用数据表逻辑规则进行快速检验。如果 CI 右侧较大,那么 lowerEBM 将会大于均值。同样,如果 CI 左侧较大,那么 upperEBM 将会小于均值:

```
perfectMeans[muP < lowerEBM|
              muP > upperEBM]
```

```
##    Group groupMean lowerEBM upperEBM
## 1:    26     2.310    2.163    2.457
## 2:    34     2.343    2.196    2.490
## 3:    45     2.341    2.194    2.488
## 4:    58     2.350    2.203    2.497
## 5:    63     2.653    2.506    2.800
## 6:    86     2.657    2.510    2.804
## 7:    89     2.657    2.510    2.804
```

如上所示，有 7 个样本被筛选出来，与预测结果在数量上很接近。在概率相关的问题上，人们期望结果在一般情况下是准确的，而特定情况下(如本例)通常是接近而不完全匹配的。一种用来检测概率是否会随时间变化的方法是将 set.seed(1234)函数更改为不同的数字。事实上，通过本例可以得知，即使是很好的模型，偶尔也会得到现实世界中的"错误"结果。

接下来，需要减少 σ 的使用，因为大多数现实世界中的案例都是根据样本统计数据计算的，而不是总体参数，因此，需要找到 sigma 未知时的数据分析方法。那么，sigma 未知会造成什么后果呢？从逻辑上讲，信息减少会增加不确定性，因此，如果想要使用样本的标准差来推测分布，就必须将置信区间设置得大一些。

置信区间的范围越大反而越不准确，而越小则证明决策越可行。在前文关于本书受欢迎程度的案例中，就是因为置信区间范围太大，因此没有任何意义。事实上，有两种方法可以让置信区间范围缩小。

缩小置信区间最简单的一种方法就是降低所需的置信水平。在本例中，选用了常见的 95%的置信水平，但并不是任何情况都需要使用该水平。可以根据需求选择任何想要的置信水平。在社会和行为科学工作中，95%置信水平是一个普遍的标准，但在其他领域可能会需要更高的置信度(即更大的置信区间)或者更低的置信度(即更小的置信区间)，在本书受欢迎度案例中则选用了 100%置信水平。置信水平较高的风险就是置信区间将变得太大，以至于没有意义。

缩小置信区间的另一种方法是增加样本量。第 7 章中提到，均值抽样分布的 Z 值公式包含标准差(见式 7-5)，需要注意该公式中 n 的平方根(n 为样本大小)位于分母处，因此，如果 n 增加，标准差则会减少：

$$z = \frac{\overline{x} - \mu}{\dfrac{\sigma}{\sqrt{n}}}$$

同(7-5)

如果标准差减小，误差界限就会减小！注意，对于均值来说，误差界限是两个数字相乘。如果提高置信水平，那么 $Z_{\frac{\alpha}{2}}$ 就会增大，因此，为了减少置信水平，就必须让公式的另一部分减小，也就是增大 n 的值：

$$EBM = \left(Z_{\frac{\alpha}{2}}\right)*\left(\frac{\sigma}{\sqrt{n}}\right) \qquad \text{同(9-1)}$$

找到使 n 尽可能大的方法永远是统计学需要克服的挑战，不论是开展调查还是进行测试都需要大量花销，而进行测试甚至有可能面临道德风险(例如，为了增加样本量而找更多的人测试新药是不道德的)。

因此，信息缺乏就会导致置信区间范围变大。此外，如果想要不在公式中使用 σ 值，则需要尽可能地增大样本量。

9.2.2 示例二：Sigma 未知

之前提到，虽然 Z 值需要在 sigma 已知的环境中使用，但研究人员通常都会面对 sigma 未知的环境。为了比较两种环境中的不同处理方法，接下来将使用与之前示例中完全相同的数据集，并且假装不知道 sigma 的值，只知道数据集中有 100 个样本。

当 sigma 未知时，需要使用的是**学生 t-分布**而不是 Z 值或者正态分布。这个分布与正态分布非常相似，只是相对平坦。与正态分布相比，它的尾部面积更大而中间的面积更小(也就是更短或更长，但面积总和仍为 1)。此外，t 分布取决于样本数量，当 n 变大时，t 分布就会变高变窄，而一旦 n 足够大，t 分布就会接近正态分布。此外，当 n 变大时，标准差也会变小。它的公式如下所示：

$$t = \frac{\bar{x} - \mu}{\frac{s}{\sqrt{n}}} \qquad (9-2)$$

$$EBM = \left(t_{\frac{\alpha}{2}}\right)*\left(\frac{s}{\sqrt{n}}\right) \qquad (9-3)$$

由于 t 值，或者说 t 分布，在 n 变大时接近于 Z 值，所以大多数现代软件会在样本数据上应用 t 分布，R 语言中的函数也不例外。其实，后台软件会根据 n 的大小进行调整。

计算 t 值和置信区间的函数名为 t.test()，它需要几个参数才可以运行，目前只学习其中两个：一个参数为样本数据，另一个参数则是所需的置信水平。接下来，将采用与之前示例相同的置信水平。为了了解该函数的工作原理，从 perfectData 中仅提取第一个样本。第一个样本位于 Group == 1 中，因此这是一个行操作，所以需要使用 "$" 运算符访问数据的列信息。接下来，则需要将第二个参数置信水平 conf.level 设置为 0.95：

```
tTestResults <- t.test(perfectData[Group == 1]$Data,
                       conf.level = ConfidenceLevel)
tTestResults

##
##       One Sample t-test
##
## data: perfectData[Group == 1]$Data
## t = 33, df = 99, p-value <2e-16
## alternative hypothesis: true mean is not equal to 0
## 99 percent confidence interval:
##  2.317 2.720
## sample estimates:
## mean of x
##     2.518
```

从这个函数给出的结果中可以发现很多有用的信息，例如，t 值为 33(可以通过前面给出的 t 值公式手动计算)且 df = 99。

自由度(degree of freedom，df)是一个需要关注的点。假设一个样本中有两个人，他们的平均年薪是 10 万美元，如果其中一个人的年薪是 5 万美元，那么预期平均值为 10 万美元的话，另一个人的年薪需为 15 万美元。当样本容量为 2 时，自由度即为 $n-1=1$。也就是说，一旦知道一个人的值与平均值，那么另一个人的值就无法自由变化。

通常来说，t 分布建立在自由度基础上(即随着 n 的增加，t 分布会越来越接近正态分布)。对于单个样本，公式为 $df = n - 1$。

现阶段不需要关注 p 值，这部分内容将在下一章进行学习。可以看到，对于 95% 的置信区间，R 语言给出了一个范围而不是单纯地计算出 EBM，最后还给出了样本均值 2.518。

接下来，会在 100 个样本上使用相同的 t.test()函数，由于结果太过混杂，所以不在此处展示代码。此外，还需让 Z 值置信区间保持黑色实线状态，同时将 t 值置信区间设置为图 9-4 中的黑色虚线。如图 9-4 所示，样本的均值相同。从 Z 值变为 t 值唯一需要改变的部分是将 σ 与正态分布调整为 s 与 t 分布，而且 t 分布对应的黑色虚线要比 Z 值对应的黑色实线长一些。

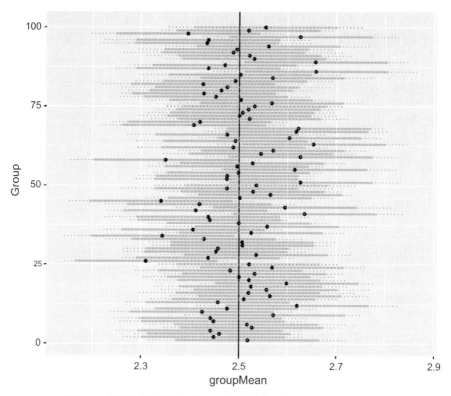

图 9-4　样本均值与置信区间。黑色实线为 Z 值，黑色虚线为 t 值

到目前为止，已经对置信区间有了一定的理解与掌握，接下来，可以将其运用在不了解总体偏差的现实数据样本中。此外，还学习了运用软件以简便地计算置信区间。接下来，将进一步研究分析前几章的一些示例。

9.2.3　示例三

企鹅数据集是一个样本，因为没有人测量过地球上的每一只企鹅。因此，总体标准差是未知的，需要用 t.test() 函数计算一个能够捕获 μ 的置信区间。

首先提出一个研究问题：根据收集到的企鹅样本，在 98% 的置信水平下计算 μ 的置信区间，即鳍状肢长度的总体平均值。鳍状肢长度将是 t.test() 函数中的第一个参数，第二个参数则设置为 conf.level = 0.98。现在的大多数软件都默认置信水平为 95%，因此人们常常认为 95% 就是标准参数。过去可以这样说，因为这是一种简化技术的方法(通过设定一个默认选项来减少可变性)。如今，通过如下所示的代码可以很容易地更改置信水平：

```
t.test(penguinsData$flipper_length_mm,
        conf.level = 0.98)
```

```
##
##      One Sample t-test
##
## data: penguinsData$flipper_length_mm
## t = 264, df = 341, p-value <2e-16
## alternative hypothesis: true mean is not equal to 0
## 98 percent confidence interval:
##   199.1 202.7
## sample estimates:
## mean of x
##      200.9
```

之前计算的鳍状肢长度初始样本平均值为 201，由于之前都将该值四舍五入为整数，所以 200.9 其实与之前的结论相同。此外，自由度为企鹅数量的 342 减 1，虽然 penguinsData 数据集中有 344 个观察值，但有两只企鹅缺少鳍状肢长度数据。CI 为 (199.1, 202.7)。

因此，98%确信企鹅鳍状肢的真实总体均值位于 199.1 到 202.7 之间。由于样本量较大，所以 CI 范围很窄。

如在图 9-3 中看到的那样，并非每个样本的置信区间都能成功地捕获总体参数，即使使用完全随机的数据也可能会有这种情况。而且，第 5 章提到，可能会发生样本偏差。鳍状肢长度长的企鹅可能更容易捕获，因为它们更容易被观察到；也可能更难捕获，因为它们可以更快速地离开。但是，只要数据收集工作完成得好，就可以构建一个含有长度均值的范围。

9.2.4　示例四

置信区间不仅适用于单点估计，也适用于第 8 章中学习的回归线。一条线上的置信区间看起来像这条线两侧的条带，因此也可以被称为置信带。第 8 章中曾向 visreg() 函数添加了一个参数 band = FALSE，接下来将重复之前的分析，但本次需要着重关注置信水平与区间。

首先，复制并运行代码。此处无需更改代码来拟合线性模型：

```
mPenguin <- lm(formula = body_mass_g ~ flipper_length_mm,
                data = penguinsData)

summary(mPenguin)

##
```

```
## Call:
## lm(formula = body_mass_g  flipper_length_mm, data = penguinsData)
##
## Residuals:
##     Min     1Q  Median     3Q     Max
## -1058.8 -259.3  -26.9   247.3  1288.7
##
## Coefficients:
##                   Estimate Std. Error t value Pr(>|t|)
## (Intercept)       -5780.83     305.81   -18.9   <2e-16 ***
## flipper_length_mm    49.69       1.52    32.7   <2e-16 ***
## ---
## Signif. codes: 0 '***' 0.001 '**' 0.01 '*' 0.05 '.' 0.1 ' ' 1
##
## Residual standard error: 394 on 340 degrees of freedom
##   (2 observations deleted due to missingness)
## Multiple R-squared: 0.759, Adjusted R-squared:  0.758
## F-statistic: 1.07e+03 on 1 and 340 DF, p-value: <2e-16
```

在 summary() 函数的输出中，可以看到线性模型系数区域中有一列名为 Std. Error，即标准差。t 值均值公式的误差界限为 $EBM = \left(t_{\frac{\alpha}{2}} \right) * \left(\frac{s}{\sqrt{n}} \right)$。接下来，请再回顾一下对 Z 值的相关过程和代码的讨论。标准差与置信水平无关，置信水平仅用于计算 t 值或 Z 值。因此，通过在 "Std. Error" 列给出标准差，线性模型给出了后续用于计算不同置信水平的误差界限的所有信息。

此外，模型还表明自由度为 340。企鹅数据集中，有 342 个观察值不含有缺失数据。与 df = n - 1 的单样本 t 检测不同，在这个线性模型中同时考虑了鳍状肢长度与重量，因此，自由度应为 df = n-2，即 340。这部分内容也在 summary() 函数中输出。

以上都表明了 visreg() 函数可以访问保存到 mPenguin 变量的线性模型，并获得相当多的信息。利用这些信息，函数可以在线性模型两侧构建置信带，如图 9-5 所示。也就是说，直线上的每个预测点的置信区间都用阴影来表示。因为预测是线性的，所以置信区间会围绕这条线形成一个 "带"：

```
visreg(fit = mPenguin)
```

关于置信带还有一点需要注意：它在模型的外边缘附近会变得更宽。回顾 x 轴上的数据，flipper_length_mm 的范围为 172~231：

```
range(penguinsData$flipper_length_mm,
      na.rm = TRUE)
```

```
## [1] 172 231
```

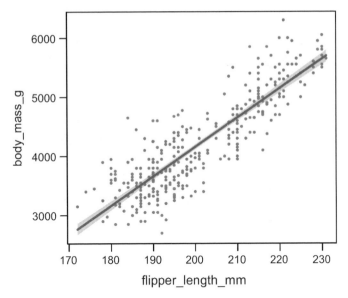

图 9-5　含有置信区间的企鹅数据线性回归图形

在该范围内用鳍状肢长度预测重量是相当准确的。这是一个不错的模型拟合。用一个模型来预测符合该鳍状肢长度范围的新企鹅的重量被称为**插值(interpolation)**，前缀 "inter" 的意思是 "内部"。通常，对于良好的模型拟合，插值是非常准确的。此外，利用该模型预测超出自变量范围的情况被称为**外推(extrapolation)**。外推并不准确，它超出了模型的范围，但数据科学的许多应用都需要外推。事实上，假设企鹅的鳍状肢长度为 300 毫米，可能会得到一个相当大的重量，这并非不合理。因此，当接近插值和外推之间的边界时，误差带会越来越宽，这也说明如果外推太远，以至于超出模型，就无法确定结论的准确性。

9.3　相似与不同数据的比较与理解

另一种置信区间的研究方法是观察不同组的置信区间是否重叠。如果重叠，那么两组就有可能共享相同的总体参数，此外，如果它们有相同的总体参数，那么很可能来自同一个总体。如果置信区间无重叠，那么它们很可能是不同的。

9.3.1　示例一

假设事先并不知道企鹅数据集实际上包含不同的物种，那么不仅可以通过组均值判断存在不同物种，还可以通过置信区间是否重叠来判断。实际上，不同物种之间不仅均值不同，置信区间也不重叠，因此可以断定每个物种的种群均值显著不同于其他物种。

在本案例中，将选择使用 95%置信水平(因为它最典型)，随后可以发现，Adelie 企鹅的置信区间为 188.9 到 191.0，而较大的 Chinstrap 企鹅的置信区间为 194.1 到 197.5：

```
t.test(penguinsData[species == "Adelie"]$flipper_length_mm,
        conf.level = 0.95)
##
##        One Sample t-test
##
## data: penguinsData[species == "Adelie"]$flipper_length_mm
## t = 357, df = 150, p-value <2e-16
## alternative hypothesis: true mean is not equal to 0
## 95 percent confidence interval:
##  188.9 191.0
## sample estimates:
## mean of x
##        190


t.test(penguinsData[species == "Chinstrap"]$flipper_length_mm,
        conf.level = 0.95)
##
##        One Sample t-test
##
## data: penguinsData[species == "Chinstrap"]$flipper_length_mm
## t = 226, df = 67, p-value <2e-16
## alternative hypothesis: true mean is not equal to 0
## 95 percent confidence interval:
##  194.1 197.5
## sample estimates:
## mean of x
##        195.8
```

还需要注意，总体均值的置信区间与任何单个 Adelie 或 Chinstrap 企鹅的鳍状肢长度几乎没有关系。Adelie 企鹅鳍状肢长度最长，为 210 毫米，Chinstrap 企鹅鳍状肢长度最短，为 178 毫米。

```
range(penguinsData[species == "Adelie"]$flipper_length_mm,
        na.rm = TRUE)

## [1] 172 210

range(penguinsData[species == "Chinstrap"]$flipper_length_mm,
        na.rm = TRUE)

## [1] 178 212
```

同样，使用考虑到样本中所有要素的 t.test()函数，以 95%置信水平预估总体算数平均值，可以发现两个物种之间的算术平均值有差异。这是预期中的结果，因为两个物种的置信区间不重叠。

9.3.2 示例二

作为对比示例，接下来将对 ACES 日常研究中参与者的年龄进行分析。对不在澳大利亚出生的人的年龄与在澳大利亚出生的人的年龄进行分析对比：

```
t.test(acesData[BornAUS == 0]$Age)

##
##      One Sample t-test
##
## data: acesData[BornAUS == 0]$Age
## t = 112, df = 121, p-value <2e-16
## alternative hypothesis: true mean is not equal to 0
## 95 percent confidence interval:
##  21.22 21.98
## sample estimates:
## mean of x
##      21.6

t.test(acesData[BornAUS == 1]$Age)

##
##      One Sample t-test
##
## data: acesData[BornAUS == 1]$Age
## t = 72, df = 64, p-value <2e-16
## alternative hypothesis: true mean is not equal to 0
## 95 percent confidence interval:
##  21.11 22.31
## sample estimates:
## mean of x
##      21.71
```

在本案例中，置信区间的范围是重叠的，因此，即使样本均值略不同，两组平均年龄的总体参数也可能相同。

在第 10 章将进行更深入的学习，现在只需了解，如果两个样本的置信区间重叠，则两个样本的总体参数很有可能相同；如果两个样本共享一个总体参数，则它们很有可能来自基本相同的总体。

9.4 总结

本章讨论了点估计和置信区间之间的细微差别。通过使用 *t* 分布，可以计算样本统计数据对于总体参数的任意置信水平的置信区间范围。本章中还有一个重要观点：即使是随机的样本，有时也会"失准"，大规模样本有助于降低该风险。这种观点产生的结论是，期望统计数据对于任何单个案例都不都是准确的。实际上，单个数据点很有可能有较高的方差。尽管存在中心极限定理，且样本量合理，但统计数据预测真实参数的能力仍会有所不同。这并不意味着统计数据完全不可取，而是需要在用统计数据评估总体参数时保持谨慎。

本章学习的另一个重点是，可以通过在观察某个置信水平对应的置信区间来比较两个单独的样本。如果置信区间不重叠，则没有证据表明它们来自同一群体，也就是它们来自不同的总体。如果置信区间存在重叠，那么这两个样本很可能是从同一总体中提取的(从测量的角度判断)。

表 9-1 中为本章学习的关键点，可以在练习时作为参考。

表 9-1　章总结

条目	概念
点估计	用于估计总体参数的单个样本统计量
置信区间(CI)	能够捕获总体参数的样本统计数据周围的范围
.(colName = Stuff)	在 data.table 中命名并计算一个没有赋值的列
geom_vline()	ggplot()上的垂直线，仅设置 "xintercept ="
置信水平(CL)	用于计算置信区间的置信水平
均值误差界限	根据置信水平乘以标准差，构建置信区间
Alpha	置信水平的补集，即置信区间没有捕捉到参数的概率
qnorm()	正态分布的分位数，通过置信水平计算 Z 值
geom_segment()	在 ggplot()上构建线段
学生 *t*-分布	在 σ 未知时使用，*n* 越大，越接近正态分布
t.test()	通过 *t* 分布计算置信区间与均值
自由度(df/DF)	一个变量为 *n*-1，两个为 *n*-2 的散点图格式数据

9.5 练习与融会贯通

本节将通过一些练习题来检查你的进步与成长。理论核查部分会提出批判性思维的问题，最好用书面方式或口头方式来解答。统计学的美妙之处在于将结果成功地传达给利益相关者或者其他听众。有时这些听众非常专业，有时则不是。练习题部分则对本章探讨过的概念进行更直接的应用。

9.5.1　理论核查

1. 如果其他条件相同，将样本量加倍，误差界限会变宽还是变窄？
2. 如果其他条件相同，哪个置信水平对应的置信区间更宽：90%还是99%？

9.5.2　练习题

1. 使用本章中描述的方法，计算 penguinsData 数据集中 bill_length_mm 数据的均值在置信水平为 90%时对应的置信区间。

2. 使用本章中描述的方法，计算 penguinsData 数据集中 bill_length_mm 数据的均值在置信水平为 95%时对应的置信区间，并将其与第 1 题的结果进行比较。

3. 第 8 章练习中使用了 bill_length_mm 作为预测变量，来估计 bill_depth_mm 的值，此处将使用 visreg()函数绘制图形并显示置信带。基于该范围，长度为 41.2 毫米时，预测得出的深度结果对于实际深度来说非常准确，还是有一定差距？

4. 在 penguinsData 数据集中，运用两个单独的 t.test()函数分别计算雄性和雌性个体体重在 90%置信水平下对应的置信区间并进行比较，两个置信区间是否重叠？结合本章对相似数据和不同数据的讨论，雄性和雌性企鹅的体重是否存在差异？

第 10 章

假设检验

截止到现在，你已经掌握了 R 语言的设置与使用(第 1 章和第 2 章)，并且可以将多种不同来源的数据导入 R 语言(第 3 章)，还能够将数据转化为可供分析的格式(第 4 章)。此外，在总体参数的研究分析中，掌握了无偏差样本的收集(第 5 章)，还掌握了运用探索性数据分析工具来研究样本数据(第 6 章)。之后，了解了总体分布理论(第 7 章)，并借用理论分析了变量之间的关系(第 8 章)，最后，掌握了置信区间的判定——利用样本统计数据映射总体参数(第 9 章)，甚至可以利用该方法评估两个样本是否来自同一群体。当然，这种评估仅仅是视觉上的判断，现在需要学习如何完善该理论并让其更为严谨。

虽然需要学习的关于统计研究/数据科学的技术和技能会越来越多，但本书中最后一个重要的哲学思辨是如何确定样本是否来自特定总体。一旦能够确定样本是否来自特定总体，那么很多问题都可以被解答。例如，新网站是否能够提升客户参与度？"单击"购买是否会增加每次购买的美元价值？梦幻岛上的企鹅是否具有最长的鳍状肢？新的教学模式是否提高了学生的学习成绩？

以上问题的解答都需要运用假设检验。本章涵盖以下内容：

- 创建零假设并确定备择假设。
- 了解第一类错误和第二类错误。
- 掌握零假设检验(NHST)的步骤。
- 评估 NHST 的结果。
- 编写用于向相关受众解释结果的简单陈述说明。

10.1 设置 R 语言

像往常一样，为了继续练习创建和使用项目，在本章中将开设一个新的项目。

如果有必要，请回顾第 1 章创建新项目的步骤。启动 RStudio 软件之后，在左上角的菜单栏中选择 File 选项，单击 New Project 按钮，选择 New Directory | New Project

选项，并将项目命名为 ThisChapterTitle，最后选择 Create Project 选项。创建 R 脚本文件需要单击在顶部菜单栏 File 选项下方的白纸上方带加号的小图标，选择 R 脚本菜单选项，单击光盘状的 save 图标，并将文件命名为 PracticingToLearn_XX.R(XX 为这一章的编号)，最后单击 Save 按钮。

在右下窗格中会显示项目的两个文件。单击 File 选项卡正下方的 New Folder 按钮，在 New Folder 弹出窗口中输入 data，并单击 OK 按钮，之后单击右下窗格中新的 data 文件夹，重复上述文件夹的创建过程，创建一个名为 ch10 的文件夹。

本章将用到的程序包均已通过第 2 章的学习安装在计算机中，不需要重新安装。由于这是一个新项目且是第一次运行这组代码，因此需要首先运行下面的 library() 调用：

```
library(data.table)

## data.table 1.13.0 using 6 threads (see ?getDTthreads). Latest news:
r-datatable.com

library(ggplot2)
library(visreg)
library(palmerpenguins)

library(JWileymisc)
```

在本章中，仅使用来自 ACES 每日数据集中的晚间调查数据，因此每个参与者只有一个观察值。本例中随机选择了 2017 年 3 月 3 日的调查数据：

```
acesData <- as.data.table(aces_daily)[SurveyDay == "2017-03-03" &
SurveyInteger == 3]
```

此外，本章中还会用到熟悉的企鹅和汽车数据集：

```
penguinsData <- as.data.table(penguins)
mtcarsData <- as.data.table(mtcars, keep.rownames = TRUE)
```

现在，可以自由地学习更多统计学知识了！

10.2　H0 与 H1 的对比

假设是一种可以用于检验真实性(或敏感性)的理由或事实。在正式的统计检验中，通常是从零假设开始。**零假设**通常缩写为 H0 或 H_0。H_0 通常表示无差异或无变化。以企鹅数据为示例，H_0 可能是"Biscoe 岛上的 Adelie 企鹅鳍状肢长度与一般的 Adelie 企鹅相同。"

重要的是，H_0 的 "无差异" 特征是可以被检验的，事实上，在 Adelie 示例中，H_0 的无差异特征也确实是可衡量的。此外，H_0 还有另一个特点，它具有平等意识。在 Adelie 示例中体现为：Biscoe 岛上的 Adelie 企鹅鳍状肢长度均值与其他任何地方的 Adelie 企鹅鳍状肢长度均值都相同。

如果 H_0 是无差异或平等的，那么会存在另一种可能性，即是某种变化、差异或不平等导致的结果，被称为**备择假设**。备择假设通常缩写为 H1、H_1 或 H_a。在 Adelie 示例中，H_1 有几种可能性。如果对不同岛屿上的企鹅鳍状肢长度一无所知，则可用最宽泛的 H_1："Biscoe 岛上的 Adelie 企鹅鳍状肢长度与一般的 Adelie 企鹅不相同。" 这其实就是被称作双尾检验的示例——不等式可能会出现左尾小于或右尾大于的情况。

如果碰巧了解到 Biscoe 岛上食物相对较多，那么可能会由此判断这个岛上的企鹅应有更长的鳍状肢。在这种情况下，H_1 可能为："Biscoe 岛上的 Adelie 企鹅鳍状肢长度比一般的 Adelie 企鹅长。" 这种情况下，H_1 为单右尾，并且大于。

如果碰巧了解到 Biscoe 岛上遭遇了饥荒，那么 H_1 可能为："Biscoe 岛上的 Adelie 企鹅鳍状肢长度比一般的 Adelie 企鹅短。" 这种情况下，H_1 为单左尾，并且小于。

H_0 和 H_1 的主要特征是互补。决定 H_0 的同时，其实也确定了 H_1。

10.2.1　示例一

在第 8 章中，曾经构建了 mtcarsData 数据集中每加仑英里数(mpg)和马力(hp)之间的相关性。当时只是重点关注了数据的负相关关系，而更为严谨的研究方法应该包含零假设和备择假设。以下为示例。

H_0：mpg 和 hp 的相关性为 0，也就是说，既没有正相关关系，也没有负相关关系。

基于有限的物理知识，可能想要研究较大的马力值是否会使发动机效率降低，因此可以提出一个不平等的备择假设——相关性应该为负。所以，这将是一个左尾或 "小于" 的 H_1 示例。

H_1：mpg 和 hp 的相关性小于 0，也就是说，有证据表明 mpg 和 hp 之间存在负相关关系。

10.2.2　示例二

在第 8 章中，曾经构建了 acesData 数据集中 STRESS 和 NegAff 之间的相关性。当时只是重点关注了数据的正相关关系，而更为严谨的研究方法应该包含零假设和备择假设。以下为示例。

H_0：STRESS 和 NegAff 的相关性为 0，也就是说，既没有正相关关系，也没有负相关关系。

基于对压力的了解，想要研究更大的压力是否会导致更多的负面情绪(或负面影响), 因此可以提出一个不平等的备择假设——相关性应该为正。所以, 这将是一个右尾或"大于"的 H_1 示例。

H_1: STRESS 和 NegAff 的相关性大于 0, 也就是说, 有证据表明 STRESS 和 NegAff 之间存在正相关关系。

10.3　第一类错误与第二类错误

接下来将讨论更多的可能性。零假设和备择假设——用第 7 章学习的概率描述——是互斥的。前面提到, 它们是刻意以这种方式构建的。

现在需要使用统计数据来判断 H_0 和 H_1 中哪个成立的概率更大。在第 9 章的示例中, 在 95% 置信水平下, 来自"完美"分布的 100 个样本中有 7 个未达标, 而预测数量为 5, 因此, 任何有限的真实世界示例都不能保证与概率完全匹配。其实, 抛硬币的概率并不是 50% 正面与 50% 反面(除了罕见的硬币竖立的情况), 而是 100% 正面或反面。因此, 当存在 H_0 和 H_1 两种可能的情况时, 必须要做好面对基于概率的最佳决策出现错误的准备。

做好面对错误的准备有助于思考错误原因并了解犯错的可能性, 还可以确保即使出现错误, 也是以"最好"的方式犯错。

在接下来将要学习的统计方法中, 一切都以 H_0 为基础。也就是说, 有拒绝 H_0 与不拒绝 H_0 两个选项(基于计算得出的概率)。不管概率是多少, 在实际情况中均为要么 H_0 为真, 要么 H_1 为真。

在理想情况中, 在拒绝 H_0 时, H_1 将被证明是正确的。同样, 在不拒绝 H_0 时, H_0 实际上是正确的。

有时会出现根据统计概率拒绝 H_0, 但 H_0 实际上是正确的这种情况, 该情况被称为**第一类错误**。当根据数据拒绝 H_0 而 H_0 却是实际事实时, 就会发生这种错误。

有时还会出现根据统计概率不拒绝 H_0, 但 H_1 实际上是正确的这种情况, 该情况被称为**第二类错误**。当根据数据不拒绝 H_0 而 H_1 却是实际事实时, 就会发生这种错误。

表 10-1 中展示了拒绝/不拒绝 H_0 与 H_0 是否为真之间的关系。值得注意, 做出的决定(拒绝或不拒绝 H_0)是基于概率的, 而在正式的统计语言中, 措辞是很严谨的, 因此不会有人说"选择 H_1"或"选择 H_0", 只会说"拒绝 H_0"或"不拒绝 H_0", 即观察哪一种概率更大。

表 10-1　第一类错误与第二类错误

	H$_0$ 实际为真	H$_0$ 实际为假
拒绝 H$_0$	第一类错误	统计概率符合现实结果
不拒绝 H$_0$	统计概率符合现实结果	第二类错误

10.3.1　示例一

回到之前关于 Biscoe 岛上 Adelie 企鹅的示例。接下来，先锁定零假设和备择假设，再考虑第一类或第二类错误会产生什么样的后果。

首先，假设 Adelie 企鹅鳍状肢长度的总体平均值是 190 毫米：

```
summary(penguinsData[species == "Adelie"]$flipper_length_mm)

##   Min.  1st Qu. Median    Mean 3rd Qu.   Max. NA's
##   172      186     190     190     195    210    1
```

对于 Biscoe 岛的双尾检验的正式零假设和备择假设如下：

H$_0$：Biscoe 岛上的 Adelie 企鹅的鳍状肢平均长度与其他 Adelie 企鹅的相同，为 190 毫米。

H$_1$：Biscoe 岛上的 Adelie 企鹅的鳍状肢平均长度与其他 Adelie 企鹅的不相同，不为 190 毫米。

接下来，就可以通过统计检验判断是否拒绝 H$_0$。

如果 NHST 统计检验表明拒绝 H$_0$，那么可以判断 Biscoe 岛上的 Adelie 企鹅的鳍状肢长度与其他 Adelie 企鹅的不同，因此有必要筹集资金在岛上对企鹅进行观察研究。如果检验是正确的，那么不仅可以发现差异以及造成差异的原因，还能够名垂青史；而如果检验是错误的，就会产生第一类错误。由于拒绝了 H$_0$，认可了 H$_1$，但实际上 Biscoe 岛上的 Adelie 企鹅的鳍状肢长度与其他 Adelie 企鹅的相同，因此是进行了无意义的观察研究。

假设 NHST 检验结果表示不拒绝 H$_0$，那么可以判断 Biscoe 岛上的 Adelie 企鹅的鳍状肢长度与其他 Adelie 企鹅的并没有什么不同，则对此进行观察研究是没有意义的，甚至有可能由此断定无需再对企鹅进行更多的研究，转而去从事其他行业，例如，回到学校做一名厨师，并开一家成功的三明治店；而如果检验结果错误，那么由于没有拒绝 H$_0$，而是认可了 H$_1$，但事实上 Biscoe 岛上的 Adelies 企鹅的鳍状肢长度与其他 Adelies 企鹅的不同，就会产生第二类错误，即本该到达一个企鹅研究的新高度，现在却只是在做三明治。

那么究竟哪一类错误更严重？从上面的示例可以看出，其实是视情况而定。事实上，H_0 和 H_1 的每种组合对于第一类或第二类错误都可能产生不同的结果。下一节会讨论控制错误概率的方法，接下来，先继续看另外两个示例。

10.3.2 示例二

在 mtcarsData 数据集示例中，曾确立了左尾或"小于"的研究问题。

H_0：mpg 与 hp 之间的相关性为 0(即无相关性)。

H_1：mpg 与 hp 之间的相关性小于 0(即负相关性)。

如果 NHST 检验的结果表示拒绝 H_0，那么可以判定 H_1 是正确的，即随着 mpg 的增加，马力会降低。如果 H_1 事实上不正确的，那么会造成第一类错误，这可能会导致购买 mpg 较低的车以获得更多马力，来加快行驶速度。

如果 NHST 检验的结果表示不拒绝 H_0，那么可以判定 H_0 是正确的，即随着 mpg 增加，马力不会发生改变。如果 H_0 不正确，则会造成第二类错误，会让人有一种在赛道上与混合动力汽车比赛的感觉。

10.3.3 示例三

在 acesData 数据集示例中，曾确立了右尾或"大于"的研究问题。

H_0：STRESS 与 NegAff 之间的相关性为 0。

H_1：STRESS 与 NegAff 之间的相关性大于 0，即压力增加会导致消极情绪增加。

假设 NHST 检验结果表示拒绝 H_0，那么可以判定 H_1 是正确的，即随着压力的增加，消极情绪也会增加。如果 H_1 不正确，则会造成第一类错误，也就是在被老板大声责备后，最新款的减压球对于此刻的坏心情并没有什么帮助。

假设 NHST 检验结果表示不拒绝 H_0，那么可以判定 H_0 是正确的，即随着压力的增加，消极情绪并不会发生变化。如果 H_0 不正确，则会造成第二类错误，也就是在被老板大声责备后，更可能会购买一个最新款的减压球。

10.4 Alpha 与 Beta 的概念

在前面的示例中，你可能发现，在不同场景下，第一类错误和第二类错误的影响程度不同。当然，这并不是说错误是可以接受的，往往一种类型的错误会比另一种更严重。这方面的一个示例是决定是否进行治疗。如果 H_0 是"病人没有病"，H_1 是"病人病了，必须做手术！" 第一类错误(对健康患者进行手术)和第二类错误(让生病的患者不做手术)都会产生不良后果。

那么，应该如何理解和设置每种错误类型的风险级别？

回顾第 9 章学习的 $\alpha = 1 - CL$，其中，α 指的是犯第一类错误的概率。在第 9 章的"完美"示例中，假设有一个随机样本，该样本是与已知总体均值参数不相交的七个置信区间之一。如果使用这七个样本中的一个进行测试(在现实生活中可能会发生这种情况)，就会导致第一类错误。增加置信水平，也会增加置信区间，从而降低 α。

那么，为什么要使用 99% 以外的任何其他置信水平？毕竟，这会将 α 限制为 0.01，即仅为 1%。之前，拒绝 H_0 后发生了第一类错误。如果采用超宽的置信区间，那么将几乎永远不会拒绝 H_0。由于最终必须选择 H_0 或 H_1，因此，如果从不拒绝 H_0，那么将永远生活在一个可能存在第二类错误的世界中。因此，想要简单地完全避免第一类错误是不切实际的。因为 H_0 总是具有平等性，所以它通常可以描述为"当前的场景与往常没有区别"。因此，高置信水平很容易造成不作为的决策。

统计的艺术就是能够考虑可能的错误风险，以及犯此类错误的后果，并为每个人确定可接受的风险级别。接下来，需要将注意力转向第二类错误和概率。

出现第二类错误的几率称为 β(发音为"beta"的希腊字母)。β 的补集被称为"检验力"。如果不知道真实的总体标准差，就无法准确计算 β 值，但是常常会使用 β 的估计值。就像 95% 的置信区间在许多学科中被认为是标准一样(主要是因为传统，毕竟，将置信区间设置为 96% 确实不会产生什么不同)，通常认为检验力为 80%。由于 $\beta = 1 -$ 检验力，所以 β 一般为 20%。

检验力以及 β 值也部分取决于效应的强度。因此，如果 Biscoe 岛上的 Adelies 企鹅的鳍状肢长度是其他 Adelies 企鹅的两倍，那应该很容易被发现。但是，如果差异只有 1 毫米左右，那将需要更多企鹅样本才可确认。出于估计的目的，通常会使用"Cohen's d"[8]，它可以给出效应规模对应的 delta 值。表 10-2 包含估计的效应规模和对应的 delta 值。

表 10-2　效应规模指标

效应规模	delta
小	0.2
中	0.5
大	0.8

为了运用检验力，R 语言中有一个名为 power.t.test() 的函数，它接收七个参数。如果为这些参数中的前四个中的任意一个输入数据，该函数都将预估第五个参数。通常会应用这种力的概念来预估所需的样本量 n。换句话说，对于可以接受的给定 β 水平，可以通过此函数来计算所需的样本量，从而将第二类错误限制在某个水平。

参数 n 指的是样本大小，通常会设置为 NULL，以通过函数计算。此外，还需将 delta 参数设置为从表 10-2 中找到的正确值。在选择替代假设 H_1 时，可以选择双尾/不相等、左尾/小于或右尾/大于几种情况。在不知道应如何选择时，默认设置为双尾，但在某些情况下(如 mpg 或 STRESS 案例)，可以合理地判断为小于或大于。同样，对于 Cohen's d，也需要根据情况判定效应规模为小、中还是大。

当以这种方式运行该函数时，将标准正态曲线的标准差设置为 sd = 1。改变标准差背后的数学理论更适合在统计理论课程上研究，而不是在统计方法书中介绍，因此，此处暂时将标准差设置为1。

sig.level 设置为 α，即置信水平的补集。当然，也可以选择95%以外的置信水平。同样，通过选定 β 值确定检验力。

最后两个参数的作用是让函数知道此刻所做测试的类型。如果"type= "参数选取 one.sample，则代表单个样本；选取 two.sample，则代表需要将两个样本进行比较。如果"alternative="参数选取 two.sided，则代表双尾检验；选取 one.sided，则代表左/右尾检验之一。

该类型的功效检验通常用于估计样本规模，而不是估计检验的功效。例如，在企鹅、汽车或日常调查数据集案例中，估计检验的功效几乎没有什么意义，因为错误要么发生，要么不发生，而且只能使用已经收集的数据。此外，估计样本规模的价值很小，因为数据收集已经结束。

但是，假设现在正准备开始一个新的研究项目，并将采用常用的 95% 置信水平，此外，将采用常用的 20% beta。最后，因为该项目的成本适中，所以效应规模应为中等，Cohen's d 应为 0.5。由于只有收集一个样本的时间，并且干预未经测试，因此，为了安全起见，将进行双尾检验：

```
confidenceLevel <- 0.95
alpha <- 1 - confidenceLevel

beta <- 0.20
powerOfTest <- 1 - beta
#here we choose medium effect level.
cohensD <- 0.5

power.t.test(n = NULL ,
             delta = cohensD,
             sd = 1,
             sig.level = alpha,
             power = powerOfTest,
             type = "one.sample",
             alternative = "two.sided")
##
##      One-sample t test power calculation
##
##              n = 33.37
##          delta = 0.5
##             sd = 1
```

```
##        sig.level = 0.05
##            power = 0.8
##      alternative = two.sided
```

如上所示，结论是，样本至少需要 34 个人。这个数量并不算太多，中等效应规模就可以产生这样清晰的结论，因此，并不需要预测得太过精确就可以注意到正在发生的事情。

在其他条件相同的情况下，小的效应规模则需要近 200 人参与研究。

```
#here we choose small effect level.
cohensD <- 0.2

power.t.test(n = NULL ,
             delta = cohensD,
             sd = 1,
             sig.level = alpha,
             power = powerOfTest,
             type = "one.sample",
             alternative = "two.sided")
##
##     One-sample t test power calculation
##
##               n = 198.2
##           delta = 0.2
##              sd = 1
##       sig.level = 0.05
##           power = 0.8
##     alternative = two.sided
```

到目前为止，已经有了零假设和备择假设，也知道了可能会犯的错误类型，甚至预估了可以将错误保持在最小水平所需的样本数量。那么，在真正完成零假设显著性检验之前，可能还会面临哪些假设或偏差？

10.5　假设

截至目前，已经可以确立零假设和替代假设，并且选择了置信水平来确定 α 值，即犯第一类错误的风险。此外，还预估了必须收集的样本量，以将第二类错误的发生概率保持在一个适当的水平。

那么**零假设显著性检验** (NHST) 还需要什么？其实，与许多统计检验一样，NHST 也需要一些针对数据集的假设。

样本应该来自正态分布的总体，这个假设完全出于本书最初使用了正态分布，对于其他分布，也存在高度相似的方法。关于正态性的评估，可以运用第 7 章中学习的一些技术。

另外，样本中的要素应该是相互独立的。这一点通常可以通过随机抽样实现。

10.6 零假设显著性检验

现在已准备好进行**零假设显著性检验**。从哲学上讲，当讨论零假设 H_0 "没有什么不同"时，真正想要问的是"该样本来自预期总体的可能性有多大？"换句话说也就是：样本统计量的置信区间是否包含总体参数。

因此，确定 α 的置信水平，其实就是在设置基准，后续则将通过该基准测量给定样本来自总体正态分布的极端尾部的概率。对于任何给定总体，取一个样本，中心极限定理(CLT，在第 7 章中提到过)会给出样本"不太可能""过于极端"的结论。然而，随机就意味着不确定性。世界上存在一个 100 人的随机样本，其中的样本都是亿万富翁，这有可能吗？当然不可能！随机召集 100 人并且他们均为亿万富翁是一件罕见的事件，甚至比三个人连续三次掷硬币并在每局游戏中均获得 TTT 结果还要罕见(回顾第 7 章中抛硬币示例)。

p 值是从 H_0 总体中获取样本的样本估计概率。如果 *p* 值很小，则意味着样本不太可能是从 H_0 总体中抽取的。因此，结论为拒绝 H_0；如果 *p* 值很大，那么样本很可能来自 H_0 总体。因此，结论为不拒绝 H_0。

p 值不是 H_0 或 H_1 正确的概率，只代表从 H_0 总体中随机捕获到具有样本统计量(或更远离参数的统计量)的样本的概率。统计量是样本的度量(例如，均值或相关性)，而参数是 H_0。

p 值小到什么程度时，可以拒绝 H_0？答案是，小于 α。这其实就是选择置信水平的目的。如果 *p* 值小于 alpha，则出现第一类错误的风险不会大于 alpha。

以下为 NHST 的步骤：

(1) 确定研究问题，它应该是清晰且可衡量的。

(2) 根据研究问题，建立一个零假设 H_0，它应具有可衡量的平等性。根据 H_0 构建备择假设 H_1，该假设 H_1 不等于、严格小于或严格大于 H_0 中的度量值。

(3) 确定 α 的置信水平(通常为95%)。其中，α 决定了第一类错误，因此，对 α 的选择部分取决于对第一类错误的容忍度。

(4) 如果研究要使用新收集的数据，根据选择的 β (第二类错误)和对效应规模的估计(Cohen's d)，使用 power.t.test()函数确定所需的样本量。

(5) 确认样本(无论是新收集的还是历史数据)是随机且独立的，并且来自足够符合正态性的总体。

(6) 将计算出的 *p* 值与 α 进行比较。如果 $p < \alpha$ 则拒绝 H_0，如果 $p \geq \alpha$ 则不拒绝 H_0。

(7) 表述拒绝或不拒绝 H_0 的原因，以便于不擅长统计学的受众理解。解释第一类或第二类错误中的哪一个存在风险，并(在理想情况下)说明该风险的一些后果。

到目前为止，已经掌握了进行 NHST 检验所需的所有背景知识。

10.6.1　示例一

1. 研究问题

Adelie 企鹅生活在三个岛屿上，它们整体的鳍状肢平均长度似乎为 190 毫米。也许是基于先前的研究，也许是出于好奇心理，希望得知 Biscoe 岛上的企鹅是否有所不同。在筹集资金，并以企鹅研究学家的身份亲自前往 Biscoe 岛上进行一年的研究之前，首先要进行一些背景研究：

```
penguinsData[species == "Adelie",
             .N,
             by = island]

##        island  N
## 1: Torgersen 52
## 2:     Biscoe 44
## 3:      Dream 56
```

```
mean(penguinsData[species == "Adelie"]$flipper_length_mm, na.rm = TRUE)

## [1] 190
```

2. H_0 和 H_1

根据这个研究问题，得出了零假设 H_0 和备择假设 H_1。

H_0: Biscoe 岛上的 Adelie 企鹅的鳍状肢平均长度在统计上与一般的 Adelie 企鹅相同，为 190 毫米。

H1: Biscoe 岛上的 Adelie 企鹅的平均鳍状肢长度在统计上与一般的 Adelie 企鹅不同，不为 190 毫米。

3. 选择 α

使用 95%的标准置信水平，这决定了 $\alpha = 0.05$。如果拒绝 H_0，可能会出现第一类错误，而第一类错误的后果包括在(可能)寒冷的岛上待了一年，却发现岛上的企鹅与所有其他企鹅一样。

4. 确定 β

该研究取决于已经收集的数据，所以无法运用 power.t.test()函数。在这种情况下，发生第二类错误的概率超出了控制能力。当然，也可以继续计算到达 Biscoe 岛后，需要对多少只企鹅进行抽样调查，以确认结果。但是，现在不需要这样做。

5. 假设检验

根据 palmerpenguins 的研究，可以认定数据收集得当。企鹅采样的纯随机性质可能面临一些限制(如文章中提到，天气条件会限制研究人员进入选定巢穴)。尽管如此，数据应该大部分是随机的，并且大部分都是独立的。前面的分析表明，鳍状肢长度几乎是正态的。

6. 计算并比较 p 和 α

使用 R 语言中的函数 t.test()可以进行 NHST 检验。因为有一个数据集，所以将第一个数据参数 "x =" 设置为 Biscoe 岛上的 Adelie 企鹅的鳍状肢长度。备择假设 H_1 是 "不相等"，为双尾检验。在这种情况下，需要假设样本中整个 Adelie 物种的 $\bar{x}$ =190 足够接近总体参数，可以作为 "mu =" 的替代风险。最后，选择95%作为 "conf.level =" 的参数：

```
t.test(x = penguinsData[species == "Adelie" & island ==
"Biscoe"]$flipper_length_mm,
       alternative = "two.sided",
       mu = 190,
       conf.level = 0.95)
##
##      One Sample t-test
##
## data: penguinsData[species == "Adelie" & island == "Biscoe"]$flipper_
length_mm
## t = -1.2, df = 43, p-value = 0.2
## alternative hypothesis: true mean is not equal to 190
## 95 percent confidence interval:
##   186.7 190.8
## sample estimates:
## mean of x
##      188.8
```

从检验结果中可以发现几件有意思的事情，但现在需要将注意力集中在第二行的末尾处的 p-value = 0.2。p 值大于 alpha(在本例中为 0.05)，所以不拒绝 H_0。现在有可能会出现第二类错误，但是，根据之前的经验，这并不会改变测试的结果。如果第二类错误的影响很大，则需要进行相应的研究测试。

7. 结果交流

虽然你在统计方面有足够的经验，知道该结论意味着什么，但必须向想看到你前往 Biscoe 岛进行研究的家人与朋友解释结论。因此，可能需要这样说："想要值得在该领域花费一年时间进行研究，需要确保样本平均值 188.8 毫米(比 Adelie 企鹅的总体平均鳍状肢短 1.2 毫米)具有统计学意义。通过 t-检验分析发现，样本至少有 20%的概率与来自已知的 Adelie 企鹅种群数据集一样极端。这种情况发生的可能性很大，因此没有理由相信 Biscoe 岛上的 Adelie 企鹅与普通 Adelie 企鹅不同，所以接下来不会去 Biscoe 岛进行观察研究。该分析有可能导致错误的选择，在这种情况下，将会错过一次精彩的旅行。"

能够清晰地将统计分析的结果传达给利益相关者是一项重要的技能，在某些情况下，该利益相关者可能是你自己。有时，利益相关者对于各种研究都有着丰富经验，此时就可以仅通过名称来表示特定测试。但在多数情况下，利益相关者都只在其专业领域(例如，首席执行官或董事会成员)方面有丰富经验，在统计专业领域需要讲解。

10.6.2　示例二

1. 研究问题

每加仑汽油的英里数(mpg)与马力(hp)被认为是相关的。从物理学上讲，马力的增加可能会导致汽车的效率降低，所以两者之间可能存在负相关。图 10-1 是一个经典的相关性而不是因果关系的示例，仅仅因为 mpg 增加时 hp 会减少，并不意味着 mpg 必然导致 hp 减少。事实上，情况可能相反：

```
ggplot(data = mtcarsData,
       mapping = aes(x = mpg,
                     y = hp)) +
  geom_point()
```

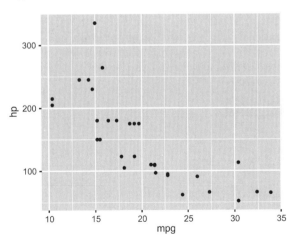

图 10-1　mtcars 数据集中每加仑英里数(mpg)和马力(hp)构成的散点图

虽然在第 8 章中可以看到，二者似乎是相关的，但现在考虑的问题变成了"相关性在统计上是否显著？"其实，可以通过创建零假设和备择假设来检验这一点。

2. H_0 和 H_1

H_0：mpg 和 hp 之间的相关性等于 0(即没有相关性)。
H_1：mpg 与 hp 之间的相关性小于 0(即负相关)。

3. 选择 α

虽然可能难以置信，但汽车的 mpg 与 hp 之间的关系并不紧密，因此可以将置信水平放宽到 90%，alpha 从而增加到 0.1。

4. 确定 β

这项研究使用来自 1974 年的 mtcars 收集的数据(这些数据其实已过时)，无需执行 power.t.test()函数。

5. 假设检验

因为没有该杂志的副本，只能希望当时采用了随机抽样方法，但这很可能并不是事实。虽然从技术上讲，应该停在这一步，但为了练习新技能，继续接下来的步骤。

6. 计算并比较 p 和 α

与前面的示例不同，这里关注的是相关性。因此，需要使用 R 语言中的 cor. test()函数。接下来，需要设置第一个数据值"x =mpg"，并设置第二个数据值"y =hp"。本例中，备择假设 H_1 为小于，因此需要设置 alternative ="less", 而不是"two.side"或"greater"。从第 8 章中可以得知，变量之间的联系是一致的，满足皮尔逊相关性的假设，因此，需要设置 method ="pearson", 而不是"kendall"或"spearman"。最后，设置 conf.level = 0.9:

```
cor.test(x = mtcarsData$mpg,
         y = mtcarsData$hp,
         alternative = "less",
         method = "pearson",
         conf.level = 0.90)
##
##      Pearson's product-moment correlation
##
## data: mtcarsData$mpg and mtcarsData$hp
## t = -6.7, df = 30, p-value = 9e-08

## alternative hypothesis: true correlation is less than 0
## 90 percent confidence interval:
```

```
## -1.0000 -0.6627
## sample estimates:
##      cor
## -0.7762
```

从检验结果中可以发现几件有意思的事情，但现在需要将注意力集中在第二行的末尾处的 p-value = 9e-08。这是前导为 9 且左边为八位小数的科学记数法，即 p 值为 0.00000009。因此，p 值肯定小于 $\alpha = 0.1$，所以拒绝 H_0。现在有可能会出现第二类错误，但是根据之前的经验，这并不会改变测试的结果。如果第一类错误的后果在现实世界中很糟糕(对于 1974 年的汽车来说可能不会那么糟糕)，则需要使用更大的样本量进行研究(并确保适当的随机样本)。

7. 结果交流

尽管如此，你还是准备向你的朋友们发表关于汽车的意见，并自信地告诉他们经过统计测试后，每加仑英里数似乎与马力呈负相关。虽然 mpg 和 hp 之间有可能不存在相关性，但对于朋友之间的聊天，犯错的后果微乎其微。

10.6.3　示例三

1. 研究问题

压力和负面情绪被认为是相关的。事实上，从心理学上讲，因为压力增加可能会导致负面情绪，所以两者可能存在正相关关系。

2. H_0 和 H_1

H_0：STRESS 和 NegAff 之间的相关性等于 0。

H_1：STRESS 与 NegAff 的相关性大于 0，压力的增加会导致消极情绪增加，如图 10-2 所示。图 10-2 由以下代码生成：

```
ggplot(data = acesData,
       aes(x = STRESS,
           y = NegAff)) +
  geom_point()

## Warning: Removed 2 rows containing missing values (geom_point).
```

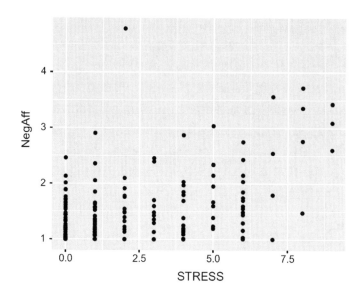

图 10-2　ACES 每日数据集中压力和负面影响(情绪)构成的散点图

3. 选择 α

对于心理学相关研究，通常选择置信水平为 95%，因此 alpha 为 0.05。

4. 确定 β

研究使用 acesData 数据集中的数据，所以无需执行 power.t.test()函数。

5. 假设检验

这些数据在 JWileymisc(来自在澳大利亚墨尔本的一项研究[24])中进行模拟，研究中的个体均具有独立性，可以将其视为独立个体。

6. 计算并比较 p 和 α

在检验相关性时，通常使用 R 语言中的函数。接下来需要设置第一个数据值为"x =STRESS"，并设置第二个数据值为"y =NegAff"。在这种情况下，备择假设 H_1 为大于，因此需要设置 alternative ="greater"，而不是"two.side"或"less"。从第 8 章中可以得知，两个变量之间的联系并不确定，因此非参数选项(如肯德尔)最适合用于此处，因此，需要设置 method ="kendall"，而不是"pearson"或"spearman"。最后，设置 conf.level =0.95：

```
acesData[, cor.test(x = STRESS,
                    y = NegAff,
                    alternative = "greater",
                    method = "kendall",
```

```
                 conf.level = 0.95
                )]
##
##      Kendall's rank correlation tau
##
## data: STRESS and NegAff
## z = 6.1, p-value = 4e-10
## alternative hypothesis: true tau is greater than 0
## sample estimates:
##     tau
## 0.3342
```

从检验结果中,可以发现几件有意思的事情,但现在需要将注意力集中在第二行的末尾处的 p-value = 4e-10。这是前导为 4 且左边为十位小数的科学记数法,即 p 值为 0.0000000004,因此 p 值肯定小于 $\alpha = 0.05$,所以拒绝 H_0。现在有可能会出现第二类错误,但是根据之前的经验,这并不会改变测试的结果。如果第一类错误的后果在现实世界中很糟糕(例如,被上司大声责备后减压球对情绪恢复没有帮助),那么可能需要增加研究的样本量。当然,这可能需要筹集另一笔资金。

7. 结果交流

由于这项研究涉及的参与者为人类,因此,将结果分享给为研究付出时间和精力的人很重要。可以通过分享某一天夜间调查的统计分析,来表示压力增加与消极情绪增加相关,也可以提出一些有关应对压力的方法,以及为难以应对压力(以及相关的负面情绪)的人提供相应资源。

10.7　总结

本章探讨了零假设显著性检验的概念与步骤。表 10-3 中为本章学习的关键点,可以在练习时作为参考。

表 10-3　章总结

条目	概念
假设	一个可测量的陈述表达
零假设(H_0)	样本与总体相同
备择假设(H_1)	样本与总体不同
第一类错误	H_0 为真,但由于 p 值 $< \alpha$,拒绝 H_0
第二类错误	H_0 为假,但由于 p 值 $\geq \alpha$,未拒绝 H_0
Alpha	如果 H_0 为真,表示出现第一类错误的概率

(续表)

条目	概念
Beta	如果 H_0 为假，表示出现第二类错误的概率
Cohen's d 检验的效应量	小、中、大效应规模对应的数字
power.t.test()	使用 Cohen's d 预估所需的样本量
NHST	零假设显著性检验
p 值	样本(或极端样本)来自 H_0 总体的概率
t.test()	计算样本 x 与总体 μ 的 p 值
cor.test()	计算两个样本的相关性的 p 值

10.8 练习与融会贯通

本节将通过一些练习题来检查你的进步与成长。理论核查部分会提出批判性思维的问题，最好用书面方式或口头方式来解答。统计学的美妙之处在于将结果成功地传达给利益相关者或者其他听众。有时这些听众非常专业，有时则不是。练习题部分则对本章探讨过的概念进行更直接的应用。

10.8.1 理论核查

1. p 值小于 α 是否证明备择假设为真？

2. 在关于 Biscoe 岛上的 Adelie 企鹅示例中，预估 Adelie 企鹅种群鳍状肢长度的平均值为 190 毫米且 Biscoe 岛上的 Adelie 企鹅样本鳍状肢长度的平均值为 188.8 毫米。在这种情况下，p 值为 0.20。但是，假如 p 值为 0.02，则足以说明鳍状肢长度存在统计学上的显著差异。统计上的显著性是否总能转化为现实世界中的显著性？换句话说，1.2 毫米是否会产生显著差异，为什么？

10.8.2 练习题

1. 进一步研究 Biscoe 岛上的 Adelie 企鹅，这一次考虑体重，而不是鳍状肢长度。也许 Biscoe 岛上的食物较多，也许较少。请逐步完成 NHST 检验的所有步骤。

2. 进一步研究 mtcars 数据集，将马力替换为重量(wt)后，有什么发现？现在是否更加了解 NHST 检验的步骤？

3. 在前面的学习中研究了 STRESS 和 NegAff 之间的关系。现在，对数据集中的 STRESS 和 PosAff 进行研究。是否需要改变 H_0？NHST 检验的结果是什么？

第 11 章

多元回归

最后三章学习的内容很复杂。如果是第一次接触学习统计学和 R 语言，那么在这里花点时间回顾一下之前学到的知识会很明智。如果在某一章学习的过程中感觉很有挑战性，那么这将是一个复习的好机会。这些话听起来可能有点打击士气，但是不用担心！在每个学习者的生活中，总有一段时间会突然接触很多知识。接下来，是时候学习更深层的知识了，现在到了继续向知识高峰攀登的时候。

在第 8 章中第一次接触到回归这个概念的时候便了解到，它在 x 值输入/预测变量和 y 值输出/响应变量之间创建了一种关系。那时候关系中只有两个值。添加更多的输入/预测变量往往可以得到更完整的输出/响应变量，然而，一段关系中的值越多，计算过程就越复杂。

本章涵盖以下内容：

- 通过更深入地探索理论，更好地理解线性回归。
- 运用线性回归的背景/理论原理，实现多元回归。
- 在多个输入/预测变量上构建并拟合多元回归模型。
- 评估非数字或分类预测变量。

11.1 设置 R 语言

像往常一样，为了继续练习创建和使用项目，在本章中将创建一个新的项目。

如果有必要，请回顾第 1 章创建新项目的步骤。启动 RStudio 软件之后，在左上角的菜单栏中选择 File 选项，单击 New Project 按钮，依次选择 New Directory | New Project 选项，并将项目命名为 ThisChapterTitle，最后选择 Create Project 选项。创建 R 脚本文件需要单击在顶部菜单栏 File 选项下方的白纸上方带加号的小图标，选择 R 脚本菜单选项，单击光盘状的 save 图标，并将文件命名为 PracticingToLearn_XX.R(XX 为这一章的编号)，最后单击 Save 按钮。

在右下窗格中会显示项目的两个文件。单击 File 选项卡正下方的 New Folder 按钮，

在 New Folder 弹出窗口中输入 data，并单击 OK 按钮，之后单击右下窗格中新的 data
文件夹，重复上述文件夹的创建过程，创建一个名为 ch11 的文件夹。

本章将用到的程序包均已通过第 2 章的学习安装在计算机中，不需要重新安装。由
于这是一个新项目，并且是第一次运行这组代码，所以需要首先运行下面的 library()调用：

```
library(data.table)

## data.table 1.13.0 using 6 threads (see ?getDTthreads). Latest news:
r-datatable.com

library(ggplot2)
library(palmerpenguins)
library(visreg)
library(emmeans)

library(JWileymisc)
```

在本章中，仅使用 ACES 数据集中的晚间调查数据，因此每个参与者仅有一个观
察值，并且随机选择了 2017 年 3 月 3 日的数据作为研究对象：

```
acesData <- as.data.table(aces_daily)[SurveyDay == "2017-03-03" &
SurveyInteger == 3]
```

虽然本书前面没有提及，但在这个数据集中，STRESS 变量的范围为 0~9。

```
range(acesData$STRESS, na.rm = TRUE)

## [1] 0 9
```

在一些研究中(以及本章中将做的一些模型中)，认为压力水平高于 2 这一现象是值
得研究的。因此，将数据**重新编码**为 0、1 和 2 或更高的三个级别(编码为 2+)。通常，
真实世界的数据需要进行这种预分析工作或重新编码，以成为"可分析"的数据。

一种方法是使用 factor()函数。在本书中，已经遇到过各种因子。企鹅物种是因子
数据的一个示例(见第 5 章)。**因子**指在 R 语言中在字符或顺序数据的后面放一个数字
值。本例的目标是将大于等于 2 的 STRESS 值分解为一个名为 2+的类别。这是一个列
操作，属于第 *j* 列操作位置。如果 STRESS 值大于或等于 2，则希望能以 2+的形式存
储，并在幕后给出一个序数因子值。如果值小于 2(例如，0，1，或 NA)，则希望它可
以保持原样。使用 fast if-else 函数 fifelse()可以实现。fast if-else 的结果被包装在 factor()
函数中，并在一个操作中将其赋值给名为 StressCat 的新列：

```
acesData[, StressCat := factor(fifelse(STRESS >= 2,
                                       "2+",
                                       as.character(STRESS)))]
```

通过使用结构函数 str()，可以展示这三列的样子。注意新列 StressCat 上的"Factor w/3 levels"：

```
str(acesData[, .(UserID, STRESS, StressCat)])

## Classes 'data.table' and 'data.frame':    189 obs. Of 3 variables:
##  $ UserID  : int 1 2 3 4 5 6 7 8 9 10 ...
##  $ STRESS  : num 2 1 4 4 0 0 0 4 0 1 ...
##  $ StressCat: Factor w/ 3 levels "0","1","2+": 3 2 3 3 1 1 1 3 1 2 ...
##  - attr(*, ".internal.selfref")=<externalptr>
```

使用 unique()函数，可以更深入地了解这个新列的内容：

```
unique(acesData$StressCat)

## [1] 2+   1    0    <NA>
## Levels: 0 1 2+
```

使用熟悉的企鹅数据集，再次使用结构函数，就可以观察到这些因子：

```
penguinsData <- as.data.table(penguins)
str(penguinsData)

## Classes 'data.table' and 'data.frame':    344 obs. of 8 variables:
##  $ species       : Factor w/ 3 levels "Adelie","Chinstrap",.: 1 1 1 1
1 1 1 1 1 ...
##  $ island        : Factor w/ 3 levels "Biscoe","Dream",..: 3 3 3 3 3
3 3 3 3 3 ...
##  $ bill_length_mm : num 39.1 39.5 40.3 NA 36.7 39.3 38.9 39.2 34.1 42
...
##  $ bill_depth_mm : num 18.7 17.4 18 NA 19.3 20.6 17.8 19.6 18.1 20.2
...
##  $ flipper_length_mm: int 181 186 195 NA 193 190 181 195 193 190 ...
##  $ body_mass_g   : int 3750 3800 3250 NA 3450 3650 3625 4675 3475
4250 ...
##  $ sex           : Factor w/ 2 levels "female","male": 2 1 1 NA 1 2 1
2 NA NA ...
##  $ year          : int 2007 2007 2007 2007 2007 2007 2007 2007 2007
2007 ...
##  - attr(*, ".internal.selfref")=<externalptr>
```

11.2　线性回归的 Redux 架构

之前介绍了单预测变量的线性回归，但当时还没有学习置信区间和假设检验。既然已经了解了这些内容，接下来就可以更新和扩展线性回归的覆盖范围，并添加置信区间和假设检验。

R 语言中的线性回归一般使用 lm()函数，该函数拟合线性模型，使用一个公式接口和格式化的预测变量来指定所需的模型。可以通过将线性回归的结果存储在一个对象 m 中，然后对这个对象调用各种函数来获得更多信息。例如，可以使用 summary()函数获得快速总结，包括对回归系数和整个模型的假设检验。也可以使用 confint()函数得到回归系数的置信区间。

首先，重新访问一个简单的线性回归，并查看 summary()函数的结果。使用 summary()时，会得到相当多的输出结果，标题如下：

- **调用(Call)**：这是用来调用 R 语言来生成模型的代码，可以便捷地提醒变量和结果的产生，特别是在运行和保存许多模型时。
- **残差(Residuals)**：这里提供一些关于残差的描述性统计信息，包括最小值(第 0 个分位数)、第一个四分位数(第 25 个百分位数)、中位数(第 2 个四分位数、第 50 个百分位数)、第三个四分位数(第 75 个百分位数)、最大值(第 100 个百分位数)。
- **系数**：这里实际上是通常为回归报告的主表。"Estimate(预估)"列给出了模型参数估计或回归系数(bs)。"Std.Error(标准差)"列给出了每个系数的标准差(SE)，这是对于不确定性的度量。"t-value(t 值)"列给出了每个参数的 t 值，用于计算 p 值，定义为 $\dfrac{b}{SE}$。最后，"pr(> |t|)"列给出了概率值，即每个系数的 p 值。

  此外，还需在底部添加显著性标记，以表明星号的含义。
- 下一行是残差标准差 σ_ε 和残差自由度(用于与 t 值一起计算 p 值)。
- 下一行是整体模型 R^2，该模型在此特定样本数据中解释的结果中的方差比例，以及调整后的 R^2 对真实的总体 R^2 的更优估计值。
- 最后给出了 F 统计量、自由度和 p 值。F 检验法是对模型整体是否具有统计显著性的全面检验，它将同时测试所有的预测变量。因为现在只有一个预测变量，所以 F 检验法的 p 值与压力系数的 t 检验法的 p 值相同。但在多元回归模型中，它们不相同。

示例

为了观察以上系数的作用，接下来，将积极影响视为结果，将压力视为预测因素：

```
m <- lm(formula = PosAff    STRESS,
        data = acesData)

summary(m)

##
## Call:
## lm(formula = PosAff    STRESS, data = acesData)
##
## Residuals:
##     Min      1Q Median     3Q    Max
## -2.0750 -0.7924 0.0934 0.7908 2.4828
##
## Coefficients:
##              Estimate Std. Error t value Pr(>|t|)
## (Intercept)    3.075       0.103     29.8  < 2e-16 ***
## STRESS        -0.141       0.032     -4.4  1.8e-05 ***
## ---
## Signif. codes: 0 '***' 0.001 '**' 0.01 '*' 0.05 '.' 0.1 ' ' 1
##
## Residual standard error: 1.06 on 185 degrees of freedom
##   (2 observations deleted due to missingness)
## Multiple R-squared: 0.0946, Adjusted R-squared: 0.0897
## F-statistic: 19.3 on 1 and 185 DF, p-value: 1.85e-05
```

可以看到，获得了很多结果，在此将逐一介绍每个部分。在继续之前，强烈建议学习者了解每个部分，并且可以将每个输出结果映射到对线性回归和线性回归图的理解。

在 R 语言输出中，有时会用到科学记数法。科学记数法是一种书写非常大或非常小的数字的简洁方法。例如，10 000 可以写成 1e4，其中"e4"部分表示将小数点向右移动四位。因此，得到的不是 1.0，而是 10 000.0，即 10 000。科学记数法也可以用于写出接近零的非常小的数字。例如，0.0001 是 1e-4，其中"e-4"部分表示将小数点向左移动四位，使 1.0 变为 0.0001。2.3e-3 等于 0.0023，依此类推。最后，由于 R 语言依赖于数字的近似表示，只能有效地处理一定数量的小数，因此，有时它会给出一个边界。例如，< 2e-16 表示小于 0.0000000000000002。R 语言不能准确地表示比 2e-16 更接近零的数字，因此它只会写出< 2e-16。

- 调用：这是用来调用 R 语言生成模型的代码。通过 lm()函数拟合了一个线性模型，并且定义模型的公式将 PosAff 作为结果，STRESS 作为预测变量。用于拟合数据的数据集名为 acesData。
- 残差：提供一些关于残差的描述性统计。可以看到，最小残差为-2.08，这是可以观察到的积极影响得分的最多的值，由于该值为负，因此结果低于预期的积极影响得分。同样，最大残差为 2.48，这是可以观察到的积极影响得分的最多的值，由于该值为正，因此结果高于预测的积极影响分数。查看最低和最高残差有助于快速了解是否存在极值。此外，如果残差服从正态分布，中位数应接近于均值 0。因此，寻找中值残差是否约为 0 是另一个快速有效的校验方法。

- **系数**：这里通常是回归报告的主表。"预估"列给出了模型参数估计值或回归系数。在此模型中，系数分别为 3.08 和-0.14，分别是回归线的截距和斜率。"标准差"列给出了每个系数的标准差。由于分析的是从更大的总体中抽取的样本，因此标准差反映了每个系数的估计值存在多少不确定性。也就是说，虽然想知道总体系数，但由于只有一个(假设是随机的)总体样本，因此真实的总体回归系数可能存在差异。标准差量化了使用样本估计来推断总体系数的不确定性。此次计算标准差是 0.10 和 0.03。"t 值"列给出了每个参数的 t 值。由于这是一个回归模型，因此可以像 t 检验法一样，使用 t 值并根据 t 分布来计算 p 值。实际上，结果中给出的 t 值根据 $\dfrac{b}{\text{SE}}$ 计算，即回归系数除以其标准差。这里的 t 值为 29.82 和-4.40。最后，pr($>|t|$)列给出了概率值，即每个系数的 p 值。由于模型中的预测变量在统计上不显著(即不小于指定的 α 值)，通常截距(即当所有预测变量都为零时结果的预期值)与零的差距较大，所以 p 值会非常小，接近于零。因此，在 R 语言中通常使用科学记数法显示 p 值。在这种情况下，p 值是 $p < 0.001$ 和 $p < 0.001$。因为 p 值并不是 0，习惯上会在它们很小的时候将其写为< 0.001 或< 0.0001，而不是把它们四舍五入，例如，$p = 0.000$ 表明 p 值是精确的零，但它通常不是。底部的重要性代码用于指示星号的含义。 *** 表示 $p < 0.001$，** 表示 $p < 0.01$，* 表示 $p < 0.05$，句号"."则表示 $p < 0.10$，空白表示 $p > 0.10$。

- **残差标准差**：σ_ε 和残差自由度(用于与 t 值一起计算 p 值)。此次计算中的残差标准差是 1.06。残差自由度计算方法为 df = N-k。其中，N 为数据或观测值的行数，k 为系数的个数。在这个示例中，df=187 – 2，即 185。括号中给出了一个注释，说明由于数据缺失而删除的任何观察值。本例中，两个观察值由于缺少数据而被删除。如果观察结果缺少模型中任何变量的数据，即结果或任何预测变量的数据，则观察结果将被删除。

- **拟合度(R^2)**：接下来是整体模型 R^2，即该模型在该特定样本数据中解释的结果的方差所占的比例。R^2 也是积极影响结果 PosAff 和预测的积极影响结果 $b_0 + b_1 \times$ STRESS 之间的相关性的平方。该如何理解 R^2？

如果 R^2 为 0，则表明预测变量无法解释结果中的任何可变性。对于这个模型，这意味着人与人之间积极影响的任何差异都不能用他们的压力水平来解释。换句话说，模型预测的积极影响和观察到的积极影响之间的相关性平方为

0，这是非常糟糕的！如果 R^2 为 1，则表明 100%(所有)的积极影响的方差都可以用压力来解释，即预测和观察到的积极影响的相关性平方为 1，这意味着完全相关。也就是说，可以完美地预测压力的积极影响。如果模型这么完美，则预测变量可能与结果相同。普通模型的 R^2 值介于 0 和 1 之间，通常更接近于 0。

在此模型中，R^2 为 0.0946。此外，输出结果包括调整后的 R^2，这是对真实总体 R^2 的更优估计，在本例中为 0.0897。由于模型样本拟合，总是会需要对样本数据中比真实总体中更大的方差值进行解释，因此可以对 R^2 进行调整。在较小的样本中，R^2 和调整后的 R^2 之间的差异会较大，而在非常大的样本中，差异往往非常小。

● F 统计量：提供整体模型的 F 统计量以及自由度和 p 值。F 检验法是对模型在总体上是否具有统计显著性的总体检验，将同时测试所有预测变量。因为现在只有一个预测变量，所以 F 检验法的 p 值与 STRESS 系数的 t 检验法的 p 值相同。但在多元回归模型中，它们通常是不同的，因为 F 检验法可以一次检验多个变量，而 t 检验法一次只能检验一个预测变量。

通过 confint()函数，将参数的预计置信区间确定为 95%，即回归系数。之前提到，中间的 95%置信区间决定正态曲线的两个尾部合计为 5%，5%的一半是 2.5%，因此置信区间的左侧从 2.5%开始，然后从左向右移动，2.5% + 95% =97.5%，这也就是正态曲线右尾开始的地方：

```
confint(m)

##               2.5 %    97.5 %
## (Intercept)  2.872   3.27841
## STRESS      -0.204  -0.07762
```

置信区间结果提供了一个小表格，其中每个系数都占一行，包括截距。这两列给出了第 2.5 个百分位数和第 97.5 个百分位数，它们分别是 95%置信区间的下限和上限。也可以获得其他置信区间(如 99%)，但普遍使用 95%置信区间，因此本书中只关注这一区间。

置信区间的计算为：

$$b + SE * t_{crit} \tag{11-1}$$

其中，b 是回归系数，SE 是回归系数的标准差，t_{crit} 是基于自由度和所需的置信区间宽度的临界 t 值。例如，95%置信区间使用 t 分布的下部 2.5 个百分位数和上部 97.5 个百分位数。在 R 语言中，可以使用 qt()函数计算临界 t 值，该函数给出给定概率 p 和自由度 df 对应的 t 值。回顾第 9 章中的 qnorm()函数(用于计算 z 值)，这里概念相同，但仅适用于 t 分数。以下是自由度为 185 时的临界 t 值：

```
qt(p = .025, df = 185)
```

```
## [1] 1.973
```

系数的下部置信区间的截距和斜率分别为 3.075 + 0.103 × (−1.973) = 2.872 和 −0.141 + 0.032 × (−1.973) = −0.204。

系数的上部置信区间的截距和斜率分别为 3.075 + 0.103 × 1.973 = 3.278 和 −0.141 + 0.032 × 1.973 = −0.078。

可以将回归结果解释为，压力和积极影响之间存在统计学上的显著关联。每增加一个单位的压力，就会增加-0.14 个单位的积极影响(95%的置信区间为-0.20～-0.08)，p < 0.001。对于压力分数为 0 的人，积极影响分数预期为 3.08(95% 置信区间为 2.87～3.28)，p < 0.001。总体而言，压力解释了 9.0%的积极影响方差。

还可以使用 visreg 程序包将回归结果可视化，以更好地理解它的含义(如图 11-1 所示)。在这种情况下，默认值起到了很好的作用，给出了回归线(灰色直线色)，灰色阴影区域显示了回归线周围 95%置信区间。默认情况下，也会绘制出部分残差。使用参数 gg = TRUE 要求 visreg()函数制作 ggplot2 图形，通过此方法可以定制主题并使用常用的 ggplot2 图形框架。

```
visreg(m, xvar = "STRESS", gg = TRUE)
```

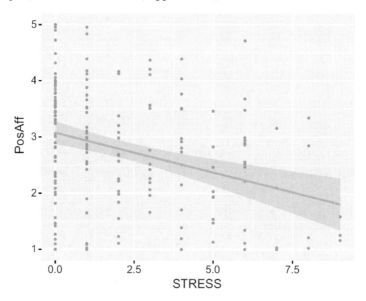

图 11-1　使用 visreg()函数可视化压力预测的积极影响的回归模型

如果只需要回归线，则可以设置 parital = FALSE 和 rug = FALSE 以不绘制残差。与 ggplot2 中的其他图形一样，可以使用 "+" 添加其他元素，例如，使用 ggtitle()函数控制标题。此自定义的结果如图 11-2 所示：

```
visreg(m, xvar = "STRESS", partial = FALSE, rug = FALSE, gg = TRUE) +
  ggtitle("Linear regression of Positive Affect on Stress",
          subtitle = "Shaded region shows 95% confidence interval.")
```

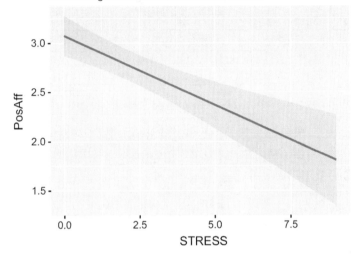

图 11-2　使用 visreg()函数的自定义回归模型可视化

可以使用 annotate()函数为图形添加注释，例如，指示系数和 p 值的标签。在任何图形中，确定最佳位置和数字大小通常都是一个反复试验的过程。反复设定 x 和 y 坐标以及数字大小，直到满意为止。此外，还可以使用 xlab()函数为 x 标签添加文本，使用 ylab()函数给 y 标签添加文本。

如图 11-3 所示的图精准地总结了回归模型，并包含了模型的关键信息。

```
visreg(m, xvar = "STRESS", partial = FALSE, rug = FALSE, gg = TRUE) +
    ggtitle("Linear regression of Positive Affect on Stress",
    subtitle = "Shaded region shows 95% confidence interval.")+
annotate("text", x = 6, y = 3, label = "b = -0.14, p < .001", size = 5) +
xlab("Perceived Stress") + ylab("Positive Affect (Mood)")
```

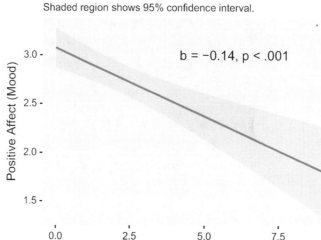

图 11-3　添加注释，以显示回归模型可视化的斜率

11.3　多元回归

深入研究第 8 章内容背后的数学概念后，已经可以继续推进多元回归。请记住，学习统计是一个过程，而不是单一的事件。第 8 章的学习能够帮助理解前面的部分，而每次通读(以及对代码的每一轮实验)，都会学到并理解更多。不可否认，以下部分相当复杂，需要利用计算机和数学在数据的多个变量(或维度)之间建立关系！不需要立即了解所有内容，而应先运行代码，在单个预测变量和多个预测量之间进行比较和对比，并逐一阅读文本注释。每一次重读都会帮助更好地理解。没有人能在第一次尝试时就理解多元回归！

11.3.1　多元预测模型的意义

多元线性回归的原理与简单线性回归基本相同，不同之处在于，单个模型中允许有多个预测(解释)变量。与具有单个预测(解释)变量的简单线性回归相比，在同一回归中包含多个预测变量有以下两个主要意义。

第一，可以使用所有变量来生成结果的预测值。由于在生成模型预测时使用了更多变量，因此，与只有一个预测变量的模型相比，通常希望该模型具有同等或更高的准确度。这侧重于模型的预测准确性。

第二，通过包含多个变量，可以检查变量与结果之间的唯一关联。这有助于更好地理解事物之间的联系及其原因。识别变量的唯一关联有助于识别潜在的因果类型关联。注意，如果没有数据的其他设计方面(如随机化)，通常很难确信所识别的是因果关系，但多元回归可以帮助排除可能的替代方案。

关注具有多个预测变量的第二个主要意义：识别每个变量的唯一关联。例如，假设认为高压力会导致人们感到不快乐，可以尝试通过运行线性回归预测压力带来的积极影响，来检验数据是否支持这种观念。通常认为压力和积极影响之间存在负面关联，然而，也有人有不同的想法。他们认为，当人感到孤独时，压力会更大，快乐更少。也就是说，孤独或缺乏朋友的支持会导致压力和不快乐。他们认为压力和快乐似乎有负面关联是很自然的，因为它们都是由同一件事引起的：缺乏好朋友。

那么，怎么能解决这个问题？一种方法是，仅收集有很多好朋友或缺乏好朋友的人的数据。这样就能看到那些有好朋友的人的压力是否与快乐有关。在实践中，这可能很困难，因为查找和收集特定人群的数据并不那么容易。此外，交友情况可能很快就会改变。假设有另一群人，他们认为快乐与否既不是因为压力也不是因为没朋友，而在于居住的地方离工作地点有多远。如果住得太远，会需要花很长时间通勤，所以没有时间和朋友在一起，从而感觉压力更大，更不快乐。要收集数据来解决这两群人的论点，需要获取有关与工作距离相同且好友数量相同的人的压力和快乐程度的数据——这是一项具有挑战性的任务。

多元回归是一种可能解决这个问题的方法。通过在同一模型中包含其他变量，可以对变量的关联进行建模并查看每个变量的**唯一关联**。也就是说，可以尝试从统计学上进行控制：不同的人可能有不同的通勤时间或不同程度的社会支持。然后，从统计学上考虑这些其他变量，从而看到压力是否与快乐程度降低有关。这是多元回归与简单线性回归根本上的关键差异。在多元回归中，每个回归系数捕捉的不是该变量与结果之间的总关联而是预测变量和结果之间的**唯一关联**。在实践中，会看到人们以多种不同的方式谈论和撰写同一想法。如果不熟悉回归，这可能会令人困惑，并且可能无法分辨它们是否都代表相同的事情。以下是人们描述多元回归结果的一些常见方式，它们都试图描述相同的想法：

- 压力和快乐程度的独立关联
- 压力与快乐程度的唯一关联
- 压力和快乐程度的关联，由社会支持控制
- 压力与快乐程度的关联，由社会支持决定共同变化
- 压力和快乐程度的关联，根据社会支持进行调整

这些并不是人们讨论多元回归结果方式的所有方式，其实还有更多示例。所有情况下，关键都在于，多元回归在统计上调整或考虑了其他变量的影响，从而可以探索两个变量的调整或独立关联。如果满足模型假设(例如，存在线性关联)，多元回归可以使用统计数据来控制其他变量(例如，社会支持和通勤时间)中人与人之间的差异，以创

建一种假设的世界,能够移除这些变量中的差异,以回答以下问题:"如果社会支持或通勤时间没有变化,压力与快乐程度的唯一或独立关联是什么?"去除这些协变量的变化后,对压力和快乐之间的关联的外部或替代解释可以帮助澄清压力和快乐是否真的相互关联,或者只是由于某些第三个因素而偶然关联。

值得注意的是,即使发现压力和快乐是相互独立的,仍然不能证明压力会导致快乐。如果没有随机化,则总是可以有另一群人来推断一些新变量可能解释为什么压力和快乐是相关的,这将需要无休止地测量变量并将它们包含在回归模型中。尽管如此,多元回归可以调整或控制其他变量,从而帮助排除测试相关的替代解释。

11.3.2 R 语言中的多元回归

如前所述,有一个结果 y,它由模型参数的组合 bs 预测,然而,预测变量的数量 k 可以是不确定的,而不是只有一个预测变量 x。这个 k 可以是 2,3,或者是 20……这个数字不会改变底层技术:

$$y = b_0 + b_1 * x_1 + \ldots + b_k * x_k + \varepsilon \tag{11-2}$$

回归系数(通常被称为模型参数,本例中模型是回归的)的解释与简单线性回归中的回归系数非常相似,但有一些额外的要求:

- b_0 是截距,即所有预测变量都为 0 时,y 的预期(模型预测)值。注意,有时可能会写作 $E(y \mid x_1 = 0, \ldots, x_k = 0)$,这是预测变量为 0 时,表示 y 的预期或预测值的一种方式。如果有很多预测变量,或不想将它们全部写出来,有时则只写作 $E(y \mid X = 0)$,用大写字母 X 代表所有预测变量。
- b_1 是线的斜率。在控制了其他预测因素的情况下,它捕捉了对于 x_1 的一个单位变化,y 的预期变化量。
- b_k 是线的斜率。在控制所有其他预测因素的情况下,它捕捉了对于 x_k 的一个单位变化,y 的预期变化量。
- ε 是残差/误差项,即模型预测值与观测值之间的差值。

从视觉上,多元回归变得更加难以可视化,但仍然可以表示为 3D 图形,稍后将对此进行探讨。

示例

为了练习多元回归,接下来,使用前面讨论的假设场景,探讨一个真实示例。一部分人相信压力让人不快乐;另一部分人则认为缺乏社会支持会导致压力和不快乐。

有了正确的数据,就可以使用多元回归来帮助确定哪一种想法是正确的。为此,需将压力和社会支持变量添加到预测积极影响的回归模型中,这将区分压力和积极影响与社会支持和积极影响的唯一关联。这个模型可写成一个方程:

$$Positive\ Affect = b_0 + b_1 * STRESS + b_2 * SUPPORT + \varepsilon \qquad (11\text{-}3)$$

可以在 R 语言中，以几乎与简单线性回归相同的方式进行多重线性回归。只需要使用 "+"，就可以轻松地添加其他预测变量。以下代码显示了同时添加 STRESS(压力)和 SUPPORT(社会支持)作为预测变量的示例：

```
m2 <- lm(formula = PosAff ~ STRESS + SUPPORT,
         data = acesData)
```

接下来，需要运行检验程序。只有在检验程序之后才能查看总结。

此处故意将 summary()函数留到检验之后，因为如果严重违反模型假设，解释系数就没有多少意义。需要先修复模型，然后再进行解释。方便的是，多元回归的模型检验与简单线性回归的模型检验基本相同。检验需要查看残差的分布，以评估其是否满足正态性假设并识别潜在的极值。还需查看预测的积极影响与残差值的散点图，以评估残差的可变性在预测值范围内是否相等(同方差性)。使用正态分布的第 0.5 个和第 99.5 个百分位数作为定义极值的标准。检验图如图 11-4 所示。

```
m2d <- modelDiagnostics(m2, ev.perc = .005)
plot(m2d, ncol = 2, ask = FALSE)
```

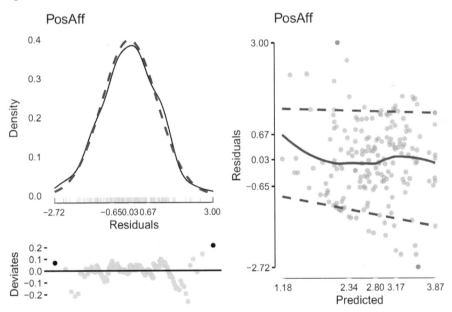

图 11-4　多元回归模型检验

注意，如果收到有关奇点问题或小对角线的警告，请不要担心，它们均来自内部函数，用于估计在残差与预测值图上绘制虚线的位置。添加这些线只是为了帮助查看数据中的模式，评估检验并不需要这些线，且警告仅适用于这些模型，因此，可以放心地忽略它们。在本书中，不会打印警告。

在图 11-4 中可以观察到几个极端的残差值，但它们并不是太极端。此外，极端的值只有两个，即使排除它们，也不会产生很大的影响。评估极值背后的关键是确定极值是否能表明存在问题/不准确的数据(例如，有些值是不可能存在的)，或者产生的极值是否足够极端，以及它们的数量是否足以对模型的结果产生重大影响。相对于样本大小的其余部分，极端值越少，它们实际对模型结果产生很大影响的可能性就越小。记住，相对极端并不会使这些观察值成为"问题"或"错误"或需要"修复"的东西，需要检查它们，才能做出合理的决定。数据中总会存在最低和最高值，经常查看极端值有助于确定是否存在问题。

图 11-4 看起来不错，所以可以决定不需要做任何更改。接下来，可以查看模型结果的总结和结果的置信区间：

```
summary(m2)


##
## Call:
## lm(formula = PosAff   STRESS + SUPPORT, data = acesData)
##
## Residuals:
##     Min      1Q Median     3Q     Max
## -2.5611 -0.6133 0.0285 0.6304 2.8065
##
## Coefficients:
##             Estimate Std. Error t value Pr(>|t|)
## (Intercept)   2.0881     0.1714   12.18  < 2e-16 ***
## STRESS       -0.1340     0.0287   -4.67 5.8e-06 ***
## SUPPORT       0.1780     0.0260    6.84 1.2e-10 ***
## ---
## Signif. codes: 0 '***' 0.001 '**' 0.01 '*' 0.05 '.' 0.1 ' ' 1
##
## Residual standard error: 0.949 on 184 degrees of freedom
##   (2 observations deleted due to missingness)
## Multiple R-squared: 0.278, Adjusted R-squared: 0.27
## F-statistic: 35.4 on 2 and 184 DF, p-value: 9.7e-14
confint(m2)


##               2.5 %   97.5 %
## (Intercept)  1.7500  2.42619
## STRESS      -0.1906 -0.07737
## SUPPORT      0.1267  0.22943
```

一次只检查一个部分的输出结果，以确保将每一部分解释清楚：

- **调用**：这是用来调用 R 来生成模型的代码。它表明使用 lm()函数拟合了一个线性模型，并且定义模型的公式将 PosAff 作为结果，STRESS 和 SUPPORT 作为预测变量。用于拟合数据的数据集名为 acesData。

- **残差**：提供一些关于残差的描述性统计。可以看到，最小残差为-2.56，这是可以观察到的积极影响得分的最多的值，由于该值为负，因此结果**低于**预期的积极影响分数。同样，最大残差为 2.81，这是可以观察到的积极影响得分的最多的值，由于该值为正，因此结果**高于**预测的积极影响分数。查看最低和最高残差有助于快速了解是否存在极值。此外，如果残差服从正态分布，中位数应接近于均值 0。因此，寻找中值残差是否约为 0 是另一个快速有效的检验方法。

- **系数**：这里通常是回归报告的主表。"预估"列给出了模型参数估计值或回归系数。在此模型中，系数为 2.09，-0.13 和 0.18。这些结果给出了对于没有压力和没有社会支持的人(即所有预测指标都为 0)，积极影响的截距和预期值，以及压力和积极影响、社会支持和积极影响唯一关联的回归线斜率。"标准差"列给出了每个系数的标准差。由于分析的是从更大的总体中抽取的样本，因此标准差反映了每个系数的估计值存在多少不确定性。也就是说，虽然想知道总体系数，但由于只有一个(假设是随机的)总体样本，因此真实的总体回归系数可能存在差异。标准差量化了使用样本估计来推断总体系数的不确定性。此次计算标准差是 0.17，0.03 和 0.03。"t 值"列给出了每个参数的 t 值。由于这是一个回归模型，因此可以像 t 检验法一样，使用 t 值并根据 t 分布来计算 p 值。实际上，结果中给出的 t 值根据 $\dfrac{b}{SE}$ 计算，即回归系数除以其标准差。这里的 t 值为 12.18，-4.67 和-4.40。最后，Pr(> |t|)列给出了概率值，即每个系数的 p 值。由于模型中的预测变量在统计上不显著(即不小于指定的 α 值)，通常截距(即当所有预测变量都为 0 时结果的预期值)与 0 的差距较大，所以 p 值会非常小，接近于零。因此，在 R 语言中通常使用科学记数法显示 p 值。在这种情况下，p 值是 $p < 0.001$，$p < 0.001$ 和 $p < 0.001$。因为 p 值不为 0，习惯上在它们很小的时候将其写为< 0.001 或< 0.0001，而不是四舍五入。例如，$p = 0.000$ 表明 p 值是精确的零，但它通常不是。底部的重要性代码用于指示星号的含义。*** 表示 $p < 0.001$，** 表示 $p < 0.01$，*表示 $p < 0.05$，.表示 $p < 0.10$，空白表示 $p > 0.10$。

- **残差标准差**：σ_ε 和残差自由度(用于与 t 值一起计算 p 值)。此次计算中的残差标准差是 0.95。残差自由度计算方法为 df = N-k。其中，N 为数据或观测的行数，k 为系数的个数。在这个示例中，df = 187 – 3，即 184。括号中给出了一个注释，说明由于数据缺失而删除的观察值。本例中，两个观察值由于缺少数据而被删除。如果观察结果缺少模型中任何变量的数据，即结果或任何预测变量的数据，则观察结果将被删除。

- **拟合度**：接下来是整体模型 R^2，即该模型在该特定样本数据中解释的结果(积极影响)的方差所占的比例(模型有两个预测因素：压力和社会支持)。R^2 也是积极影响结果 PosAff 和预测的积极影响结果 $b_0 + b_1 \times$ STRESS $+ b_2 \times$ SUPPORT 之间的相关性平方。

  如果 R^2 为 0，则表明预测变量无法解释结果中的任何可变性。对于这个模型，这意味着人与人之间积极影响的任何差异都不能用他们的压力水平或者社会支持水平来解释。换句话说，模型预测的积极影响和观察到的积极影响之间的相关性平方为 0，这是非常糟糕的！如果 R^2 为 1，则表明 100%(所有)的积极影响的方差都可以用压力和社会支持来解释，即预测和观察到的积极影响的相关性平方为 1，这意味着完全相关。也就是说，可以完美地预测关于压力和社会支持的积极影响的值。

  在该模型中，R^2 为 0.278，即压力和社会支持解释的样本中积极影响的方差所占的比例。此外，输出包括调整后的 R^2，这是对真实总体 R^2 的更好预估，在本例中为 0.2701。由于模型样本拟合，总是会需要对样本数据中比真实总体中更大的方差值进行解释，因此可以对 R^2 进行调整。

- **F 统计量**：提供整体模型的 F 统计量以及自由度和 p 值。F 检验法是对模型在总体上是否具有统计显著性的总体检验，将同时测试所有预测变量。也就是说，它检验压力和社会支持的系数是否都为 0，或至少一个不为 0。因为有多个预测变量，所以 F 检验法的 p 值与简单线性回归中特定系数的 t 检验法的 p 值不匹配。

到目前为止，已经了解了许多多元回归的输出结果。图 11-5 显示了以压力和社会支持为变量，对积极影响输出结果进行多元回归预测的回归曲面。对于两个预测变量，多元回归将生成三维平面或曲面。图 11-5 中的表面是平坦的，就像一张纸，因为目前只为每个预测变量建模一种线性关联。

从不同的方向观察，得到图 11-5 中的两个图形，以协助观察平面的外观。图中有三个轴：一个是压力，一个是社会支持，一个是积极影响预测。注意，图中表示的是多元回归模型预测的积极影响变化，实际的积极影响得分并没有显示。查看该图可以发现，任意一个变量的直线斜率都是相同的，与另一个变量无关。也就是说，无论社会支持水平如何，压力和积极影响之间的关联斜率都是相同的。同样，无论压力水平如何，社会支持和积极影响之间的关联斜率也是相同的。这代表，多元回归允许人们在一个变量上有所不同，如社会支持，但仍然需要假设压力和积极影响的关联对每个人来说都是一样的。由于社会支持等其他变量，人们可能会从不同的层面开始建模，但基本假设是：每个人的关联都是相同的。通过使线条、平面根据其他变量(如社会支持)具有不同的高度，可以隔离压力的唯一影响，独立于社会支持。从另一个角度看图表，可以用同样的方式解释它，但重点是保持社会支持的唯一影响，控制压力或保持压力不变。这里只有一个模型，但可以单独观察压力或社会支持的影响。

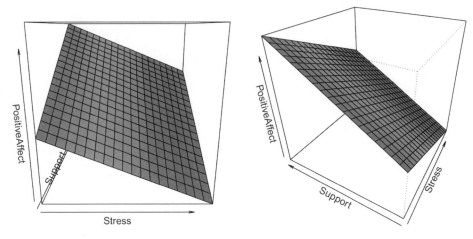

图 11-5　多元回归曲面的 3D 图

多元回归可以包括许多预测变量，但很难显示具有两个以上预测变量的图形。不过，思路仍是一样的。无论添加多少预测变量，多元回归都允许检验每个预测变量与结果的唯一关联，控制(或独立于)添加到模型中的所有其他预测变量。

在实践中，即使对于只有两个变量的多元回归，也很少创建 3D 图表，因为在 2D 平面(如纸张或屏幕)中解释或显示 3D 图表并不容易。通常一次只绘制一个变量的关联图像。可以回想一下图 11-5 中的 3D 图表，无论社会支持水平如何，压力和积极影响之间的关系斜率都是相同的，积极影响的高度或绝对水平会发生变化，但线的斜率不会改变。因此，可以选定任何级别的社会支持，然后绘制压力和积极影响之间的关联。可以使用 visreg()函数来做到这一点，这可能是最简单的获得快速图形以帮助解释和理解 R 语言中的回归模型的方法。

以下代码创建了一个图表，显示压力和积极影响之间的关联，而社会支持变量保持不变。visreg()函数通常将其他未按均值绘制的预测变量作为默认值，也可以根据需要进行更改。注意，这段代码实际上与之前使用的只有简单线性回归的代码相同，仅改变了模型是否对社会支持变量进行统计控制或调整，所以现在绘制的是压力和积极影响的唯一关联。结果如图 11-6 所示。可以观察到，较高的压力分数与较低的积极影响分数相关，可排除社会支持变量的影响。灰色阴影区域捕捉了回归线周围的 95%置信区间：

```
visreg(m2, xvar = "STRESS", partial = FALSE, rug = FALSE, gg = TRUE) +
  ggtitle("Association of stress and positive affect, adjusted for social
  support")
```

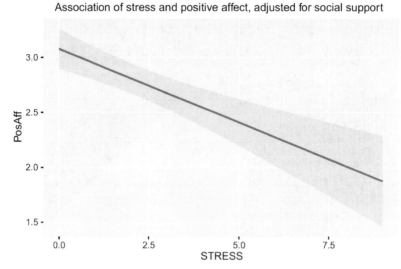

图 11-6 压力和社会支持的多元回归对积极影响的预测。
该图仅显示了压力和积极影响的唯一关联

也可以为社会支持创建相同类型的图表。在这种情况下，观察社会支持和积极影响的唯一关联，控制压力变量，结果如图 11-7 所示。

```
visreg(m2, xvar = "SUPPORT", partial = FALSE, rug = FALSE, gg = TRUE) +
ggtitle("Association of support and positive affect, adjusted for
stress")
```

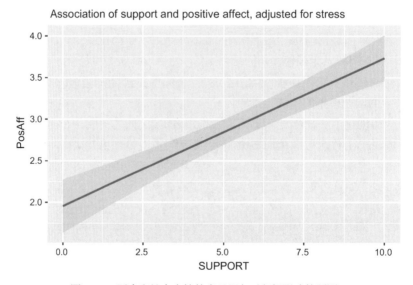

图 11-7 压力和社会支持的多元回归对积极影响的预测。
该图仅显示了社会支持和积极影响的唯一关联

从图 11-7 中，可以观察到社会支持与积极影响呈正相关关系，即较高的社会支持分数与较高的积极影响分数相关，与压力无关。

运用所学的内容，可以解释并写出这个多元回归模型的结论如下。注意，这是一篇非常详细的报告。在实践中，可能只会在报告中包含其中的一部分，而不是所有内容。

以积极影响作为输出结果、压力和社会支持作为预测因素的多元线性回归模型：在控制社会支持变量的情况下，压力和积极影响之间存在统计学上显著的关联(见图 11-6)。独立于社会支持变量，一个单位的压力分数与-0.13 的积极影响分数相关 [95% CI 为-0.19 至-0.08]，p < 0.001。同样，在控制压力的情况下，社会支持和积极影响之间存在统计学上显著的关联(见图 11-7)。独立于压力变量，一个单位的社会支持分数与 0.18 的积极影响分数相关[95% CI 为 0.13 至 0.23]，p < 0.001。对于压力和社会支持分数为零的人，积极影响预计为 2.09 [95% CI 为 1.75 至 2.43]，p < 0.001(截距)。总体而言，压力和社会支持解释了 27.0%的积极影响差异。

11.3.3　效应的范围与格式

R^2 捕获由模型解释的结果中的方差比例。通常，R^2 或其他效应量是可取的。效应量是标准化的，允许在不同变量或研究之间比较效应的**量纲**。例如，由回归系数以预测变量和结果为单位，因此它们不具有可比性。

举一个简单的示例，假设一项研究以秒为单位测量时间，而另一项研究以分钟为单位测量时间。即使这两项研究效应的量纲相同，回归系数 bs 也不相同，因为时间不在同一维度(秒与分钟)。效应量的目标是以某种方式标准化，以便比较效应的量纲。R^2 是一个标准化的度量。无论结果或预测变量如何，它的范围总是在 0(或 0%)~1(或 100%)之间浮动，其中，0(或 0%)意味着没有一个方差得到解释，1(或 100%)则意味着所有的方差都得到解释。

也可以使用 R^2 来估计预测变量的唯一贡献的效应量。R^2 可通过简单的数学计算得到。假设一个多元回归模型，将其称为 Model_{AB}。

$$Model_{AB} : Positive\ Affect = b_0 + b_1 * STRESS + b_2 * SUPPORT + \varepsilon \qquad (11\text{-}4)$$

假设想得到压力和积极影响的唯一关联的效应量。由回归模型 Model_{AB} 的 R^2 可以得到由压力和社会支持解释的积极影响的总方差，并把它称之为 R^2_{AB}。然后运行另一个仅将社会支持作为预测变量的回归模型，并称之为 Model_A：

$$Model_A : Positive\ Affect = b_0 + b_1 * SUPPORT + \varepsilon \qquad (11\text{-}5)$$

由模型的 R^2 得出社会支持解释的积极影响的总方差，可以将其称之为 R^2_A。现在有两个 R^2 值：R^2_{AB} 是由压力和社会支持解释的积极影响的总方差；R^2_A 是由社会支持解释的积极影响的方差。两个模型之间的唯一区别，即两个 R^2 值之间的唯一区别，就是加入了压力。因此，两个 R^2 值的差异是积极影响中**唯一**的额外方差，它可以由社会支持之外的压力单独解释：

$$R^2_{stress} = R^2_{AB} - R^2_A \qquad (11\text{-}6)$$

可以将同样的过程应用于任何变量或变量集，以确定它们唯一解释的结果中的差异，并作为效应量的衡量。一般流程如下：

(1) 拟合包含所有预测变量的多元回归模型，并记下 R^2 值，这就是完整的 R^2_{AB}。

(2) 使用除想要计算效应量的预测变量之外的所有预测变量拟合(多重)回归模型，并存储 R^2 值，这就是要减去的 R^2_A。

(3) 计算两个 R^2 值的差值，以计算预测变量解释的唯一方差，即对预测变量效应量的测量。

1. 示例一

之前使用了压力和社会支持作为积极影响的预测变量来拟合完整的多元回归模型，并将结果存储在对象 m2 中。如果拟合一个仅使用社会支持变量预测积极影响的回归模型，则将可以确定由压力解释的积极影响的**唯一**方差所需的所有因素。可以使用 R2() 函数从模型中提取 R^2 值，而无需获取整个 summary()函数的结果。在完整模型上使用 R2()函数，将得到压力和社会支持解释的总方差，减去社会支持可以解释的方差，剩下的就是压力唯一解释的方差：

```
model_a <- lm(PosAff    SUPPORT, data = acesData)

R2(m2)  - R2(model_a)

##       R2     AdjR2
## 0.08557 0.08209
```

通常，不会计算由预测变量解释的唯一方差。不过，Cohen 定义了另一个效应量的测量，f^2。如果考虑预测变量解释的结果中的唯一或额外方差，那么解释的方差越多，就越难进行解释。例如，如果模型 Model_A 已经解释了结果中 90%的方差，则很难再解释 9%(这将使模型接近 100%的方差得到解释)。相比之下，如果模型解释了 0%的方差，再添加一个预测变量则可能更容易解释 9%的方差。Cohen 的 f^2 效应量说明了这一点。对于整个模型，Cohen 的 f^2 效应量定义为：

$$f^2 = \frac{R^2}{1 - R^2} \qquad (11\text{-}7)$$

它基于模型的 R^2，除以未解释的方差，$1-R^2$。此外，Cohen 的 f^2 效应量的个体预测被定义为

$$f^2 = \frac{R^2_{AB} - R^2_A}{1 - R^2_{AB}} \tag{11-8}$$

分子是由预测变量解释的唯一方差。而 Cohen 的 f^2 只是增加了用解释的唯一方差除以 $1 - R^2_{AB}$，即无法解释的方差。因此，Cohen 的 f^2 可以是任何大于或等于 0 的数。

根据 Cohen，对于什么是小、中或大效应量，有一些通用的约定：

- 小是 $f^2 \geq 0.02$。
- 中是 $f^2 \geq 0.15$。
- 大是 $f^2 \geq 0.35$。

数据科学家经常使用这些临界值来帮助解释预测变量的 f^2 效应量，根据它解释的唯一方差的数值来决定它是否具有小、中或大效应量。在了解如何使用 R2() 函数计算 R^2 值的差后，很容易将其除以 $1 - R^2_{AB}$，并得到 Cohen 的 f^2：

```
(R2(m2) - R2(model_a)) / (1 - R2(m2))

##     R2  AdjR2
## 0.1185 0.1125
```

在本例中，f^2 值在 "小" 到 "中" 范围内，接近但还没有完全达到 "中" 效应量的临界值。

尽管可以手动进行计算，但由于回归模型包含更多预测变量，因此计算过程非常烦琐。每个预测变量都需要建立两个模型，分别是完整模型和没有该预测变量的模型，以计算效应量。此外，尽管 summary() 函数提供了关于回归模型的大部分信息，但还是缺少了一些，并且使用的格式通常不易于包含在报告中。

尽管并不严格要求使用和报告多元回归模型，但使用接下来的两个函数可以获得所有符合格式的信息。modelTest() 函数接收一个模型并自动为其进行额外的计算，例如，每个预测变量的置信区间和效应量。它所做的工作与确定压力的唯一效应量所做的工作相同，但 modelTest() 函数会自动完成这一切，并且会为回归模型中的每个预测变量执行此操作。APAStyler() 函数可用于加工 modelTest() 函数的结果，以获得格式清晰的输出，其中包括四舍五入规则等事项。

注意

"良好的格式化" 可能是一个非常个人化的选择，这就是为什么要了解用于拟合回归和获取输出的一般构建块。但在许多应用程序中，APAStyler() 函数输出的格式与目前通常用于显示结果的方式很接近。

```
m2test <- modelTest(m2)
APAStyler(m2test)
```

```
##                    Term                       Est        Type
## 1:          (Intercept)  2.09*** [ 1.75, 2.43] Fixed Effects
## 2:               STRESS -0.13*** [-0.19,-0.08] Fixed Effects
## 3:              SUPPORT  0.18*** [ 0.13, 0.23] Fixed Effects
## 4: N (Observations)                        187 Overall Model
## 5:            logLik DF                       4 Overall Model
## ---
## 9:                   F2                     0.38 Overall Model
## 10:                  R2                     0.28 Overall Model
## 11:              Adj R2                     0.27 Overall Model
## 12:              STRESS    f2 = 0.12, p < .001  Effect Sizes
## 13:             SUPPORT    f2 = 0.25, p < .001  Effect Sizes
```

该表包含三列和三个小节，具体内容如下。

- **术语(Term)**：展示可看到的内容。例如，回归系数或效应量。
- **Est**：提供了值，即模型的实际数字。
- **类型(Type)**：指示表格的主要部分或类别。

表格的三个主要部分出现在不同的行中。可以通过查看"类型"列来判断某一行属于哪个部分。这些部分如下所示。

- **固定效应(Fixed Effects)**：固定效应部分包含回归系数 bs。在线性回归和多元回归中，回归系数始终是固定效应。modelTest()函数使用"固定效应"这个名称，是因为该函数也可用于其他可能存在随机效应的模型，而随机效应允许在不同的人之间随机变化。目前这些内容并不重要，但可能有助于解释为什么事物会被贴上"固定效应"的标签。
- **总体模型(Overall Model)**：总体模型部分包含与总体模型相关的信息或详细信息，例如，包含的观测数、总体模型 R^2 等。
- **效应量(Effect Sizes)**：效应量部分包含回归模型中每个预测变量的效应量。这些标记的方式与回归系数基本相同，但报告的效应量是 f^2 值。

前面打印的表格跳过了第 5 行到第 9 行。发生这种情况是因为输出结果是一个 data.table，并已将其设置为只查看前 5 行和后 5 行。这在显示数据集时很有帮助，这样就不会打印数百行，但对查看所有内容的模型输出表并没有帮助。不同计算机上的不同环境设置会产生不同的结果。可以使用 print()函数来指定最大行数来确保打印每一行，如以下代码所示：

```
print(APAStyler(m2test), nrow = 100)
```

```
##                    Term                       Est        Type
## 1:          (Intercept)  2.09*** [ 1.75, 2.43] Fixed Effects
```

```
## 2:            STRESS -0.13*** [-0.19,-0.08] Fixed Effects
## 3:           SUPPORT  0.18*** [ 0.13, 0.23] Fixed Effects
## 4: N (Observations)                     187 Overall Model
## 5:        logLik DF                       4 Overall Model
## 6:           logLik                 -254.09 Overall Model
## 7:              AIC                  516.18 Overall Model
## 8:              BIC                  529.10 Overall Model
## 9:               F2                    0.38 Overall Model
## 10:              R2                    0.28 Overall Model
## 11:          Adj R2                    0.27 Overall Model
## 12:          STRESS   f2 = 0.12, p < .001  Effect Sizes
## 13:         SUPPORT   f2 = 0.25, p < .001  Effect Sizes
```

现在查看完整的输出结果，检查每一行，以确保理解输出结果的确切含义以及如何实际解释和使用它：

1. **术语 – Intercept(截距)**：这一行的回归系数 b 表示截距；星号用于表示重要性 (p 值)，就像在 summary() 函数中一样。***表示 $p < 0.001$，**表示 $p < 0.01$，*表示 $p < 0.05$。在本例中，截距显然不为零，$p < 0.001$。方括号中是 95% 置信区间。按照书面报告中常用的格式，将所有输出结果都四舍五入到两位小数。由本部分可以看出，当压力和社会支持为 0 时，模型预测的积极影响分数为 2.09，这与 0 有显著差异。

2. **术语 – STRESS(压力)**：这一行的回归系数 b 表示压力和积极影响之间关联的斜率。星号表示显著性水平，方括号中是 95% 置信区间。排除社会支持变量的影响，压力与积极影响呈负相关，$p < 0.001$。

3. **术语 – SUPPORT(社会支持)**：这一行的回归系数 b 表示社会支持和积极影响之间关联的斜率。星号表示显著性水平，方括号中是 95% 置信区间。排除压力变量的影响，社会支持与积极影响呈正相关，$p < 0.001$。

4. **术语 – N(观察值)**：这一行显示回归模型中包含的观察值总数。如果有一些观测结果由于缺少数据而被排除在外，则不计算这些观测结果。这里计算的是实际包含在分析中的观测数据的数量。

5. **术语 – logLik DF、logLik、AIC、BIC**：这四行可用于测试或比较不同的模型。它们不在本书介绍的 R 语言统计入门范围内，可以忽略它们。

6. **术语 – F2**：这一行给出了 Cohen 的 f^2，它代表了整个模型，即 $\dfrac{R^2}{1-R^2}$。总体上，压力和社会支持(即这个回归模型，因为这是该模型中的全部预测因素)具有很大的效应量，表明压力和社会支持共同解释了积极影响的方差。

7. **术语 - R2**：这一行给出了该数据样本中积极影响的方差比例，该样本数据由模型整体解释(即压力和社会支持变量共同解释)。

8. **术语 – Adj R2**：这一行给出了总体模型(即压力和社会支持共同作用)所解释的人口中积极影响方差的估计比例，即调整后的 R2。调整是为了给出一个更准确的总体估计值，而不仅仅是这个数据样本的估计值。

9. **术语 - STRESS(压力)**：这一行给出了压力的唯一效应量。它显示了压力的 Cohen 的压力 f^2，与社会支持无关。本行还提供了精确的 p 值，而不只是之前在固定效应部分看到的星号。在本例中，f^2 的结果与之前手动计算的相同。排除了社会支持变量的影响，压力对积极影响的影响介于中小效应量之间。

10. **术语 – SUPPORT(社会支持)**：这一行给出了社会支持的唯一效应量。它显示了社会支持的 Cohen 的 f^2，与压力无关。本行还提供了精确的 p 值，而不只是之前在固定效应部分看到的星号。在本例中，排除压力变量的影响，社会支持对积极影响有中等的效应量。

除了可以学习的单个信息之外，还可以理清最后一点信息。与不能直接比较的回归系数不同，由于压力的"一个单位"可能与社会支持的"一个单位"非常不同，效应量是可比的。因此，虽然没有对此进行显著性检验，但可以说在该模型中，社会支持变量比压力变量对积极影响有更大的唯一效应量。

2. 示例二

分析多元回归似乎是一个非常漫长的过程，从某方面说，确实如此。另一方面，一旦熟悉了代码和流程，就可以很快完成这个过程。作为示例，考虑一下鳍的长度和喙的深度是否可以预测体重。

从上一节中可以得知，一切都始于线性模型。在本例中，body_mass_g 是结果，而 flipper_length_mm 和 bill_depth_mm 都是预测变量。将模型存储在 m2Penguin 中：

```
m2Penguin <- lm(formula = body_mass_g    flipper_length_mm + bill_depth_mm,
                data = penguinsData)
```

再次使用正态分布的第 0.5 个和第 99.5 个百分位数运行模型 Diagnostics()，对极值进行着色：

```
m2Penguind <- modelDiagnostics(m2Penguin, ev.perc = 0.005)
plot(m2Penguind, ncol = 2, ask = FALSE)
```

在图 11-8 中，左侧的分布基本为正态分布。偏差线只有几个极值，在左下方的图中可以观察到偏差的 y 轴范围并不大。右侧图中的虚线看起来接近是水平的。总的来说，结果不错，可以继续推进。

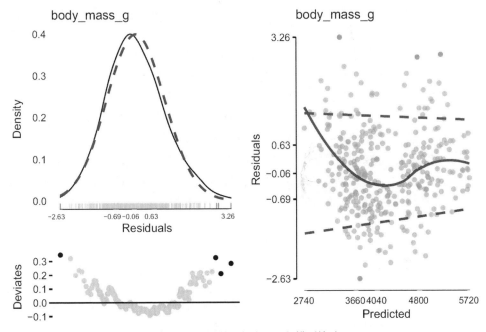

图 11-8 企鹅数据的多元回归模型检验

接下来，运行 summary()函数，逐步分析在前面示例中提到的六个区域：

```
summary(m2Penguin)

##
## Call:
## lm(formula = body_mass_g   flipper_length_mm + bill_depth_mm,
##    data = penguinsData)

##
## Residuals:
##     Min     1Q Median     3Q     Max
## -1029.8 -271.5  -23.6 245.2 1276.0
##
## Coefficients:
##                 Estimate Std. Error t value Pr(>|t|)
## (Intercept)     -6541.91     540.75   -12.1   <2e-16 ***
## flipper_length_mm  51.54       1.87    27.6   <2e-16 ***
## bill_depth_mm      22.63      13.28     1.7    0.089 .
## ---
## Signif. codes: 0 '***' 0.001 '**' 0.01 '*' 0.05 '.' 0.1 ' ' 1
##
## Residual standard error: 393 on 339 degrees of freedom
##   (2 observations deleted due to missingness)
```

```
## Multiple R-squared: 0.761, Adjusted R-squared: 0.76
## F-statistic: 540 on 2 and 339 DF, p-value: <2e-16
```

- **调用**：正如预期的那样，与刚刚构建的模型相同。

- **残差**：查看最低和最高残差有助于快速了解是否存在极值。此外，如果残差服从正态分布，中位数应接近于均值 0。因此，寻找中值残差是否约为 0 是另一个快速有用的检验方法。在本例中，–23.6 不为 0，因此比第 8 章中运行的没有喙的深度的类似模型时更接近于 0。

- **系数**：在此模型中，系数为–6541.91、51.54 和 22.63。这给出了截距，即鳍的长度为 0、喙的深度为 0(即所有预测变量均为 0)时企鹅体重的预期值(以克为单位)。系数还包含鳍的长度和体重、喙的深度和体重之间唯一关联的回归线的斜率。

  "标准差"列给出了每个系数的标准差。由于分析的是从更大的总体中抽取的样本，因此标准差反映了每个系数的估计值存在多少不确定性。也就是说，虽然想知道总体系数，但由于只有一个(假设是随机的)总体样本，因此真实的总体回归系数可能存在差异。标准差量化了使用样本估计来推断总体系数的不确定性。此次计算标准差是 540.75，1.87 和 13.28。

  "t 值"列给出了每个参数的 t 值。由于这是一个回归模型，因此可以像 t 检验法一样，使用 t 值并根据 t 分布来计算 p 值。实际上，结果中给出的 t 值根据 $\frac{b}{SE}$ 计算，即回归系数除以其标准差。这里的 t 值为–12.10，27.64 和 1.70。

  最后，Pr(> |t|)列给出了概率值，即每个系数的 p 值。由于模型中的预测变量在统计上不显著(即不小于指定的 α 值)，通常截距(即当所有预测变量都为 0 时结果的预期值)与 0 的差距较大，所以 p 值会非常小，接近于 0。因此，在 R 中通常使用科学记数法显示 p 值。在这种情况下，p 值是 $p < 0.001$，$p < 0.001$ 和 $p < 0.089$。

  底部的重要性代码用于指示星号的含义。***表示 $p < 0.001$，**表示 $p < 0.01$，*表示 $p < 0.05$，.表示 $p < 0.10$，空白表示 $p > 0.10$。

- **残差标准差**：σ_ε 和残差自由度(用于与 t 值一起计算 p 值)。此次计算中的残差标准差是 393.18。残差自由度计算方法为 df = $N - k$，在本例中为 df = 342 – 3，即 339。括号中给出了一个注释，说明由于数据缺失而删除的任何观察值。两个观察值由于缺少数据而被删除。如果观察结果缺少模型中任何变量的数据，即结果或任何预测变量的数据，则观察结果将被删除。

- **拟合度(R^2)**：接下来是整体模型 R^2，即该模型在该特定样本数据中解释的结果(体重，以克为单位)的方差所占的比例(模型有两个预测因素：以毫米为单位的鳍长和以毫米为单位的喙深)。R^2 也是结果之间的相关性平方。此处结果为体重 body_mass_g,和预测的体重 $b_0 + b_1 \times$ flipper_length_mm $+ b_2 \times$ bill_depth_mm。如果 R^2 为 0,则表明预测变量无法解释结果中的任何可变性。对于这个模型,这意味着企鹅体重的任何差异都不能用它们鳍的长度或喙的深度来解释,也就是模型预测的体重和观察到的体重之间的相关性平方为零。如果 R^2 为 1,则表明 100%(所有)的企鹅体重都可以用鳍的长度和喙的深度来解释,即预测和观察到的体重相关性平方性为 1,这意味着完全相关,也就是可以根据鳍的长度或喙的深度完美地预测体重。

在该模型中,R^2 为 0.761,这就是鳍的长度或喙的深度解释的样本中企鹅体重的方差所占的比例。此外,输出包括调整后的 R^2,这是对真实总体 R^2 的更好预估,在本例中为 0.7596。由于模型样本拟合,总是会需要解释样本数据中比真实总体中更大的方差值,因此可以对 R^2 进行调整。在本例中,调整前后没有太大区别。

- **F 统计量**:提供整体模型的 F 统计量以及自由度和 p 值。F 检验法是对模型在总体上是否具有统计显著性的总体检验,它将同时测试所有预测变量。也就是说,它检验鳍的长度或喙的深度的系数是否都为 0,或至少一个不为 0。因为有多个预测变量,所以 F 检验法的 p 值与简单线性回归中特定系数的 t 检验法的 p 值不匹配。

需要注意,与第 8 章中的鳍的长度的单一预测变量相比,增加喙的深度似乎并没有使 R^2 增加很多。另外要注意,喙的深度在 p 值方面没有那么有价值。

图 11-9 中的 3D 图表展示了这两个事实。当喙的深度增大时,平面会略微向上倾斜,但这并不是影响企鹅体重的关键因素。请记住,p 值衡量的是效果的显著性。如果总变化很大(例如,在一枚硬币上连续抛出 20 次反面),那么小的样本量就足以获得显著的 p 值。另一方面,如果两个人都得到同样的结果,那么即使是较小的总变化(例如,连续出现 3 次反面)也可能很重要。本例中,p 值为 0.089,这表明总变化较小,并且样本量不足以确保变化尽可能显著(例如,与鳍的长度相比)。

接下来,将使用 visreg()函数检查二维图。在图 11-10 中,可以观察到相对较宽的 95%置信区间带。喙的深度范围只会对体重产生很小的影响:

```
visreg(m2Penguin, xvar = "bill_depth_mm", partial = FALSE, rug = FALSE,
gg = TRUE) +
  ggtitle("Association of bill depth and body mass, adjusted for flipper
  length")
```

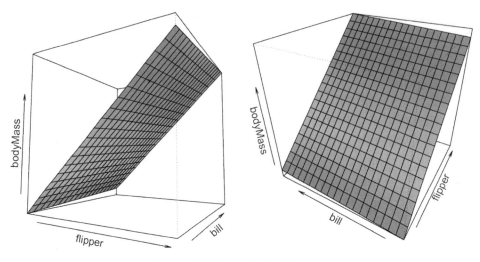

图 11-9　企鹅多元回归曲面的 3D 图

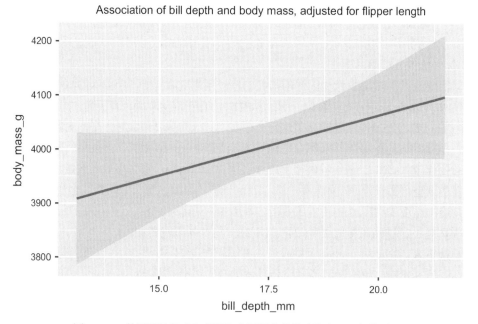

图 11-10　使用鳍的长度和喙的深度预测企鹅体重的多元回归模型。
此图仅显示了喙的深度和企鹅体重的唯一关联

　　作为对比，可以查看图 11-11 中鳍的长度的二维图，观察更狭窄的置信区间带和更大的 y 轴范围：

```
visreg(m2Penguin, xvar = "flipper_length_mm", partial = FALSE, rug =
FALSE, gg = TRUE) +
```

```
ggtitle("Association of flipper length and body mass, adjusted for bill
depth")
```

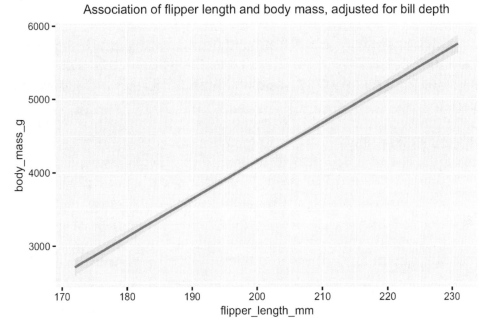

图 11-11 使用鳍的长度和喙的深度预测企鹅体重的多元回归模型。
此图仅显示了鳍的长度和企鹅体重的唯一关联

查看 modelTest()函数的输出结果，结果表明喙的深度可能不是我们想要在模型中使用的另一个因素。使用 Cohen 的 f^2，得到 bill_depth_mm 的唯一效果大小为 0.01。回想一下，一个小的效应量应大于或等于 0.02。因此，喙的深度对企鹅体重没有太大影响：

```
m2PenguinTest <- modelTest(m2Penguin)
print(APAStyler(m2PenguinTest), nrow = 100)
```

```
##                    Term                          Est         Type
## 1:         (Intercept)  -6541.91*** [-7605.56, -5478.26] Fixed Effects
## 2:  flipper_length_mm     51.54*** [    47.87,    55.21] Fixed Effects
## 3:        bill_depth_mm     22.63 [    -3.49,    48.76] Fixed Effects
## 4:  N (Observations)                              342 Overall Model

## 5:          logLik DF                                4 Overall Model
## 6:             logLik                         -2526.97 Overall Model
## 7:                AIC                          5061.94 Overall Model
## 8:                BIC                          5077.28 Overall Model
## 9:                 F2                             3.18 Overall Model
```

```
## 10:                      R2                        0.76 Overall Model
## 11:                  Adj R2                        0.76 Overall Model
## 12: flipper_length_mm      f2 = 2.25, p < .001 Effect Sizes
## 13:      bill_depth_mm      f2 = 0.01, p = .089 Effect Sizes
```

对比示例一和示例二，注意对数据集中的不同变量进行测试的速度。如果企鹅的喙越深就可以捕捉越多的鱼，那么更深的喙对企鹅体重可能会产生更大的影响。但从本例中可以看出，喙的深度对企鹅体重影响似乎很微弱，也许唯一的影响就是增加了喙的重量。

11.3.4 假设与清除

多元回归与线性回归具有相同的假设，可以参考第 8 章，了解更多详细信息。

通常，有以下两点可用于区分简单线性回归和多元回归：(1)假设所有预测变量都存在线性关联，而不仅仅是其中一个；(2)可以用于检查预测变量是否高度相关。在第(2)点中，高度相关的预测变量，通常也称为多重共线性。这是一个很大的词，但这个概念并不难理解。

假设想用学校校友的考试成绩进行回归分析，来预测他们的工作薪水。目前，有一门课的数据，这门课有一组测验和期末考试。课程成绩有课程总成绩、测验总成绩和期末考试成绩。可以设定成绩包括测验和期末考试成绩或测验和总成绩或期末考试成绩和总成绩，但不能三个全部包括。因为总成绩是测验和期末考试成绩的总和，即使有三个变量且两两不相同，但其中两个变量还是能够完美地预测第三个变量。这就是多重共线性的含义：可能有一定数量的变量，但其中一个或多个变量并没有真正的唯一信息。

在实践中，即使一个预测变量没有被其他预测变量完美预测，但它仍然可能存在问题。例如，可能存在高度相关的变量，例如两个变量之间的相关性 $r > 0.90$ 或 $r < -0.90$。在同一个回归中，存在高度相关的变量可能是有问题的，因为多元回归的用途之一是确定一个变量的**唯一**贡献。但是，如果有两个相关性 $r = 0.95$ 的预测变量，那么其中任何一个都没有唯一的信息。这两个变量几乎所有的预测性能都会重叠，而不是唯一的。在最极端的情况下，例如，班级总分正好是期末考试和测验分数的总和，这时回归没有唯一的解决方案，所以 R 语言通常会删除一个预测变量，否则回归不能被预估。

一般来说，多重共线性不是大问题。此外，通常可以通过知道预测变量是什么来确认多重共线性是否可能是一个问题。例如，如果有课堂数据，即使不计算任何统计数据，也可以知道测验和期末考试分数与总分数是共线的。在实践中，除了两个预测变量是否捕捉基本相同的事物的常识之外，多重共线性不是一个常见问题，很少需要解决。如果它已经存在，那么解决它的最常见方法就是删除一个或多个预测变量。还有一些其他选择，但这部分内容超出了入门书的范围。

1. 示例一

关于假设检验的示例，可以回顾一下本章中使用的多元回归示例。之前简要地研究了这些假设，现在则需要更仔细地研究它们。首先，可以快速检查压力和社会支持是否高度相关。多重共线性不太可能成为问题，因为压力和社会支持是不同的衡量标准，但是，如果不确定，可以随时查看相关性。

```
acesData[, cor(STRESS, SUPPORT, use = "pairwise.complete.obs")]

## [1] -0.03476
```

压力和社会支持变量之间的相关性实际上非常接近于 0，因此多重共线性不会造成任何问题。接下来，可以使用 modelDiagnostics() 函数计算检验，使用 plot() 函数将其可视化：

```
## assess model diagnostics
m2d <- modelDiagnostics(m2, ev.perc = .005)
plot(m2d, ncol = 2, ask = FALSE)
```

如前所述，正态性假设通常是通过比较模型与正态分布的残差来检验的。独立假设不容易被验证，但通常都会假设参与者彼此独立(例如，参与者不是兄弟姐妹，没有对同一个人进行重复测量等)。

方差假设的同质性通常通过绘制与预测值相对的残差来评估。预计在整个预测值范围内，残差的分布(方差)大致相等，并且残差中不应存在任何系统性趋势。

虽然不是假设，但想要识别可能对结果产生影响的异常值或极端值，通常是通过检查模型中的残差来完成的。

图 11-12 中的**左图**显示了残差的密度图(实线)，作为参考，完全正态分布的密度会具有相同的均值和残差方差(虚线)。密度图下面的地毯图(小的垂直线)显示了原始数据点的位置。x 轴标签(残差)显示最小值，第 25 个百分位数；中位数，第 75 个百分位数；最大值，提供快速的定量总结。

左图下方显示 QQ 偏差图，这与通常所说的 QQ 图相关。它将 x 轴上观测到的分位数与 y 轴上观测到的和理论上正常分位数之间的偏差绘制成图。如果这些点正好落在图中的直线上，则表明它们正好落在正态分布下预期的位置。地毯图和 QQ 偏差图中将不是极值的点绘制为浅灰色，符合对 modelDiagnostics() 函数的调用中指定的极值标准的点绘制为纯黑色。在图 11-12 的情况下，左图中存在两个这样的极值。

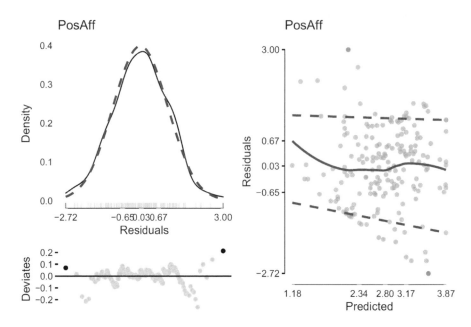

图 11-12 回归模型检验。左图显示了用于评估正态性的残差图,将极值突出显示为黑色。
右图显示了预测值与残差值的关系图,以帮助评估方差假设的同质性

图 11-12 的**右图**显示了模型预测值与残差的散点图。这有助于评估方差假设的同质性。如果残差方差是同质的,则可以预计残差的分布(y 轴)在所有水平的预测值上是相同的。有时这很容易观察到,但有时并不容易。为了在视觉上看起来更清晰,图中添加了分位数回归线。分位数回归线允许回归模型预测第 10 个和第 90 个百分位数,并将这些预测绘制为虚线。在同质方差的假设下,人们会期望这些线近似水平且彼此平行。如果它们不平行,则表明某些预测值的方差比其他预测值更大/更小,称为异质方差。中间的实线是一条黄土平滑线,理想情况下,由于残差中没有系统偏差,它是近似平坦的,并且大约为 0。例如,当预测值较低时,残差始终为正,而预测值较高时,残差始终为负,通常表明数据中的上限/下限效应和/或理想情况下可以通过修正模型来解决的问题。与密度图一样,散点图中的轴显示最小值,第 25 个百分位数;中位数,第 75 个百分位数;最大值,提供很好的残差和预测值的定量总结。

这些图表看起来不错,但并不完美。真实数据从来都不是完美的,残差分布的变化程度也不是极端的。可以合理地满足假设或正态性,并且满足方差同质性或者至少不会差异过大。

2. 示例二

观察另一个结果衡量,NegAff,也就是负面影响,并再次使用压力和社会支持作为预测因素,得到的输出图形如图 11-13 所示:

```
malt <- lm(NegAff  STRESS + SUPPORT, data = acesData)

## assess model diagnostics
maltd <- modelDiagnostics(malt, ev.perc = .005)
plot(maltd, ncol = 2, ask = FALSE)
```

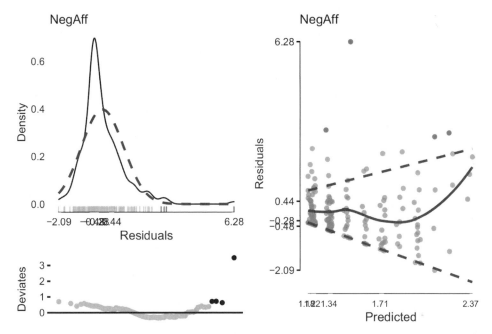

图 11-13　回归模型检验。左图显示了用于评估正态性的残差图，将极值突出显示为黑色。
右图显示了预测值与残差值的关系图，以帮助评估方差假设的同质性

图 11-13 中的图形突出了模型中的问题。残差不是正态分布的，根据当前的标准，存在极值。方差图的同质性看起来并不差，但残差的极值很明显，希望能够将这些极端值删除。然而，明显的非正态性也是一个问题。虽然数学原理超出了本文的范围，但尝试"修复"大的正极值的一种方法是使用对数转换。为举例说明，在此将稍做科普。

与大多数魔术一样，对数转换是有代价的，并且只有在所有结果分数都大于 0 时才被定义。在小于等于 0 时，对数不被定义。

这里拟合一个新模型 malt2，使用 log()函数来获取负面影响的对数并将其作为结果。再次绘制检验图，如图 11-14 所示。

```
malt2 <- lm(log(NegAff)  STRESS + SUPPORT, data = acesData)

## assess model diagnostics
```

```
malt2d <- modelDiagnostics(malt2, ev.perc = .005)
plot(malt2d, ncol = 2, ask = FALSE)
```

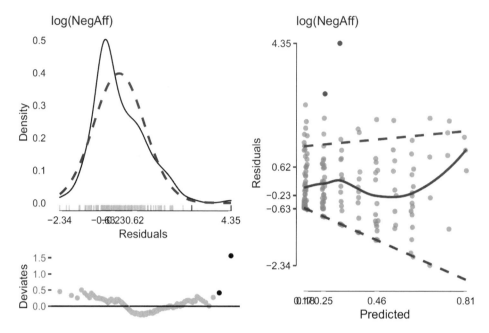

图 11-14　将结果对数转换后的回归模型检验

即使在对数转换之后，极值仍然存在。如果删除它们呢？

在检验对象输出结果 malt2d 中存储和访问极值。它显示结果的分数、索引(极值来自数据中的哪一行)以及极值的效果类型。在本例中，极值是残差的极值。使用索引值将极值从数据集中删除，然后重新拟合模型。可以在索引前使用"-"以指引数据表不选择这些行，而且要**排除**这些行：

```
##    log(NegAff) Index EffectType
## 1:     1.565   123  Residuals
## 2:     1.066   174  Residuals

malt3 <- lm(formula = log(NegAff)   STRESS,
            data = acesData[-malt2d$extremeValues$Index])

## assess model diagnostics
malt3d <- modelDiagnostics(malt3, ev.perc = .005)
plot(malt3d, ncol = 2, ask = FALSE)
```

结果如图 11-15 所示。

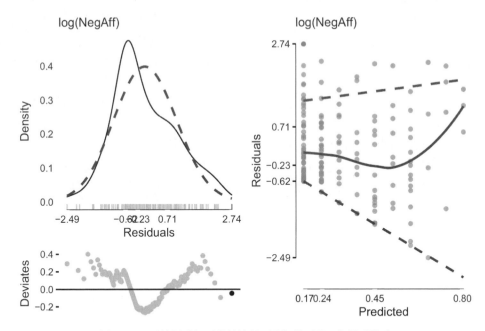

图 11-15　对结果进行对数转换并删除极值后的回归模型检验

排除最初的极值后，出现了一个新的极值。然而，它相对来说没有那么极端。总的来说，模型现在更加完善，但仍有证据表明残差的方差不相等。注意，当预测值较低时，负残差要小得多，而当预测值上升时，负残差将更大。在这一点上，没有其他方法改进模型假设。该模型甚至有可能违反了平等残差(方差同质性)，这是在任何报告中都会承认的限制，并且需在解释此多元回归的结果时加以考虑(即，结果可能在某种程度上违反了假设)。

更高级的统计书籍中，存在不需要相同假设的替代分析方法，但这些方法相当复杂。实际上，对数转换和去除极值是很灵巧的。此处展示这个复杂示例的目的是说明需要进行假设检验，并且鼓励学生在读完这本书后继续学习。有多种方法可以转换数据，以提取一定数量的有用信息，但往往需要更多时间和练习。

11.4　分类预测

除连续变量之外，分类变量也可以作为回归中的预测变量/解释变量。使用分类预测变量的最常见方法是使用哑变量编码。哑变量编码的基本思想是将具有 k 个级别的分类预测变量转换为 k 个单独的哑变量编码，其中，每个特定级别的哑变量编码为 1，否则编码为 0。最简单的情况是一个二元变量，只有两个层次的分类变量(例如，年轻人、老年人)，可以在其中创建一个新的哑变量编码，其中 1 = 老年人，0 = 年轻人。

这个哑变量编码现在是一个数字预测变量(包含 0 和 1)，可以像往常一样包含在回归分析中。哑变量编码这个名字来源于创建一组替代变量(即哑变量)的想法。它有时也被称为 one-hot(独热)编码，因为创建新变量时，旧变量的一个级别是"活动的"或"热的"("热"的意思是带电的电线)，该级别的变量被编码为 1。

哑变量编码与常规连续预测变量之间的唯一真正区别在于：(1)0 点不是任意的，而是代表一个特定的群体(如年轻人)；(2)哑变量编码变量的一个单位变化不是任意的，而是代表群体之间的差异(因为 0 到 1 就是一个单位的变化)。

为了了解这一点，可以查看 mtcars 数据集的前几行。其中有一个变量 cyl，表示汽车中的气缸数，取值包括 4、6 或 8。下表展示了 cyl 的前几行以及哑变量编码：

```
##                        cyl dummy_cyl4 dummy_cyl6 dummy_cyl8
## Mazda RX4                6          0          1          0
## Mazda RX4 Wag            6          0          1          0
## Datsun 710               4          1          0          0
## Hornet 4 Drive           6          0          1          0
## Hornet Sportabout        8          0          0          1
## Valiant                  6          0          1          0
```

在该示例中，请观察当 cyl = 4 时，如何将 dummy_cyl4 编码为 1，并将其他值编码为 0。

虽然可以为分类变量的每个唯一级别创建一个哑变量编码，但在回归模型中，通常只包含 k-1 个哑变量编码。这样做的原因是避免哑变量编码具有多重共线性。以 cyl 为例，该数据集中的每辆车都有 4 个、6 个或 8 个气缸。例如，在模型中包含 dummy_cyl4 和 dummy_cyl6，汽车在 cyl4 上为 1，就知道它有四个气缸；在 cyl6 上为 1，则有六个气缸。如果 cyl4 和 cyl6 都为零，则唯一剩下的选择就是八个汽缸。

一般规则是，如果有 k 级分类预测变量，则可以创建 k 个哑变量编码，并在回归模型中包含 k-1 个哑变量编码。在气缸案例中，具有三个级别，因此可以创建三个哑变量编码，但在任何回归模型中，只会包含两个哑变量编码。

《R 统计高级编程和数据模型》[22]一书中更详细地介绍了哑变量编码。

使用哑变量编码在回归中包含分类预测变量是内置于 R 语言中的。R 语言会自动对预测变量输入回归中的任何因子变量进行哑变量编码，不必手动执行此操作。如果变量不是因子，则需要使用 factor()函数将其转换为因子。

下面介绍带有分类预测变量的简单线性回归。拟合模型并将结果存储在 mcat1 中。还可以像以前的回归模型一样绘制结果。在本例中，将使用积极影响作为结果，并使用教育水平作为预测指标。EDU(教育水平)是一个二元变量，值为 0 或 1，用于表示人们是否已经完成了学士学位，是(1)或否(0)。首先，将其设为因子变量，然后像往常一样将其添加到线性回归中，得到的输出图形如图 11-16 所示：

```
acesData[, EDU := factor(EDU)]

mcat1 <- lm(formula = PosAff    EDU,
            data = acesData)

APAStyler(modelTest(mcat1))

##                  Term            Est         Type
## 1:        (Intercept) 2.82*** [ 2.62, 3.02] Fixed Effects
## 2:               EDU1   -0.13 [-0.47, 0.20] Fixed Effects
## 3: N (Observations)               187 Overall Model
## 4:           logLik DF              3 Overall Model
## 5:              logLik        -284.24 Overall Model
## 6:                 AIC         574.47 Overall Model
## 7:                 BIC         584.16 Overall Model
## 8:                  F2           0.00 Overall Model
## 9:                  R2           0.00 Overall Model
## 10:            Adj R2           0.00 Overall Model
## 11:               EDU    f2 = 0.00, p = .436  Effect Sizes
visreg(mcat1, xvar = "EDU", partial = FALSE, rug = FALSE, gg = TRUE) +
  ggtitle("EDU as a categorical predictor")
```

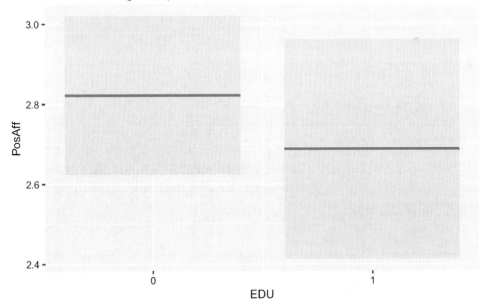

图 11-16　运用 visreg 函数的简单线性回归图，其中，分类预测变量为教育水平，
图中显示每一级教育水平的 95% 置信区间和积极影响预测

图 11-16 用实线表示了每个教育水平的积极影响预测，灰色阴影框是预测均值周围的 95%置信区间。在本例中，由于没有其他预测变量，截距即预测变量为 0 时积极影响的期望值，是低教育水平的人(EDU = 0)的平均积极影响水平，EDU 的回归系数是低教育水平的人和高教育水平的人之间平均积极影响的**差异**，但这在统计上并不显著。

将 EDU1 的回归系数称为平均差，乍一看可能有些奇怪，毕竟一直把回归系数说成一条线的斜率。二者实际上都是正确的。EDU1 的回归系数是一条线的斜率。由于 0 表示受教育程度较低，而 1 表示受过高等教育，因此一个单位的变化(即该线的斜率)正是受教育程度较低和受教育程度较高的人之间的预测差异。事实上，哑变量编码能成为流行技术是因为它允许使用回归的工作方式计算斜率，以获得有关分类预测变量有意义的信息。

这种带有哑变量编码的线性回归的结果将与从双样本 t 检验法中得到的结果完全匹配(将较低教育组的平均值，截距和平均差以及 EDU1 的 p 值进行比较):

```
t.test(PosAff    EDU,
       data = acesData,
       var.equal = TRUE)

##
##      Two Sample t-test
##
## data: PosAff by EDU
## t = 0.78, df = 185, p-value = 0.4
## alternative hypothesis: true difference in means is not equal to 0
## 95 percent confidence interval:
##  -0.2044 0.4721
## sample estimates:
## mean in group 0 mean in group 1
##          2.822           2.688
```

然而，在学习回归的过程中使用哑变量编码进行线性回归的原因是，与 t 检验法不同，回归可以包括多个预测变量以及混合分类和连续预测变量，从而可以拟合比用 t 检验法更复杂和灵活的模型。

11.4.1 示例一

接下来，考虑使用具有三个级别而不是只有两个级别的分类预测变量。在本章的开头，用了一些代码来创建分类压力变量，该变量被编码为压力 0、1 或 2+，并存储为因子变量，名为 StressCat。

这里将使用这个分类变量来预测积极影响。注意，由于 StressCat 具有三个级别，即使只添加一个预测变量，一旦被哑变量编码，两个哑变量编码的预测变量就会被添加到模型中。此外，还将使用 modelDiagnostics()函数进行模型检验，就像使用连续预测变量时一样，结果如图 11-17 所示。残差与预测值图可能因为使用分类预测变量而看起来与其他图略有不同，并没有真正生成连续预测。虽然观测结果数据是连续的，但由于只有三个可能的预测值，因此残差也是连续的：

```
mcat2 <- lm(formula = PosAff    StressCat,
            data = acesData)
```

plot(modelDiagnostics(mcat2), ncol = 2)

尽管预测值具有离散性(这不违反任何回归假设：只有结果必须是连续的)，但检验结果看起来比较符合预期。接下来，可以再次使用 modelTest()函数来获取模型结果和效应量：

```
APAStyler(modelTest(mcat2))
```

```
##                      Term                    Est          Type
## 1:         (Intercept)  3.14*** [ 2.88,  3.39] Fixed Effects
## 2:          StressCat1   -0.32 [-0.74,  0.11] Fixed Effects
## 3:         StressCat2+ -0.69*** [-1.03, -0.34] Fixed Effects
## 4: N (Observations)                      187 Overall Model
## 5:          logLik DF                       4 Overall Model
## ---
## 8:                 BIC                  575.22 Overall Model
## 9:                  F2                    0.08 Overall Model
## 10:                 R2                    0.08 Overall Model
## 11:             Adj R2                    0.07 Overall Model
## 12:          StressCat   f2 = 0.08, p < .001  Effect Sizes
```

可以观察到，在结果中包含了 StressCat 的两个哑变量编码。省略的哑变量编码是StressCat0，这意味着当其他两个哑变量编码为 0 时，模型的截距是预测的没有压力的人的积极影响。因此，现在可以将截距解释为：当所有预测变量都为 0 时预测的积极影响分数。在本例中，意味着 StressCat = 0。

第一个预测变量是 StressCat1，它捕捉没有压力的人和压力得分为 1 的人之间的差异。负号表示压力得分为 1 的人比压力为 0 的人具有更低的积极影响，但可以发现它统计上没有显著差异，并且 95%的置信区间内包括 0。

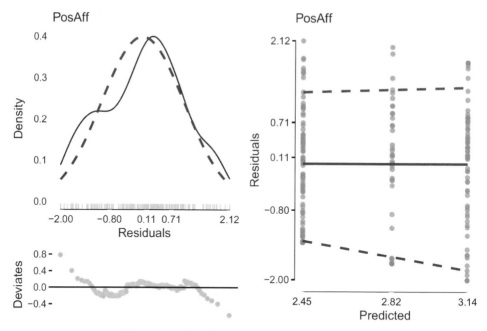

图 11-17 只有一个分类预测变量时的回归检验图

第二个预测变量是 StressCat2+，它捕捉没有压力的人和压力得分为 2+的人之间的差异。负号表示压力得分为 2+的人比压力为 0 的人具有更低的积极影响，可以观察到，它具有统计显著性，$p < 0.001$，并且 95%置信区间内不包括零。

从 modelTest()函数中，还得到了效应量的估计。注意，这只是一个效应量和一个 p 值。最后显示的效应量和 p 值实际上是针对整个 StressCat 变量的。也就是说，它表示测试变量作为一个整体(两个哑变量编码一起)是否与积极影响相关联。这是了解分类预测变量作为一个整体是否具有统计显著性及观测其总体效应量的有用方法。

需要知道，尽管两个哑变量编码都已经展示压力为 1 或 2+的人与压力为 0 的人在积极影响方面是否有不同，但没有测试压力为 1 的人与压力为 2+的人是否有不同。也就是说，在分类预测变量的级别之间没有形成成对比较。当只有两个级别时，这不是问题，但是对于具有三个或更多级别的分类预测变量，可以进行许多成对的比较。一般有两种选择。一种方法是更改省略的哑变量编码，它将成为新的"比较"组，并得到其他成对比较。但是，这需要重新拟合模型，如果是五级分类预测变量，则可能需要多次执行。另一种方法是使用 emmeans 函数包，它具有在回归模型上运行附加测试的功能。这里需要使用两个函数。首先，使用 emmeans()函数，将回归模型作为第一个参数，将要计算均值的变量作为规范参数。保存这些结果并打印出来，将显示每组中估计的积极影响平均值以及 95%置信区间：

```
mcat2.means <- emmeans(object = mcat2, specs = "StressCat")
mcat2.means
```

```
## StressCat emmean    SE df lower.CL upper.CL
## 0           3.14 0.130 184     2.88     3.39
## 1           2.82 0.174 184     2.48     3.16
## 2+          2.45 0.119 184     2.22     2.69
##
## Confidence level used: 0.95
```

现在，获得了一个对每个压力级别具有平均积极影响的对象，接下来，可以使用pair()函数来获得所有可能的成对比较。默认情况下，pairs()函数还使用 Tukey 方法调整 p 值以进行多重比较。在输出结果中，可以观察到每个组之间的平均差异，标记为"估计"和"p.value"表明这两个组之间是否存在显著差异。从结果中，可以观察到，压力为 2+的人与压力为 0 的人有显著差异(基于中间行的 p 值列)，但其他比较在统计上不显著：

```
pairs(mcat2.means)
```

```
## contrast estimate    SE  df t.ratio p.value
## 0 - 1       0.316 0.217 184   1.451  0.3172
## 0 - (2+)    0.685 0.177 184   3.880  0.0004
## 1 - (2+)    0.370 0.211 184   1.751  0.1893
##
## P value adjustment: tukey method for comparing a family of 3 estimates
```

11.4.2　示例二

对于最后一个示例，再次查看 StressCat，但这次在多元回归中，还包含了一个连续预测变量：社会支持(SUPPORT)。首先，以熟悉的方式拟合模型，然后进行模型检验，如图 11-18 所示：

```
mcat3 <- lm(formula = PosAff   StressCat + SUPPORT,
            data = acesData)

plot(modelDiagnostics(mcat3), ncol = 2)
```

检验结果符合预期，所以可以继续。首先，用图表来帮助理解和解释这些结果。像以前一样使用 visreg()函数，将多元回归模型结果存储在 mcat3 中。x 轴变量是SUPPORT。通常，最好将连续预测变量放在 x 轴上。这里执行了一些新步骤：将 StressCat 添加到 by 参数中。这将为 StressCat 中的每个级别创建单独的回归线。overlay=TRUE 参数意味着在一张图中会包含三行内容，而不是单独的面板：

```
visreg(mcat3, xvar = "SUPPORT", by = "StressCat",
       partial = FALSE, rug = FALSE, overlay = TRUE,
       gg = TRUE) +
  ggtitle("SUPPORT and StressCat as predictors")
```

结果如图 11-19 所示。可以看到有三条线，每个压力级别都有一条线。然而，这三条线的斜率都是平行的，这是因为社会支持和积极影响之间的关联被假设为相同的。唯一改变的是，对于不同的压力级别，线的水平(高度)可以不同。通过比较三条线的高度，可以得知压力的关联。例如，尽管社会支持的斜率足够大，但总体而言，2+压力的人具有最低的积极影响，这一点在图中展示得很明显，支持度为 10 且压力为 2+的人仍被预测为比压力为 0 但支持度为 0 的人具有更高的积极影响。

回归模型的系数捕获了图 11-19 的几个不同部分。截距是所有预测变量为 0(即 0 压力和 0 支持)时预测的积极影响。压力类别的回归系数捕获了相对于截距的线高的差值。社会支持的斜率反映了图中线条的斜率。现在，使用 modelTest()函数来获得数值模型结果：

```
APAStyler(modelTest(mcat3))
```

```
##                  Term         Est            Type
## 1:      (Intercept) 2.12*** [ 1.74, 2.50] Fixed Effects
## 2:       StressCat1   -0.22 [-0.61, 0.17] Fixed Effects
```

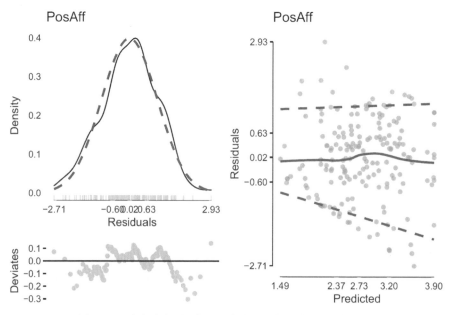

图 11-18　存在分类预测变量和连续预测变量时的回归检验图

```
## 3:        StressCat2+ -0.63*** [-0.94, -0.32] Fixed Effects
## 4:           SUPPORT  0.18*** [ 0.13,  0.23] Fixed Effects
## 5: N (Observations)                      187 Overall Model
## ---
## 10:              F2                      0.35 Overall Model
## 11:              R2                      0.26 Overall Model
## 12:          Adj R2                      0.25 Overall Model
## 13:       StressCat     f2 = 0.09, p < .001  Effect Sizes
## 14:         SUPPORT     f2 = 0.25, p < .001  Effect Sizes
```

在这些结果中，可以再次看到，排除社会支持变量的影响后，压力级别 2+的积极影响明显低于压力级别 0 的积极影响，而压力级别 1 仍然与 0 没有区别(同样，可以在 Est 列中看到，CI 包含 0)。排除压力级别变量的影响，社会支持与积极影响有显著的正相关。还可以比较效应量，作为变量的社会支持具有中等效应量 f^2，而压力类别总体具有较小的效应量。

最后，如果想要压力类别之间进行所有成对比较，可以循环使用之前的代码。用 emmeans()函数计算包含其他变量的调整后的平均值，在本例中是社会支持变量：

```
mcat3.means <- emmeans(object = mcat3,
                       specs = "StressCat")
mcat3.means
```

```
## StressCat emmean    SE  df lower.CL upper.CL
## 0           3.09 0.117 183     2.86     3.33
## 1           2.87 0.157 183     2.57     3.18
## 2+          2.46 0.107 183     2.25     2.67
```

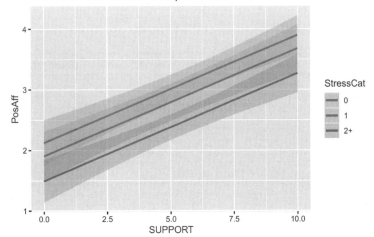

图 11-19 visreg 构建的关于连续预测变量 SUPPORT 的简单线性回归图。
显示每个 StressCat 级别在 95%置信区间下的积极影响预测

```
##
## Confidence level used: 0.95

pairs(mcat3.means)

## **contrast** estimate    SE  df t.ratio p.value
## 0 - 1            0.219 0.196 183   1.117  0.5045
## 0 - (2+)         0.630 0.159 183   3.963  0.0003
## 1 - (2+)         0.411 0.190 183   2.164  0.0802
##

## P value adjustment: tukey method **for** comparing a family of 3 estimates
```

从这些比较中可以看到,压力为 1 和 2+的人的比较结果具有统计显著性,$p = 0.08$。当有社会支持变量影响时,比较结果并不接近,所以在这种情况下,避免社会支持变量的影响似乎可以使压力变量的计算结果变得明显,尽管在统计上仍然不显著。

11.5 总结

本章探讨了多元回归,它允许对单个结果变量有多个预测变量。此外,还学习了如何使用哑变量或 one-hot 编码将分类预测因子添加到回归模型中,从而检查连续变量或分类变量的任意组合作为结果的预测变量。表 11-1 是在本章中学到的关键知识点。

表 11-1 章总结

条目	概念
factor()	将字符(分类)列转换为包含数字(哑变量)因子
fifelse()	快速 if/else,如果(条件为真)为 A,否则为 B
调用	重复线性模型公式
残差	是实际值和预测值之间的差异,如果正常,中位数==0
系数	给出每个预测变量的 bs 和 p 值
残差标准差	用于进一步计算和缺失值的标准误差统计数据
拟合度(R^2)	由 x 值解释的 y 值方差比例
F 统计量	如果模型总体显著,则包括总体模型 p 值
confint()	用于模型,给出了 bs 的置信区间
qt()	学生 t-分布分位数函数,与 qnorm()比较
visreg()	帮助可视化回归模型
annotate()	添加文本(包括 visreg()函数)的 ggplot2 函数
xlab()	添加 x 轴标签的 ggplot2 函数

(续表)

条目	概念
ylab()	添加 y 轴标签的 ggplot2 函数
ggtitle()	添加标题文本的 ggplot2 函数
ev.perc =	为极值建模 Diagnostics() 的新参数
Cohen's f^2	近似效应量，$f^2 = 0.02$ 为小，$f^2 = 0.15$ 为中，而 $f^2 = 0.35$ 为大
APAStyler	"整齐地"打印 modelTest() 对象，给出 f^2
多重共线性	高度相关的预测因子，通常不会造成问题
log()	对数函数，用于使正的非正态值呈正态
分类	预测变量通过 one-hot 或哑变量编码，以包含在多元回归模型中
emmeans()	显示给定分类预测变量的平均输出结果
pairs()	显示一对分类预测变量的平均输出结果之间的差异

11.6 练习与融会贯通

本节将通过一些练习题来检查你的进步与成长。理论核查部分会提出批判性思维的问题，最好用书面方式或口头方式来解答。统计学的美妙之处在于将结果成功地传达给利益相关者或者其他听众。有时这些听众非常专业，有时则不是。练习题部分则对本章探讨过的概念进行更直接的应用。

11.6.1 理论核查

1. 在企鹅示例中，Biscoe 岛似乎并没有改变 Adelie 企鹅的一些特征，因此，可以不考虑岛屿的影响。此外，喙的深度在预测体重方面似乎并不是关键因素。除了鳍状肢的长度，还有哪些变量可以用于进一步了解企鹅体重？

2. 如果另一些企鹅变量为分类变量，是否需要先将它们转换为因子？str() 函数说明了关于 penguinsData 的什么信息？

11.6.2 练习题

1. 假设认为生理性别可能是企鹅体重的一个很好的额外预测指标。考虑 m2Penguin 中的汇总数据，可以用什么变量来替换性别变量？残差的中位数是多少，理想情况下残差的中位数应该是多少？调整后的 R^2 是多少？如何使用 R^2 来判断性别是否比替换掉的变量具有更好的预测结果？

```
summary(m2Penguin)
```

```
##
## Call:
## lm(formula = body_mass_g ~ flipper_length_mm + bill_depth_mm,
##     data = penguinsData)
##
## Residuals:
##     Min      1Q Median     3Q    Max
## -1029.8 -271.5  -23.6 245.2 1276.0
##
## Coefficients:
##                   Estimate Std. Error t value Pr(>|t|)
## (Intercept)       -6541.91     540.75   -12.1   <2e-16 ***
## flipper_length_mm    51.54       1.87    27.6   <2e-16 ***
## bill_depth_mm        22.63      13.28     1.7    0.089 .
## ---
## Signif. codes: 0 '***' 0.001 '**' 0.01 '*' 0.05 '.' 0.1 ' ' 1
##
## Residual standard error: 393 on 339 degrees of freedom
##   (2 observations deleted due to missingness)
## Multiple R-squared: 0.761, Adjusted R-squared: 0.76
## F-statistic: 540 on 2 and 339 DF, p-value: <2e-16
```

2. 使用 lm(formula = , data = penguinsData)函数，在 formula =函数后填空，以创建一个多元回归模型，其中体重结果由鳍的长度和性别变量预测。将该模型命名为 m3Penguin。通过 summary()函数，能知道什么？

3. 如果之前的代码正确运行，则运用以下代码绘制检验图：

```
m3Penguind <- modelDiagnostics(m3Penguin, ev.perc = 0.005)
plot(m3Penguind, ncol = 2, ask = FALSE)
```

检验图是否表明模型运行状态良好？

4. 如果之前的代码编码正确，分类变量性别的回归模型均值应产生类似于图 11-16 的图形。在 11.4 节的示例中，教育水平的平均积极影响具有重叠的置信区间。本例中，企鹅的平均体重是否与生理性别重叠？

```
visreg(m3Penguin, xvar = "sex", partial = FALSE, rug = FALSE,
gg = TRUE) +
  ggtitle("Association of sex and body mass, adjusted for
  flipper length")
```

5. 同样，如果一切顺利，应该能够看到鳍状肢的长度和性别的 f^2 效应大小。使用本章中 Cohen 的 f^2 的图表，鳍状肢长度的效应量是多少？性别的效应量是多少？

```
m3PenguinTest <- modelTest(m3Penguin)
print(APAStyler(m3PenguinTest), nrow = 100)
```

第12章

调节回归

多元回归可以将多个变量作为预测因子并给出相应结论，因此，这种方法构建的模型往往更为准确。但是，在多元回归中，不允许两个预测变量之间存在相互影响。回顾关于企鹅的示例，体重也许不仅仅与鳍状肢的长度或喙的深度相关，更确切地说，在两者之间还可能存在一些独特的协同作用，这种协同作用将促使企鹅体重变化。在本章中，将探讨两个(或多个)预测变量可能存在的交互作用的方式。通常来说，这些方法可以用于创建更加完整的模型。

本章涵盖以下内容：

- 了解多元回归与调节回归的区别。
- 构建调节回归模型并将其可视化。
- 分析调节回归模型中各种数据的意义。
- 通过人性化的图表与描述，传达调节回归模型给出的结论。

12.1　设置 R 语言

像往常一样，为了继续练习创建和使用项目，在本章中将创建一个新的项目。

如果有必要，请回顾第 1 章创建新项目的步骤。启动 RStudio 软件之后，在左上角的菜单栏中选择 File 选项，单击 New Project 按钮，依次选择 New Directory | New Project 选项，并将项目命名为 ThisChapterTitle，最后选择 Create Project 选项。创建 R 脚本文件需要单击在顶部菜单栏 File 选项下方的白纸上方带加号的小图标，选择 R 脚本菜单选项，单击光盘状的 save 图标，并将文件命名为 PracticingToLearn_XX.R(XX 为这一章的编号)，最后单击 Save 按钮。

在右下窗格中会显示项目的两个文件。单击 File 选项卡正下方的 New Folder 按钮，在 New Folder 弹出窗口中输入 data，并单击 OK 按钮，之后单击右下窗格中新的 data 文件夹，重复上述文件夹的创建过程，创建一个名为 ch12 的文件夹。

本章将用到的程序包均已通过第 2 章的学习安装在计算机中，不需要重新安装。

由于这是一个新项目且是第一次运行这组代码，因此需要首先运行下面的 library()
调用：

```
library(data.table)

## data.table 1.13.0 using 6 threads (see ?getDTthreads). Latest news:
r-datatable.com

library(ggplot2)
library(visreg)
library(emmeans)
library(palmerpenguins)

library(JWileymisc)
```

接下来，需要运用与第 11 章中相同的方法设置数据集。

```
data(aces_daily)
acesData <- as.data.table(aces_daily)[SurveyDay == "2017-03-03" &
SurveyInteger == 3]
acesData[, StressCat := factor(fifelse(STRESS >= 2,
                                       "2+",
                                       as.character(STRESS)))]
penguinsData <- as.data.table(penguins)
```

现在，可以自由地学习更多统计知识了！

12.2 调节回归理论

在之前回归分析的学习中，主要关注了每个预测变量如何单独或在较大的模型中
与结果变量建立关联。这种方法可以检查两个变量间是否相互关联，以及这种关联关
系是否唯一或独立于其他变量。然而，到目前为止，一直假定每个变量均有相同的关
联关系，如果两个变量之间的关联关系对每个变量来说都不一样，该怎么办？

例如，在饥饿的时候吃饭会有正面感受，而在吃饱的时候吃饭则会有负面感受，
这其实就是统计学中所谓的**调节**的一个示例。事实上，吃东西和感受之间的关联是通
过饱腹感来调节的。对于饥饿的人来说，吃东西是幸福的，而对于饱食的人来说，吃
东西则是痛苦的。

另一个相关示例是抗抑郁药物，该类药物已被证明在一般情况下可以有效减轻抑
郁症的症状。然而，这类药物可能并不适用于所有人。例如，抗抑郁药可能对抑郁症
患者有所帮助，但对非抑郁症患者可能没有任何益处，也就是说，抗抑郁药对情绪是
否有有益作用是通过抑郁症的存在与否来调节的。

还存在很多的相似示例，例如，生活或工作中会有某些对一个人有帮助但对另一个人没有帮助的事情。因此，尽管已经掌握了更有效率的多元回归方法，仍需要掌握另一种方法，来使其更加灵活。此外，还需要能够解释这样的一个事实—— 一部分人与其他的人群相比会存在不同的变量关联关系，这个概念的正式术语名为调节。在回归中，可以通过两个或多个变量之间的**交互作用**来测试调节。

交互项是两个(或多个)变量的算术乘积。也就是将两个或多个变量相乘。

为了了解调节，接下来将从最熟悉的多元回归方程开始，其中包含两个预测变量 x 和 w 和预测结果 y：

$$y = b_0 + b_1 * x + b_2 * w + \varepsilon \tag{12-1}$$

接下来，可以通过一个额外的预测变量——两个变量的算术乘积(乘法)——来测试两个预测变量 x 和 w 之间是否存在调节，等式如下：

$$y = b_0 + b_1 * x + b_2 * w + b_3 * (x * w) + \varepsilon \tag{12-2}$$

第三个回归系数 b_3 为变量 x 与变量 w 的乘积，它也被称作**交互**项。

注意

交互作用或调节可能会涉及两个以上的变量，但本书只专注于介绍和解释两个变量之间的交互作用。

可以在任意两个变量之间进行交互，无论它们是否均为连续变量或者均为分类变量，还是一个是连续变量，一个是分类变量。为了包含与分类变量的交互，需要运用相同的构想并创建变量的算术乘积，但这是在哑变量编码上完成的，并不是原始分类变量。能够这样操作，是因为哑变量编码是数字变量，所以可以对它们进行乘法等操作。

这是对与调节和交互作用相关的一些想法和概念的简要概述，如果想了解更多的相关内容，可以看一下 Aiken 和 West (1991)写的一本简短的经典书籍[5]，这本书完全致力于回归中的调节和交互作用，是一个很好的附加资源。

接下来，将专注于 R 语言中关于调节回归应用的几个示例。

R 语言中的调节回归

在 R 语言中包含交互作用在操作上很容易。在回归公式中，通过"*"这个单一的 R 语言中的运算符(不完全是单纯的乘法运算符)，可以扩展给出变量之间的主要影响以及交互作用。

如果想要了解这个扩展的实际效果，请回顾第 11 章多元回顾的相关内容。企鹅鳍状肢长度和喙深度的多元回归是通过以下代码构建的：

```
mPmul <- lm(formula = body_mass_g   flipper_length_mm + bill_depth_mm,
        data = penguinsData)
```

请特别注意前面代码中的"tell-tale"符号，即鳍状肢长度和喙深度之间的"+"符号。

查看 summary()函数的结果，则可以看到截距 b_0 的值，鳍状肢长度 b_1 的值和喙深度 b_2 的值：

```
summary(mPmul)

##
## Call:
## lm(formula = body_mass_g   flipper_length_mm + bill_depth_mm,
##     data = penguinsData)
##
## Residuals:
##     Min     1Q   Median     3Q     Max
## -1029.8 -271.5   -23.6  245.2 1276.0
##
## Coefficients:
##                   Estimate Std. Error t value Pr(>|t|)
## (Intercept)       -6541.91     540.75   -12.1   <2e-16 ***
## flipper_length_mm    51.54       1.87    27.6   <2e-16 ***
## bill_depth_mm        22.63      13.28     1.7    0.089 .
## ---
## Signif. codes: 0 '***' 0.001 '**' 0.01 '*' 0.05 '.' 0.1 ' ' 1
##
## Residual standard error: 393 on 339 degrees of freedom
##   (2 observations deleted due to missingness)
## Multiple R-squared: 0.761, Adjusted R-squared: 0.76
## F-statistic: 540 on 2 and 339 DF, p-value: <2e-16
```

也就是说，多元回归的一般公式：

$$y = b_0 + b_1 * x + b_2 * w + \varepsilon \qquad 同(12\text{-}1)$$

变成了具体的公式：

body_mass_g= −6541.91+51.54**flipper_length_mm*+22.63*bill_depth_mm+ε

在调节回归中，对 lm()函数的调用几乎是相同的，只需将"+"替换为"*"：

```
mPmod <- lm(formula = body_mass_g   flipper_length_mm * bill_depth_mm,
            data = penguinsData)
```

此时，summary()函数会返回更多的变量：

```
summary(mPmod)

##
## Call:
## lm(formula = body_mass_g    flipper_length_mm * bill_depth_mm,
##     data = penguinsData)
##
## Residuals:

##     Min     1Q Median     3Q    Max
## -938.9 -254.0  -28.2  220.7 1048.3
##
## Coefficients:
##                                  Estimate Std. Error t value Pr(>|t|)
## (Intercept)                     -36097.06    4636.27   -7.79 8.6e-14
## flipper_length_mm                  196.07      22.60    8.67 < 2e-16
## bill_depth_mm                     1771.80     273.00    6.49 3.1e-10
## flipper_length_mm:bill_depth_mm    -8.60       1.34   -6.41 4.8e-10
##
## (Intercept)                     ***
## flipper_length_mm               ***
## bill_depth_mm                   ***
## flipper_length_mm:bill_depth_mm ***
## ---
## Signif. codes: 0 '***' 0.001 '**' 0.01 '*' 0.05 '.' 0.1 ' ' 1
##
## Residual standard error: 372 on 338 degrees of freedom
##   (2 observations deleted due to missingness)
## Multiple R-squared: 0.787, Adjusted R-squared: 0.785
## F-statistic: 416 on 3 and 338 DF, p-value: <2e-16
```

即，调节回归的一般公式：

$$
\begin{aligned}
y = b_0 + b_1 * x \\
+ b_2 * w \\
+ b_3 * (x * w) + \varepsilon
\end{aligned}
\qquad 同(12\text{-}2)
$$

变成了具体的公式：

$$
\begin{aligned}
body\_mass\_g = &-36097.06 + 196.07 * flipper\_length\_mm \\
&+ 1771.80 * bill\_depth\_mm \\
&- 8.60 * (flipper\_length\_mm * bill\_depth\_mm) + \varepsilon
\end{aligned}
$$

这也就是所谓的"扩展"——R 语言识别到"*"符号时，就会判定为在做调节回归。还需要注意，所有的 $b_i s$ 在模型转换时都发生了变化。尽管有一些相似之处，但在整个回归模型转换过程中，仍涉及相当多的数学运算。

12.3　R 语言中分类变量与连续变量的调节回归

接下来，将通过一个示例来研究通过分类变量调节的连续变量。

示例

在第 11 章中，有一个示例表明压力级别(0，1，2+)和社会支持都预计产生积极影响。接下来，将以此示例为基础，允许社会支持和压力级别之间存在交互作用并进行研究。与模型的先前版本相比，代码中唯一的变化是将 StressCat 和 Support 之间的 "+" 号更改为 "*" 号。

一个连续变量和一个分类变量之间的交互作用是最容易解释的，因此，此处以该示例作为研究起点。在对模型输出进行研究之前，首先需要构建一个结果图。与之前相同，运用 visreg()函数，结果如图 12-1 所示。事实上，此处 visreg()函数的代码与在第 11 章中使用的代码是相同的，只有模型被更改为含有交互作用的回归模型：

```
mint1 <- lm(formula = PosAff   StressCat * SUPPORT,
            data = acesData)

visreg(mint1, xvar = "SUPPORT", by = "StressCat",
       partial = FALSE, rug = FALSE, overlay = TRUE,
       gg = TRUE) +
  ggtitle("SUPPORT and StressCat as predictors")
```

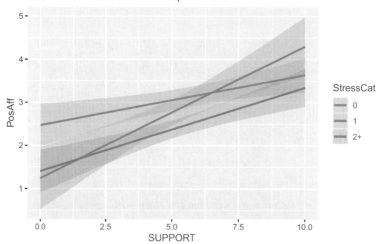

图 12-1　用于预测积极影响的调节回归：压力级别与社会支持之间存在
交互作用。线为每组数据在 95%置信区间对应的预测值构成

图 12-1 与第 11 章中的图 11-19 相似，只是现在线不是平行关系。也就是说，对于各种压力级别的人来说，社会支持和积极情感之间的关联不再被迫相同。此外，不同压力类别之间积极影响的差异也不再相同了。例如，压力为 1 的人在社会支持为 0 时的积极情感最低，而在社会支持为 10 时的积极情感最高。图 12-1 中的线彼此并不平行，这就意味着交互作用和调节。

与统计学中的许多事物一样，从视觉上看，线之间可能存在一些差异，但还是需要测试差异是否具有统计显著性(通常即 $p < 0.05$)并以此来检验差异是否可能代表真正的总体差异，还是只是由于偶然对某些群体中具有较强或较弱关联的人进行随机抽样而造成的差异。从回归模型和交互项系数的检验中，可以对此进行校验。

在该案例中，虽然只有两个预测因子，但由于压力具有三个级别，因此需要包含两个哑变量编码，并且它们都与社会支持交互作用。模型的方程为：

$$
\begin{aligned}
PosAff = {} & b_0 + b_1 * StressCat1 + b_2 * StressCat2 + + \\
& b_3 * SUPPORT + b_4 * (StressCat1 * SUPPORT) + \\
& b_5 * (StressCat2) + * SUPPORT) + \varepsilon
\end{aligned}
\tag{12-3}
$$

与之前相同，可以使用 modelTest()函数和 APAStyler()函数来获得模型结果。当存在很多系数时，为了确保所有的行都可以被展示出来，需要使用 print()函数并指定需要展示的最大行数。此处，可以花点时间来体会一下使用编程来切换模型有多么便捷。由于许多 R 语言函数"智能"到足以检测出不同的模型种类，因此在代码方面只需做简单调整，就可以让计算机方面运用正确的计算方法：

```
mint1Test <- modelTest(mint1)
print(APAStyler(mint1Test), nrow = 100)
```

```
##                      Term                      Est           Type
##  1:          (Intercept) 2.47*** [ 1.98,  2.97] Fixed Effects
##  2:           StressCat1 -1.23** [-2.11, -0.36] Fixed Effects
##  3:          StressCat2+ -1.07** [-1.77, -0.37] Fixed Effects
##  4:              SUPPORT  0.12** [ 0.04,  0.19] Fixed Effects
##  5:   StressCat1:SUPPORT    0.19* [ 0.04,  0.34] Fixed Effects
##  6:  StressCat2+:SUPPORT    0.08 [-0.04,  0.19] Fixed Effects
##  7:      N (Observations)                    187 Overall Model
##  8:           logLik DF                      7 Overall Model
##  9:              logLik                -253.26 Overall Model
## 10:                 AIC                 520.52 Overall Model
## 11:                 BIC                 543.14 Overall Model
## 12:                  F2                   0.40 Overall Model
## 13:                  R2                   0.28 Overall Model
## 14:              Adj R2                   0.26 Overall Model
## 15:            StressCat  f2 = 0.07, p = .003 Effect Sizes
## 16:              SUPPORT  f2 = 0.05, p = .003 Effect Sizes
## 17:    StressCat:SUPPORT  f2 = 0.04, p = .039 Effect Sizes
```

交互作用、乘积项(等式中的 b_4 和 b_5)在输出中显示为 StressCat1:SUPPORT 和 StressCat2+:Support。通常，研究人员会首先检查交互项，如果交互项在统计上没有显著性，研究人员通常会选择放弃交互项，因为这会使在必须报告不同组中变量之间的关联时，结果的解释更加困难。当仅使用多元回归时，就可以简单地表述为"这两个变量具有正相关性"。

当模型中包含交互作用时，构成该交互作用的变量的回归系数通常被称为"简单效应"，因为它们捕获了调节变量某个特定值处的效应(斜率)。模型中的交互项反映了不同压力级别间社会支持斜率的差异，可以通过因式分解和重新排列来查看每组中的斜率。

为什么需要特别关注斜率？在数学中，两个值(x 值和 y 值)之间的斜率就是变化率。在第 8 章线性回归的简单模型中，公式 $y=b_0+b_1*x$ 中，常数值 b_1 即是斜率。如果 x 值由 1 变为 2，就会将 b_1 值翻倍，这会导致 y 值的总大小增加。因此，通过查看 b_1(即斜率)，可以得知随着 x 值增加 y 值增加的速率。当然，如果 b_1 是负值，那么随着 x 值的增加，相应 y 值会减少。

现在面临的等式更为复杂——该等式涉及很多值，因此最好使用数学/代数因式分解来进行处理。如果想要知道 SUPPORT 的增加将如何改变(增加/减少)PosAff，需要找到 SUPPORT 对应的斜率。但是，SUPPORT 出现在许多项中，因此需要只保留一个含有 SUPPORT 的值，这也就是数学或代数因式分解的作用——在某个时候的代数课上，可能已经练习过这类因式分解。

对于代数/数学因式分解，如果有三个项均涉及 a，则可以提出 a，如下所示：

$$2*a+3*a^2+4*a^3=\left(2+3*a+4*a^2\right)*a$$

可以用类似的方式找到 SUPPORT 对应的斜率(即变化率)：将所有涉及 SUPPORT 的项放在同一行中，然后针对 SUPPORT 进行因式分解。首先，回顾之前使用压力类别和社会支持作为积极影响的预测因子构建的方程式 12-3。式 12-3 的第二行是所有乘以 SUPPORT 的项，就像前面示例中提出 a 一样，此处可以将 SUPPORT 提出。比起理想状况，现实状况要更加混乱，尽管如此，也可以看到因式分解的标志：(stuff) * SUPPORT。stuff 实际上即为 SUPPORT 的斜率！

$$
\begin{aligned}
PosAff &= b_0 + b_1 * StressCat1 + b_2 * StressCat2 + \\
&\quad + b_3 * SUPPORT + b_4 * \left(StressCat1 * SUPPORT\right) + b_5 * \left(StressCat2 + *SUPPORT\right) + \varepsilon \\
&= b_0 + b_1 * StressCat1 + b_2 * StressCat2 + \\
&\quad + \left(b_3 + b_4 * StressCat1 + b_5 * StressCat2 +\right) * SUPPORT + \varepsilon
\end{aligned} \tag{12-4}
$$

整个过程需要运用一些数学知识。至此，重组和分解已经取得了一定成效，社会支持和积极影响之间的斜率(或变化率)为：

$$(b_3 + b_4 * StressCat1 + b_5 * StressCat2 +)$$

这比之前见到的任何斜率都要复杂。斜率本身会根据压力的变化而变化！一旦用特定的值代替压力级别，斜率会发生什么变化？下面是全部的三种可能性：

- 压力级别在 2+以上的人：$b_3 + b_4 *0 + b_5 *1 = b_3 + b_5 *1 = b_3 + b_5$
- 压力级别为 1 的人：$b_3 + b_4 *1 + b_5 *0 = b_3 + b_4 *1 = b_3 + b_4$
- 压力级别为 0 的人：两个哑变量编码均为 0，$b_3 + b_4 *0 + b_5 *0 = b_3$

此处，有几点需要注意。首先，b_3 是当压力类别为 0 时社会支持的斜率，也就是说，b_3 是社会支持的实际斜率。还需注意，无论选择省略哪一个哑变量，b_3 都是压力级别参考组的社会支持对应的斜率。

还可以看到，b_4 和 b_5 并不是压力为 1 或 2+的人的社会支持对应的斜率，而是将 b_4 和 b_5 加到 b_3 中，以找出其他群体的社会支持对应的斜率。b_4 和 b_5 反映了压力为 1 与压力为 0 以及压力为 2+与压力为 0 的社会支持对应的斜率的差异。这是一件好事，因为 b_4 和 b_5 捕获斜率差异，可以借此测试该差异是否不等于 0。如果是(有显著差异，$p < 0.05$)，那么可以断定这两个斜率是不同的；如果斜率的差异与 0 没有显著差异，则可以得出结论，在本案例中，无法判断斜率是在现实中不同，还是只是在本例的随机样本中不同。

捕获两个(或多个)预测值之间的交互作用可用于调节 SUPPORT 的斜率(即变化率)。回顾图 12-1，这三条不同的直线有三个不同的斜率。这三个斜率其实就是刚刚讨论过的三种可能性。注意，StressCat = 0 时，线的斜率是最平缓的。对于没有压力的人来说，社会支持越多越好，但并没有太大的影响。但是，对于 StressCat = 1 的人来说，这条线就相对陡峭。换句话说，斜率更大，也就意味着更多的社会支持会帮助这些人感受到更多的积极情绪。

虽然只是使用压力类别来理解社会支持和积极影响之间的关系，但交互作用和调节是双向的。任何变量都可以作为调节变量。为了证明这一点，接下来会重新排列方程，以突出压力不同的各组之间的差异。但是，必须进行重构，因此，一定要掌握如何进行因式分解。

为了进行重构，接下来将从方程的第一行开始。首先，需要将 StressCat1 和 StressCat2+重新排序在各自的行上。然后，在每条线上提出共同的 StressCat1 和 StressCat2+项，以查看每个项的斜率：

$$
\begin{aligned}
PosAff &= b_0 + b_1 * StressCat1 + b_2 * StressCat2 + \\
&\quad + b_3 * SUPPORT + b_4 * (StressCat1 * SUPPORT) + b_5 * (StressCat2 + *SUPPORT) + \varepsilon \\
&= b_0 + b_3 * SUPPORT \\
&\quad + b_1 * StressCat1 + b_4 * (StressCat1 * SUPPORT) \\
&\quad + b_2 * StressCat2 + + b_5 * (StressCat2 + *SUPPORT) + \varepsilon \\
&= b_0 + b_3 * SUPPORT_i + \\
&\quad (b_1 + b_4 * SUPPORT) * StressCat1 + \\
&\quad (b_2 + b_5 * SUPPORT) * StressCat2 + + \varepsilon
\end{aligned}
\tag{12-5}
$$

通过观察可以发现，没有压力的人和压力为 1 的人之间的差异为 $b_1 + b_4 * SUPPORT$。同样，没有压力的人和压力为 2+ 的人之间的差异为 $b_2 + b_5 * SUPPORT$。

假设 SUPPORT = 0，那么 b_1 可以解释为社会支持为 0 时，没有压力的人和压力为 1 的人之间的差异。

同样，b_2 可以解释为当社会支持为 0 时，没有压力的人和压力为 2+ 的人之间的差异。

差异或斜率不再适用于所有人。调节回归中，斜率仅适用于特定人群，因此，必须改变谈论和书写斜率的方式，以解释想要描述的群体，在描述中加上诸如"当社会支持为 0 时"之类的内容。如果研究压力级别和教育水平之间的交互作用，则需要说明"当教育水平为 0 时"。当然，并不一定将变量设为 0，实际上，可以代入不同的值并计算其差异值。

综上所述，现在回顾一下模型的输出，看看是否能够对这些数字进行解释。以下内容可供参考：

```
print(APAStyler(mint1Test), nrow = 100)
```

```
##                  Term               Est            Type
##  1:       (Intercept)  2.47*** [ 1.98,  2.97] Fixed Effects
##  2:        StressCat1 -1.23** [-2.11, -0.36] Fixed Effects
##  3:       StressCat2+ -1.07** [-1.77, -0.37] Fixed Effects
##  4:           SUPPORT  0.12** [ 0.04,  0.19] Fixed Effects
##  5: StressCat1:SUPPORT  0.19* [ 0.04,  0.34] Fixed Effects
##  6: StressCat2+:SUPPORT  0.08 [-0.04,  0.19] Fixed Effects
##  7:   N (Observations)             187 Overall Model
##  8:         logLik DF               7 Overall Model
##  9:            logLik         -253.26 Overall Model
## 10:               AIC          520.52 Overall Model
## 11:               BIC          543.14 Overall Model
## 12:                F2            0.40 Overall Model
## 13:                R2            0.28 Overall Model
## 14:            Adj R2            0.26 Overall Model
## 15:         StressCat  f2 = 0.07, p = .003  Effect Sizes
```

```
## 16:              SUPPORT    f2 = 0.05, p = .003  Effect Sizes
## 17:    StressCat:SUPPORT    f2 = 0.04, p = .039  Effect Sizes
```

可以这样解释：

对 187 人构建了多元回归模型，通过压力级别、社会支持和它们的交互作用预测积极影响。

在无压力的人中，社会支持每高 1 个单位，积极影响就会增加 0.12(95% CI = [0.04, 0.19])，$p < 0.01$。

对于压力为 1 的人，社会支持和积极影响的斜率比没有压力的人高 $b = 0.19$ [0.05, 0.34]，$p < 0.05$，说明压力组和社会支持间确实存在交互作用。

对于压力为 2+ 的人，社会支持和积极影响的斜率较高，但与没有压力的人相比，差异并没有统计学意义($p > 0.05$)。

总体而言，压力*社会支持交互作用的效应量为小型，Cohen 的 $f^2 = 0.04$，但它具有统计学意义，$p = 0.039$。对于没有社会支持的人，压力为 1 或 2+ 与较低的积极影响相关(均 $p < 0.01$)。

尽管在默认情况下，APAStyler()函数使用星号表示 p 值来简化输出，但如果需要每个系数的精确 p 值，则可以运用 pcontrol()参数。接下来是一个示例：

```
print(APAStyler(modelTest(mint1),
  pcontrol = list(digits = 3, stars = FALSE, includeP = TRUE,
                  includeSign = TRUE, dropLeadingZero = TRUE)),
  nrow = 100)
```

```
##                     Term              Est        Type
## 1:          (Intercept)  2.47p < .001 [ 1.98,  2.97] Fixed Effects
## 2:           StressCat1 -1.23p = .006 [-2.11, -0.36] Fixed Effects
## 3:          StressCat2+ -1.07p = .003 [-1.77, -0.37] Fixed Effects
## 4:              SUPPORT  0.12p = .003 [ 0.04,  0.19] Fixed Effects
## 5:    StressCat1:SUPPORT  0.19p = .012 [ 0.04,  0.34] Fixed Effects
## 6: StressCat2+:SUPPORT  0.08p = .179 [-0.04,  0.19] Fixed Effects
## 7:      N (Observations)                       187 Overall Model
## 8:            logLik DF                         7 Overall Model
## 9:               logLik                   -253.26 Overall Model
## 10:                 AIC                    520.52 Overall Model
## 11:                 BIC                    543.14 Overall Model
## 12:                  F2                      0.40 Overall Model
## 13:                  R2                      0.28 Overall Model
## 14:              Adj R2                      0.26 Overall Model
## 15:           StressCat      f2 = 0.07, p = .003 Effect Sizes
## 16:              SUPPORT      f2 = 0.05, p = .003 Effect Sizes
## 17:    StressCat:SUPPORT      f2 = 0.04, p = .039 Effect Sizes
```

以上解释涵盖了相当多的内容，但也有一些不足之处。例如，有人可能想知道压力为 1 或压力为 2+时，社会支持的斜率究竟是多少，而不仅仅是其差异。此外，没有解释 StressCat 或 SocialSupport 的效应大小，这是因为它们属于唯一的效应影响，排除了模型中的其他变量的影响。因此，以 SocialSupport 为例，它排除了压力和压力*社会支持交互作用的影响。由于交互作用包括社会支持，因此谈论一个部分独立于自身的变量的"效应大小"有些许奇怪。这背后的数学/统计学也许更适合统计理论，而不是这种应用讨论。通常，只需报告交互作用的效应大小，其余部分仅需报告简单斜率。

为了获得每个压力组中社会支持和积极影响的简单斜率，可以使用 emmeans 程序包中一个名为 emtrends()的有用函数。如果需要，emtrends()函数可以按另一个变量的级别水平来计算趋势(斜率)。此处需要运用三个参数：mint1 是模型对象，specs 指支持斜率根据压力水平进行分组研究，最后是变量 var，它是用于简单斜率的变量，这里指社会支持。此处需要保存结果，然后使用带有 infer = TRUE 的 summary()函数来获取每个简单斜率的 p 值。值得一提，与描述性统计相反，infer 参数来自推论统计：

```
m1int.slopes <- emtrends(
  object = mint1,
  specs = "StressCat",
  var = "SUPPORT")

summary(m1int.slopes, infer = TRUE)

##  StressCat SUPPORT.trend     SE  df lower.CL upper.CL t.ratio p.value
## 0                 0.117 0.0389 181   0.0398    0.194   2.997  0.0031
## 1                 0.307 0.0643 181   0.1797    0.433   4.770  <.0001
## 2+                0.194 0.0425 181   0.1106    0.278   4.578  <.0001
##
## Confidence level used: 0.95
```

输出显示了压力为 0、1 和 2+时的社会支持斜率，以及每个斜率的 95%置信区间和 p 值。这些结果有助于加深对交互作用的理解。现在，可以说社会支持与所有压力级别的积极影响呈显著的正相关关系。然而，如前所见，压力为 1 与为 0 相比斜率明显更大。

同样，有人可能想知道压力不同的组之间具体有何不同。因为此刻正在研究相互作用，所以并不能说压力不同的组整体上有何不同，只能说它取决于社会支持的水平。

与压力具有分类性不同，社会支持 SUPPORT 是持续的，因此很容易分成几个步骤。因为社会支持是连续的，所以可以选择许多不同的值。就像直方图将数据"分箱"成列以便更清晰地观察发生了什么一样，也可以为连续变量选择一些级别。连续变量"默认"有三个级别：标准差低于均值(低)、均值(平均)和标准差高于均值(高)，通常写作 M ± 1SD。

接下来，让 R 语言计算这三个值：

```
## calculate M - 1 SD, M, and M + 1 SD

m1.MeanSDlow <- mean(acesData$SUPPORT, na.rm = TRUE) -
                sd(acesData$SUPPORT, na.rm = TRUE)

m1.MeanSD <- mean(acesData$SUPPORT, na.rm = TRUE)

m1.MeanSDhigh <- mean(acesData$SUPPORT, na.rm = TRUE) +
                 sd(acesData$SUPPORT, na.rm = TRUE)
```

得到这些值后，则需使用 emmeans()函数来获得在每个选定的社会支持值(通过 at 参数指定)下，压力不同的组的平均积极影响得分：

```
m1int.means <- emmeans(
  object = mint1,
  specs = "StressCat",
  by = "SUPPORT",
  at = list(SUPPORT = c(m1.MeanSDlow, m1.MeanSD, m1.MeanSDhigh)))
```

现在已经存储了均值，接下来，可以使用 pair()函数，获取均值之间的所有的成对比较。这与第 11 章中的工作原理一样，只不过现在的结果基于特定的社会支持值。通过选择三个良好的社会支持水平，可以了解随着社会支持的增加会发生什么改变。还记得 68%的总体位于在 $\pm 1\sigma$ 以内的经验法则吗？通过选择这三个层次的社会支持，将可以在以下范围捕获总体中的大部分：

```
pairs(m1int.means)

## SUPPORT = 2.79:
##  contrast estimate    SE  df t.ratio p.value
##  0 - 1       0.703 0.271 181   2.595  0.0275
##  0 - (2+)    0.852 0.223 181   3.818  0.0005
##  1 - (2+)    0.148 0.266 181   0.557  0.8429
##
## SUPPORT = 5.46:
##  contrast estimate    SE  df t.ratio p.value
##  0 - 1       0.196 0.194 181   1.008  0.5729
##  0 - (2+)    0.644 0.157 181   4.099  0.0002
##  1 - (2+)    0.448 0.188 181   2.379  0.0481
##
## SUPPORT = 8.14:
##  contrast estimate    SE  df t.ratio p.value
##  0 - 1      -0.312 0.287 181  -1.085  0.5243
##  0 - (2+)    0.436 0.217 181   2.009  0.1129
##  1 - (2+)    0.748 0.292 181   2.563  0.0299
```

```
##
## P value adjustment: tukey method for comparing a family of 3 estimates
```

从输出结果中可以发现，在低水平的社会支持下(SUPPORT = 2.79，低于平均值一个标准差)，无压力的人比压力为 1 或 2+的人具有显著更高的积极影响(前两行的预估值显示了 0 与 1 或 2+之间的差异)。

在 SUPPORT = 5.46 的平均社会支持水平下，无压力的人比压力为 2+的人具有更高的积极影响，并且压力为 1 比为 2+具有显著更高的积极影响。注意，此处的第一行(0 – 1)具有不显著的 p 值和预估值，并且加上或减去标准误差 SE 后将构建一个几乎可以捕获 0(例如，没有差异)的置信区间。

在 SUPPORT = 8.14 的高水平社会支持下，压力为 1 比为 2+具有更高的积极影响。alpha 为 0.05 时，其他组没有显著的差异。

最后，虽然忽略了模型诊断，但它们对于交互模型与任何其他回归模型一样重要。调节回归仍然是多元回归模型，所以之前学到的所有通常的假设和诊断都应以相同的方式应用。然而，在本章中，只关注学习的新内容：交互作用、调节和计算简单效应或简单斜率。

图 12-2 展示了一个常见的诊断示例，可以像往常一样解释这部分内容：

```
mint1d <- modelDiagnostics(mint1)
```

```
plot(mint1d, ncol = 2, ask = FALSE)
```

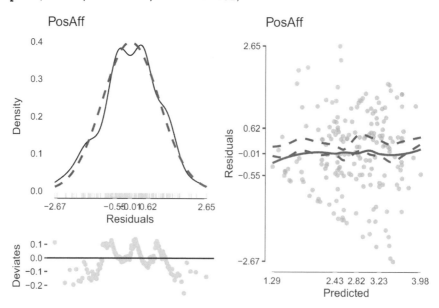

图 12-2 调节回归模型的模型诊断图

有一点需要注意：在图 12-2 右侧面板上的残差与预测值散点图中，量化回归线失败。图中可以清楚地看到，通常突出显示第 10 个和第 90 个百分位数的残差的虚线不在第 10 个或第 90 个百分位数处。这些线通常用于直观地观察百分位数是否大致平行。在本例中，可以忽略它们。添加虚线只是为了辅助视觉观察，并不能替代人类的判断。

12.4　R 语言中存在两个连续变量的调节回归

两个连续预测因子也可以在回归中相互作用。它们的概念解释和实际执行与本章前面提到的连续与分类交互非常相似。

两者的主要区别在于，因为交互中的两个预测变量都是连续的，所以无法讨论一个变量对于特定人群的斜率，只能讨论在另一个变量为特定值时的简单斜率。当然，在上一节关于压力的案例中已经了解了如何处理简单斜率。

有两个连续预测因子也使得绘制回归曲面变得更加困难。这样的图形在技术上是三维的，但这并不像看起来那么可怕，因为在现实生活中的模型中，经常会使用多个预测变量，以至于整个模型不能以人类可见的方式绘制。毕竟，七维图绘制出来会是什么样子？因此，虽然接下来将展示 3D 图形，但多了解一些用于解释相关结果的良好原则会有助于今后的学习。实际上，大多数现代模型无法完全用图形表示。

在示例中，将通过压力、年龄以及它们之间的相互作用来预测积极的影响。实际上，拟合调节回归模型遵循与所有其他回归模型相同的格式，这种格式被称为 mint2：

```
mint2 <- lm(formula = PosAff   STRESS * Age,
            data = acesData)
```

在深入探讨更多代码、方程、解释和输出之前，首先来看看这个回归曲面的样子。是否还记得在第 11 章中有几个 3D 回归曲面的示例？它们完全平坦，就像一张纸。当添加交互作用后，回归曲面表面不再平坦，而是扭曲的。图 12-3 显示了刚刚拟合的模型 mint2 在压力和年龄水平下预测的积极影响值，可以发现，曲面表面并不平坦。实际上，年龄和积极影响的斜率会因使用的压力值不同而有所不同。同样，压力和积极情绪的斜率也会因年龄而存在差异。这就是交互作用的含义。当两个连续变量相互作用时，一个变量不存在自然的"中断"，因此，不能仅仅通过绘制三条线来捕获所有内容。想要捕获所有内容，需要绘制一个回归曲面，如图 12-3 所示。

本节的其余部分将主要尝试讲解如何理解、解释、检验和呈现调节回归模型的结果，尝试将图 12-3 转化为文字和数字，并检验哪些差异是可靠的，哪些可能只是干扰项。这是一项需要掌握的重要技能，因为大多数现实生活中的模型都不能完全用图形表示，因此，必须将理解提升到可以"讲得通"数字输出的水平。

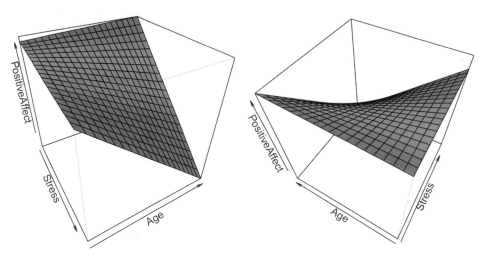

图 12-3　调节多元回归曲面的 3D 图形

可对 mint2 列出如下等式：

$$PosAff = b_0 + b_1 * STRESS + b_2 * Age + b_3 *(STRESS * Age) + \varepsilon \qquad (12\text{-}6)$$

交互项 b_3 的回归系数指的是压力或年龄的简单斜率对于另一个变量一个单位偏移的变化程度。如果重新排列并排除压力或年龄，则可以得到以下等价方程：

$$
\begin{aligned}
PosAff &= b_0 + b_1 * Stress + b_2 * Age \\
&\quad + b_3 *(Stress * Age) + \varepsilon \\
&= b_0 + b_1 * Stress \\
&\quad + (b_2 + b_3 * Stress) * Age + \varepsilon \\
&= b_0 + b_2 * Age \\
&\quad + (b_1 + b_3 * Age) * Stress + \varepsilon
\end{aligned}
\qquad (12\text{-}7)
$$

此处强调，在模型的相互作用下，压力的简单斜率是 $b_1 + b_3$*Age。b_1 是年龄为 0 时压力的简单斜率。

同样，年龄的简单斜率是 $b_2 + b_3$*Stress。b_2 是压力为 0 时年龄的简单斜率。

虽然压力的范围为从 0 到 10，确有可能出现为 0 的情况，但在此样本中，年龄范围从 18 岁到 26 岁，因此，从样本数据中推断出一个 0 岁儿童的简单压力斜率是非常不合理的。

实际上，该示例可以像所有其他回归模型一样，获得模型信息和效果大小：

```
mint2Test <- modelTest(mint2)
APAStyler(mint2Test)

##                    Term                Est            Type
```

```
## 1:    (Intercept)  2.82** [ 0.86, 4.77] Fixed Effects
## 2:        STRESS   0.56 [-0.05, 1.16] Fixed Effects
## 3:           Age   0.01 [-0.08, 0.10] Fixed Effects
## 4:     STRESS:Age  -0.03* [-0.06, 0.00] Fixed Effects
## 5: N (Observations)              187 Overall Model
## ---
## 11:           R2                  0.13 Overall Model
## 12:       Adj R2                  0.12 Overall Model
## 13:       STRESS  f2 = 0.02, p = .073  Effect Sizes
## 14:          Age  f2 = 0.00, p = .801  Effect Sizes
## 15:   STRESS:Age  f2 = 0.03, p = .024  Effect Sizes
```

在输出中，可以看到，交互系数 b_3 为-0.03，并且具有统计显著性，$p < 0.05$(基于*)。负号表示随着压力或年龄的增加，简单斜率减小。

简单斜率在统计上不显著，也就是说，当年龄为 0 时的压力的简单斜率(即 b_1, 0.56)与当压力为 0 时年龄的简单斜率(即 b_2, 0.01)均与 0 并无差异。

可以看到，交互作用的效应量很小，$f^2 = 0.03$。对于分类变量与连续变量的交互作用，不需要解释其他变量的效应量，因为当其他变量为 0 时，它们本质上是简单的效应量。例如，对压力效应量的单独解释是，年龄为 0 时，压力效应的效应量。

也可以通过变量居中来改进对简单效应量的解释。假设要拍摄一棵树的照片，这棵树牢牢地栽在地上，然而，可以通过四处移动相机来确保树在照片中位于中心。这样做不会对树造成任何改变，但是，与偏离中心的照片相比，这样可以帮助别人更好地了解这棵树。

在本例中，参与者的压力可以为 0，但年龄不能为 0：

```
range(acesData$Age,
      na.rm = TRUE)

## [1] 18 26

summary(acesData$Age)
##  Min. 1st Qu. Median   Mean 3rd Qu.   Max.  NA's
##  18.0   20.0   21.0   21.6   23.0   26.0     2
```

可以注意到，平均值为 21.6，因此可以将年龄变量居中或进行调整，使 0 表示 22 岁而不是 0 岁。就像在照片中将一棵大树居中并不一定意味着这棵树是完全对称的，其实可以自行决定数据居中的位置和方式。这个理论可能听起来很复杂，但编写代码却非常简单。首先，创建一个新列，命名为 Age Centered at 22 或简称为 Agec22。这属于列操作，需要每个参与者的每个年龄都比原来小 22：

```
acesData[, Agec22 := Age - 22]
```

完成！

这与前一章中所做的 log() **转换**非常相似，因此，居中也是一种数据转换，有助于更好地使用或理解数据和结果。如果在接近本书结尾时，已经在寻找接下来要学习的其他主题，那么将数据转换添加到学习列表中是一个不错的选择。

转换必须在模型拟合之前进行，所以需要将这个新居中的变量重新拟合回归模型并再次运行 modelTest() 函数。请记住，树还是树！实际上什么都没有改变，但是现在得到了简单的压力效应，包括当 Agec22 为 0 时的简单斜率和简单效应大小，得到的结果针对 22 岁的人(这是有意义的)，而不是针对 0 岁的人(这是没有意义的)：

```
mint2b <- lm(formula = PosAff ～ STRESS * Agec22,
             data = acesData)

mint2bTest <- modelTest(mint2b)
APAStyler(mint2bTest)
```

```
##                  Term                          Est            Type
##  1:       (Intercept)  3.07*** [ 2.87,  3.27] Fixed Effects
##  2:            STRESS -0.15*** [-0.21, -0.09] Fixed Effects
##  3:            Agec22     0.01 [-0.08,  0.10] Fixed Effects
##  4:     STRESS:Agec22   -0.03* [-0.06,  0.00] Fixed Effects
##  5: N (Observations)                      187 Overall Model
## ---
## 11:                R2                     0.13 Overall Model
## 12:            Adj R2                     0.12 Overall Model
## 13:            STRESS   f2 = 0.12, p < .001  Effect Sizes
## 14:            Agec22   f2 = 0.00, p = .801  Effect Sizes
## 15:     STRESS:Agec22   f2 = 0.03, p = .024  Effect Sizes
```

此处所说的什么都没有改变指的是没有任何实质性变化。毕竟，如果拍摄一棵树偏离中心的照片，可能会错过一些树枝，居中则可能会看到之前没有看到的树后面的建筑物。因此，不仅截距会发生变化，并且还会有一些数字看起来也不同。然而，压力和年龄之间的相互作用——不管年龄是否居中——不会改变，就像无论如何构建照片，树和地面之间的相互作用不会改变。

与其他交互作用一样，可以计算简单的斜率并将它们绘制为图形，以便对结果进行解释。这两个变量都是连续的，所以没有任何自然定义的"级别"，但是，可以使用之前用过的方法将"低""平均"和"高"定义为低于均值一个标准差、均值和高于均值一个标准差。

尽管努力地使模型完成了居中，但如果通过 R 语言计算基于标准差的简单斜率，那么将变量居中并不会带来真正的好处，因此，将只使用原始模型 mint2。

首先需要计算不同压力水平下年龄的简单斜率。这实际上证明了 M ± 1SD 并不总是那么好用。STRESS 从 0 到 10 不等，但低于平均值的一个标准偏差为负(正如全局环境中的变量 m2.MeanSDlow 所示)。压力值为负是不可能的，因此需要将该值手动设置为 0，即尽可能低的值：

```
m2.MeanSDlow <- mean(acesData$STRESS, na.rm = TRUE) -
                sd(acesData$STRESS, na.rm = TRUE)

m2.MeanSD <- mean(acesData$STRESS, na.rm = TRUE)

m2.MeanSDhigh <- mean(acesData$STRESS, na.rm = TRUE) +
                 sd(acesData$STRESS, na.rm = TRUE)

m2.MeanSDlow <- 0
```

emtrends()代码与本章前面学习的分类与连续交互中使用的格式相同：

```
m2int.slopes <- emtrends(
  object = mint2,
  specs = "STRESS",
  var = "Age",
  at = list(STRESS = c(m2.MeanSDlow,
                       m2.MeanSD,
                       m2.MeanSDhigh)))

summary(m2int.slopes, infer = TRUE)
## STRESS Age.trend      SE  df lower.CL upper.CL t.ratio p.value
##   0.00    0.0114 0.0453 183   -0.078   0.1008   0.252  0.8014
##   2.12   -0.0565 0.0343 183   -0.124   0.0111  -1.649  0.1009
##   4.55   -0.1342 0.0486 183   -0.230  -0.0384  -2.762  0.0063
##
## Confidence level used: 0.95
```

查看结果可以发现，对于压力水平较低的人来说，年龄与积极影响无关(第一行的 p 值大于 alpha)。

只有当压力高于平均值一个标准差时，才能发现年龄较大的人普遍积极影响较低。具体来说，对于压力为 4.6(高于平均值一个标准差)的人，他们每大一岁，预计就会产生 - 0.136 的积极影响，$p = 0.010$。

接下来，可以使用同样的方法计算不同年龄的压力简单斜率。但是，这里需要将年龄四舍五入到最接近的整数，以便更好地进行解释：

```
m2.MeanSDAgelow <- round(mean(acesData$Age, na.rm = TRUE) -
  sd(acesData$Age, na.rm = TRUE), 0)

m2.MeanSDAge <- round(mean(acesData$Age, na.rm = TRUE), 0)

m2.MeanSDAgehigh <- round(mean(acesData$Age, na.rm = TRUE) +
  sd(acesData$Age, na.rm = TRUE), 0)
```

使用本例中的年龄断点，通过 emtrends()函数进行计算，并检查 summary()函数的输出：

```
m2intAge.slopes <- emtrends(
  object = mint2,
  specs = "Age",
  var = "STRESS",
  at = list(Age = c(m2.MeanSDAgelow,
                    m2.MeanSDAge,
                    m2.MeanSDAgehigh))
)

summary(m2intAge.slopes,
        infer = TRUE)

##  Age STRESS.trend     SE  df lower.CL upper.CL t.ratio p.value
##   19       -0.0521 0.0504 183   -0.151   0.0473  -1.034  0.3024
##   22       -0.1481 0.0317 183   -0.211  -0.0856  -4.676  <.0001
##   24       -0.2121 0.0443 183   -0.300  -0.1247  -4.786  <.0001
##
## Confidence level used: 0.95
```

从这些结果中可以发现，除了最年轻的参与者外，压力增大，积极情绪将显著降低($p < 0.001$)。对于 19 岁的人(比年龄的平均值低一个标准差)来说，同样是压力越大，积极情绪越低，但 19 岁的人的简单斜率在统计上不显著(p 值大于 0.05 的 alpha 值)。

接下来，可以使用 visreg()函数根据模型绘制简单的斜率。此时，需要运用一个新参数 breaks，它可以指定要使用的断点，因为本例中的调节变量是连续的。当有一个分类调节时，visreg()只会使用该分类变量的不同级别，但现在最好选择并指定想要的断点。结果如图 12-4 所示，它以图形方式展示了之前使用 emtrends()函数进行的简单斜率检验。通常，在做简单的数值斜率检验时，绘制图形是不错的选择。图形可以帮助人们理解模型，数值检验则为视觉呈现提供了特定的数值和 p 值：

```
visreg(mint2, xvar = "STRESS", by = "Age",
       breaks = c(m2.MeanSDAgelow, m2.MeanSDAge, m2.MeanSDAgehigh),
       partial = FALSE, rug = FALSE, overlay = TRUE,
       gg = TRUE) +
  ggtitle("STRESS and Age as predictors")
```

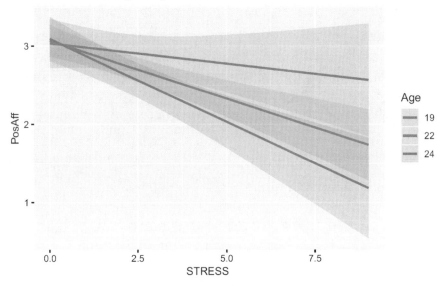

图 12-4　运用压力和年龄之间的交互作用预测积极影响的调节回归。线是在
95%置信区间内对年龄 M – 1 SD、Mean 和 M + 1 SD 的预测

　　在线性模型中，斜率的差异是线性的，因此平均值将大致介于低值和高值(M – 1 SD 和 M + 1 SD)之间。有时，为了使图形在视觉上看起来更清晰，人们会省略简单的平均斜率线而只显示极值。此外，还可以使用 ggplot2 程序包中的 annotate()函数来添加一些文本标签。此处添加了从 emtrends()函数计算出的简单斜率和 p 值，使数字汇总可以显示在图中，还使用 ylab()函数重新标记 y 轴，使其更为清晰。结果如图 12-5 所示。

```
visreg(mint2, xvar = "STRESS", by = "Age",
       breaks = c(19, 24),
       partial = FALSE, rug = FALSE, overlay = TRUE,
       gg = TRUE) +
ggtitle("Stress x Age interaction on Positive Affect") +
annotate("text", x = 5, y = 3, label = "Age M - 1 SD (19): b = -.05,
p = .302") +
annotate("text", x = 5, y = 1.6, label = "Age M + 1 SD (24): b = -.21,
p < .001") +
ylab("Positive Affect")
```

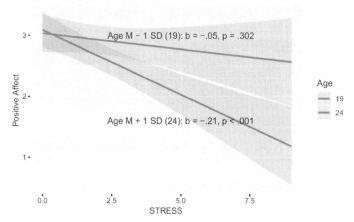

图 12-5　运用压力和年龄之间的交互作用预测积极影响的调节回归。线是
在 95%置信区间内对年龄 M－1 SD 和 M＋1 SD 的预测

　　之前提到，交互中没有方向性。一个变量不是预测变量，另一个变量是调节变量。可以选择在 x 轴上绘制任一变量。

　　因此，也可以通过压力来分解年龄的简单斜率，如图 12-6 所示。

```
visreg(mint2, xvar = "Age", by = "STRESS",
       breaks = c(m2.MeanSDlow,
                  m2.MeanSD,
                  m2.MeanSDhigh),
       partial = FALSE, rug = FALSE, overlay = TRUE,
       gg = TRUE) +
  ggtitle("STRESS and Age as predictors")
```

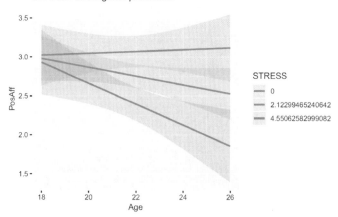

图 12-6　运用压力和年龄之间的交互作用预测积极影响的调节回归。线是
在 95%置信区间内对压力 M－1 SD、Mean 和 M＋1 SD 的预测

12.5　总结

本章探讨了什么是统计调节以及如何使用交互项在回归中对其进行检验。至此，应该能够理解如何检验调节，以及当存在显著交互作用时如何使用简单的斜率或效应和图表来解释和呈现它。表 12-1 中为本章学习的关键点，可以在练习时作为参考。

表 12-1　章总结

条目	概念
lm()	拟合回归模型的函数，包括调节回归
modelTest()	运用置信区间和效应大小总结回归模型的函数
emmeans()	用于计算来自回归模型的组的预估边际均值和两两差异的函数，用于分类预测变量
emtrends()	当回归模型中存在交互作用时，用于计算连续变量的简单斜率的函数
visreg()	用于绘制和可视化回归模型结果的函数，包括调节回归模型

12.6　练习与融会贯通

本节将通过一些练习题来检查你的进步与成长。理论核查部分会提出批判性思维的问题，最好用书面方式或口头方式来解答。统计学的美妙之处在于将结果成功地传达给利益相关者或者其他听众。有时这些听众非常专业，有时则不是。练习题部分则对本章探讨过的概念进行更直接的应用。

12.6.1　理论核查

1. 线的斜率是 x 轴输入和 y 轴输出之间的变化率关系。斜率越陡，变化速率越快，如图 12-6 所示。对于哪个年龄段的人来说，存在一定的压力水平有好处？哪条线的斜率最大？对于斜率最大的线，如果年龄增加两年，积极影响会减少多少？

2. 什么时候需要使用 emmeans()、pairs()、emtrends()和 summary()这些函数？与分类或连续预测变量有关系吗？

12.6.2　练习题

1. 回到本章开头的示例，该示例展示了通过鳍状肢长度和喙深度预测企鹅体重的多重回归模型和调节回归模型之间的差异。该例中，交互作用显著吗？

```
mPmod <- lm(formula = body_mass_g    flipper_length_mm *
bill_depth_mm,
             data = penguinsData)

summary(mPmod)

##
## Call:
## lm(formula = body_mass_g    flipper_length_mm * bill_depth_mm,
##     data = penguinsData)
##
## Residuals:
##    Min     1Q  Median    3Q     Max
## -938.9 -254.0   -28.2 220.7  1048.3
##
## Coefficients:
##                               Estimate Std. Error t value
Pr(>|t|)
## (Intercept)                   -36097.06    4636.27   -7.79
8.6e-14
## flipper_length_mm                196.07      22.60    8.67
< 2e-16
## bill_depth_mm                   1771.80     273.00    6.49
3.1e-10
## flipper_length_mm:bill_depth_mm  -8.60       1.34   -6.41
4.8e-10
##
## (Intercept)                     ***
## flipper_length_mm               ***
## bill_depth_mm                   ***
## flipper_length_mm:bill_depth_mm ***
## ---
## Signif. codes: 0 '***' 0.001 '**' 0.01 '*' 0.05 '.' 0.1 ' ' 1
##
## Residual standard error: 372 on 338 degrees of freedom
##   (2 observations deleted due to missingness)
## Multiple R-squared: 0.787, Adjusted R-squared: 0.785
## F-statistic: 416 on 3 and 338 DF, p-value: <2e-16
```

2. 使用 modelTest()和 APAStyler()函数，得出的交互回归系数是多少？它在统计上显著吗？

3. 鳍状肢长度或喙深度可以为 0 吗？这个模型需要居中调节吗？

4. 假设不将以上数据居中，请正确完成以下代码行，以获得 M ± 1SD 和 M：

```
#exercise 3
mPmod.MeanSDlowBill <- mean(penguinsData$ , na.rm = TRUE) -
```

```
                    sd(penguinsData$ , na.rm = TRUE)

mPmod.MeanSDBill <- mean(penguinsData$ , na.rm = TRUE)

mPmod.MeanSDhighBill <- mean(penguinsData$ , na.rm = TRUE) +
                    sd(penguinsData$ , na.rm = TRUE)
```

5. 如果操作正确，问题 4 应该允许以下代码生成所示的输出：

```
mPmod.slopes <- emtrends(
  object = mPmod,
  specs = "bill_depth_mm",
  var = "flipper_length_mm",
  at = list(bill_depth_mm = c(mPmod.MeanSDlowBill,
                              mPmod.MeanSDBill,
                              mPmod.MeanSDhighBill)))

summary(mPmod.slopes, infer = TRUE)
## bill_depth_mm flipper_length_mm.trend SE df lower.CL
upper.CL
##            15.2                   65.6 2.81 338      60.1
71.2
##            17.2                   48.6 1.82 338      45.0
52.2
##            19.1                   31.7 3.57 338      24.6
38.7
## t.ratio p.value
## 23.311  <.0001
## 26.710  <.0001
##  8.877  <.0001
##
## Confidence level used: 0.95
```

随着喙的深度变长，鳍状肢长度的变化趋势如何？

6. 仔细查看图 12-5 以及创建该图的代码，了解注释是如何创建的。注意，注释需要手动确定(x, y)坐标，以确保注释在该图上的位置良好。另外注意，在示例中，还修改了断点，以删除年龄的中间值(与图 12-4 对比)。

修改以下代码，以删除喙深度的中间值断点，并使用 annotate()添加注释。确保包含正确的斜率和 p 值！将图 12-7 与你的图进行对比，哪个能够更清楚地展示在喙的深度交互作用中显著却微小的差异？

```
visreg(
  mPmod,
  xvar = "flipper_length_mm",
  by = "bill_depth_mm",
```

```
breaks = c(mPmod.MeanSDlowBill,
           mPmod.MeanSDBill,
           mPmod.MeanSDhighBill),
partial = FALSE,
rug = FALSE,
overlay = TRUE,
gg = TRUE
) +
  ggtitle("flipper_length_mm and bill_depth_mm as predictors")
```

7. 将这些练习与本章中的示例进行比较和对比。特别要注意不同代码块中的变量选择。看看哪些内容被修改了，哪些内容适合什么地方。记住，大多数优秀的程序员都是从复制有效的代码开始，进行微小的改动，然后运行修改过的代码，看看会发生什么。

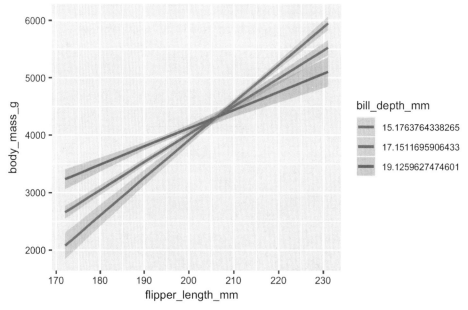

图 12-7　运用鳍状肢长度和喙深度之间的交互作用预测体重的调节回归。线是在
95% 置信区间内对喙深度 M − 1 SD、Mean 和 M + 1 SD 的预测

第 13 章

方差分析

之前一直在研究生活在三个不同岛屿上的企鹅。最初研究了 Biscoe 岛上的 Adelie 企鹅，并将它们与其他 Adelie 企鹅进行了比较。然而，这种方法可能存在一些缺点。该研究中，真正需要做的是测量每个岛屿上 Adelie 企鹅的平均体重，看看与其他岛屿上的是否不同。这种测量组之间的变化或方差的测试被称为方差分析(简称 ANOVA)。本章将使用方差分析来检测分类组之间的差异，即 R 语言中的 factor()。

本章涵盖以下内容：

- 评估适用于方差分析的数据结构和研究问题。
- 将方差分析结果可视化。
- 评估单向方差分析和阶乘方差分析之间的差异(以及使用时机)。

13.1 设置 R 语言

像往常一样，为了继续练习创建和使用项目，在本章中将创建一个新的项目。

如果有必要，请回顾第 1 章创建新项目的步骤。启动 RStudio 软件之后，在左上角的菜单栏中选择 File 选项，单击 New Project 按钮，依次选择 New Directory | New Project 选项，并将项目命名为 ThisChapterTitle，最后选择 Create Project 选项。创建 R 脚本文件需要单击在顶部菜单栏 File 选项下方的白纸上方带加号的小图标，然后选择 R 脚本菜单选项，单击光盘状的 save 图标，并将文件命名为 PracticingToLearn_XX.R(XX 为这一章的编号)，最后单击 Save 按钮。

在右下窗格中会显示项目的两个文件。单击 File 选项卡正下方的 New Folder 按钮，在 New Folder 弹出窗口中输入 data，并单击 OK 按钮，之后单击右下窗格中新的 data 文件夹，重复上述文件夹的创建过程，创建一个名为 ch13 的文件夹。

本章将用到的程序包均已通过第 2 章的学习安装在计算机中，不需要重新安装。由于这是一个新项目且是第一次运行这组代码，因此需要首先运行下面的 library()

调用：

```
library(data.table)

## data.table 1.13.0 using 6 threads (see ?getDTthreads). Latest news:
r-datatable.com

library(ggplot2)
library(visreg)
library(emmeans)
library(palmerpenguins)
library(ez)

## Registered S3 methods overwritten by 'lme4':
##    method                           from
##    cooks.distance.influence.merMod  car
##    influence.merMod                 car
##    dfbeta.influence.merMod          car
##    dfbetas.influence.merMod         car

library(JWileymisc)
```

以与第 11 章相同的方式设置数据集：

```
acesData <- as.data.table(aces_daily)[SurveyDay == "2017-03-03" &
SurveyInteger == 3]
acesData[, StressCat := factor(fifelse(STRESS >= 2,
                               "2+",
                               as.character(STRESS)))]

penguinsData <- as.data.table(penguins)
```

现在，可以自由地学习更多的统计知识了！

13.2 方差分析的背景

方差分析是一套统计模型，在一个连续的结果中划分变异并估计有多少变异可归因于不同的组。方差分析是广义线性模型的子集，因此可以看作回归的特殊情况。具体来说，方差分析允许以连续变量作为结果，分类变量作为预测变量，但方差分析不适用于连续预测变量。方差分析是一种流行的分析实验数据的技术，通常适用于实验数据，因为主要的预测变量一般为随机分组，所以是分类变量。

从历史上看，方差分析有很多好处。因为是对连续结果和分类预测变量的分析，所以会存在许多计算捷径，因此与回归等其他方法相比，方差分析更容易通过手动或计算器计算。即使现代手段所拥有的计算能力不需要在回归中使用更简单的方差分析计算，但一些程序在方差分析中能得到更自然的运用，因此会继续使用它们。

有许多问题可以用方差分析来回答。下面是一些示例：

- 作物的生长是否因作物是在早上、下午还是晚上浇水而不同？
- 当营养信息被显著显示时，人们摄入的卡路里是否比隐藏或不显示时少？
- 儿童的孤独感是否因依恋类型(安全型、焦虑型、恐惧-回避型、轻视-回避型)不同？
- 如果随机分配到健身房锻炼或参加团队运动，人们是否会花更多的时间进行活动？
- Adelie 企鹅在某些岛屿上是否比在其他岛屿能获得更好的食物？

方差分析类似于 t 检验法，因为它会比较组之间的均值。t 检验法仅限于比较两个组，而方差分析可以测试两个或多个组之间平均值的差异。方差分析有很多不同种类，但一般来说，方差分析检验零假设，即所有组的平均值(用希腊字母 μ 表示)相同。如式 13-1：

$$H_0: \mu_1 = \mu_2 = \mu_3 = \ldots = \mu_k \tag{13-1}$$

一项具有统计学显著性的方差分析表明，并非所有的平均值都是相同的。换句话说，至少一个组的均值不同于其余组的均值。注意，统计性显著的方差分析也可能表明多个组的平均值不同，只能确定至少有一组是不同的。

如果只有两组，那么 t 检验法和方差分析会给出相同的结果。因此，可能存在一个问题：可以只进行 t 检验吗？如果想比较多个组的平均值，可以使用 t 检验法比较成对的组吗？尽管通过一次只比较两个组，可以将许多组分解开来比较，但这种方法存在一些缺点。首先，运行许多测试会增加第一类型错误率；其次，不能一次考虑多个变量的影响；另外，当满足假设时，对于两个以上的组，相比 t 检验法，方差分析功效更大。更大的功效则意味着更少的第二类错误(即未能拒绝实际上是错误的零假设)。

对于具有两个以上组的数据，方差分析比 t 检验法功效更大的原因之一是，t 检验法包括对跨组汇总方差的估计。而在方差分析中，汇总方差是对所有组进行估计，其自由度取决于总体样本量，样本越大，检测统计显著差异的功效就越高。因为同时使用所有组，所以方差分析能够有效地获得比成对 t 检验法更大的样本量。如果只有两个组，则选择哪种方法都没有关系。

如果正在阅读方差分析法或观察它们的使用，会经常看到如"单向"方差分析之类的术语。在标记方差分析时，自变量(即因子)的数量表示方差分析的"方向"数量。

- 单向：一个自变量或因子(即一个预测变量)
- 双向：两个自变量或因子(即两个预测变量)
- 三向：三个自变量或因子
- 更高的向度：尽管实践中的大多数方差分析都是单向或双向的，然而，有时会看到更高"向度"的方差分析。

默认情况下，在具有多个自变量的方差分析中，会包括预测变量之间所有可能的交互项。如果需要复习交互项，请参阅第 12 章。

由于方差分析是广义线性模型的特例，因此它们与线性回归具有本质上相同的假设。方差分析的主要假设如下：

- 独立性：观察结果彼此独立(注意，此条件可以在重复测量方差分析或混合效应方差分析中放宽，就像在混合效应回归中放宽一样。在更高级的书籍中会涵盖该主题)。
- 连续性：结果变量是区间或比率类型(即具有连续性)。
- 正态性：参数抽样分布呈正态分布，通常通过检查残差分布进行评估。
- 方差同质性：每组结果的方差必须近似相等(同质)。如果方差不相等(异质)，则违反此假设。

顾名思义，方差分析通过分析(划分)方差来工作。例如，假设有一个包含一个自变量组的方差分析，组中有三个不同的级别组。方差分析将分解结果的总变异性，如图 13-1 所示。

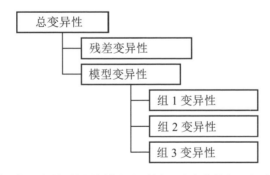

图 13-1　单因素方差分析的方差划分图，其中一个自变量有三个不同的组(级别)

形式数学

实际上，可以将这种变异性划分的一般思想形式化。假设有一个连续的结果变量 y，对 k 个不同的组进行测量，并且每个组中有 n_k 个人。将特定人 i 在特定条件 j 中的

结果表示为 y_{ij}。将所有观察结果的总体平均值表示为 $\bar{y}$。最后，将每组中 y 的均值表示为 $\bar{y}_j$。通过这些定义，方差分析正式确定了三个广泛的变异来源。具体来说，它适用于所谓的平方和(sums of squares，SS)，即平方偏差的总和。以下等式展示了这三个来源：

$$SS_{Total} = \sum_{j=1}^{k}\sum_{i=1}^{n_k}\left(y_{ij} - \bar{y}\right)^2 \tag{13-2}$$

$$SS_{Model} = \sum_{j=1}^{k}n_k\left(\bar{y}_j - \bar{y}\right)^2 \tag{13-3}$$

$$SS_{Residual} = \sum_{j=1}^{k}\sum_{i=1}^{n_k}\left(y_{ij} - \bar{y}_j\right)^2 \tag{13-4}$$

- SS_{Total} 是所有观测值相对于总均值的所有方差平方和。这基本上是结果的总变异性，y。
- SS_{Model} 是每个组的均值与总均值的平方偏差之和，由该组的观察数加权。它捕获了结果中总的变异性，即 SS_{Total}，可以用组间差异来解释。
- $SS_{Residual}$ 是观测值与各自组均值的方差平方和。用于捕获在考虑到一个观察属于哪一组之后，有多少"剩余"的变异性。它通常被认为是无法解释的变异性，有时也称为误差，类似于回归中的残差方差。

这三个平方和的直观图如图 13-2 所示。图 A 显示 SS_{Total}，图 B 显示 SS_{model}，图 C 显示 $SS_{Residual}$。平方和就是取每条垂直线的平方，然后把它们都加起来。

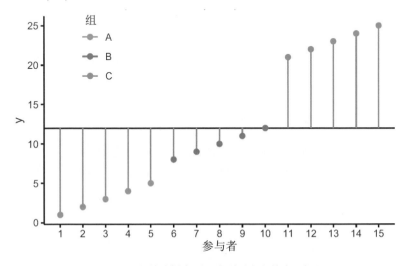

图 13-2　方差分析中不同类型平方和的直观解释

B. 模型平方和(SSM)

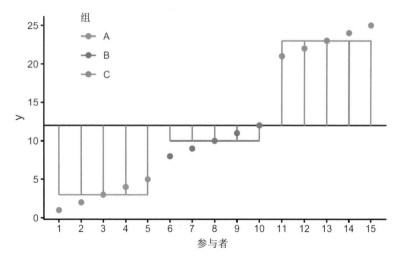

C. 残差平方和(SSR)

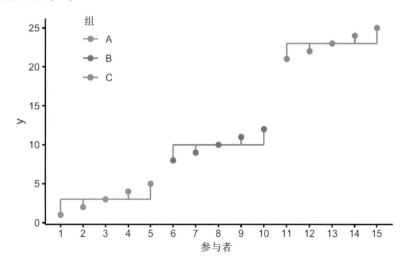

图 13-2 方差分析中不同类型平方和的直观解释(续)

实际进行方差分析还需要更多的信息。方差分析不使用原始平方和,而是平均平方和,即平方和除以每一项的自由度。当使用常规方差分析时,有两个不同的自由度:

$$DF_{Model} = k - 1 \tag{13-5}$$

$$DF_{Residual} = N - k \tag{13-6}$$

例如,如果使用图 13-2 中的示例,总共有 15 个观测值,因此 $N = 15$,有 3 组,因此 $k = 3$。这意味着 $DF_{Model} = 3 - 1 = 2$ 和 $DF_{Residual} = 15 - 3 = 12$。

模型和残差的均方定义如下：

$$MS_{Model} = \frac{SS_{Model}}{DF_{Model}} \qquad (13\text{-}7)$$

$$MS_{Residual} = \frac{SS_{Residual}}{DF_{Residual}} \qquad (13\text{-}8)$$

为了确定组均值是否显著区别，接下来，将模型解释的变异性与残差变异性进行比较。这个比率名为 F 比率：

$$F = \frac{MS_{Model}}{MS_{Residual}} = \frac{MS \text{ 组间}}{MS \text{ 组内}} \qquad (13\text{-}9)$$

F 比率是处理效应(MS_{Model})与预期的随机差异($MS_{Residual}$)的比率。当处理(组)没有效应时，则差异完全取决于偶然性：$F = \dfrac{0}{MS_{Residual}}$

如果差异是由偶然性造成的，那么分子将远小于分母，F 比率将变为 0，从而得出没有处理效应的结论。

当处理确实有效应，导致样本之间存在差异时，处理之间的差异(分子)应该大于概率(分母)：$F = \dfrac{\text{处理(组)效应}}{\text{偶然性造成的差异}}$ 。

一个大的 F 比率说明处理之间的差异大于偶然性，则该处理确实具有统计学上显著的效果。

F 比率遵循 F 分布，这是另一种统计分布，有点像之前了解的正态分布或 t 分布。

如果 F 比率大于期望的统计显著性的临界值，则表明一个或多个处理(组)均值彼此之间具有统计学显著差异。最后，使用 F 比率来获得 p 值并将其用于假设检验，就像使用来自 t 检验、相关性或回归模型的 p 值一样。

是什么造就了大的 F 比率？如果 MS_{Model} 很大，则 F 比率可能很大，表示组内差异较大；如果 $MS_{Residual}$ 很小，则表示组内差异很小。这意味着，如果正在设计一个实验，并且想要确保获得显著的结果，可以尝试设置不同的组，例如，通过非常有效的处理，或者使每个组中的人尽可能相似，例如，通过让一组非常相似的人参与研究。

F 比率表明直接或间接操纵是成功的。也就是说，各个组的均值是不同的。它没有具体表明一个组的均值与其他组有什么不同，需要额外的测试来找出各个组的差异在哪里。通常，需要在运行方差分析后，对组的均值进行成对比较，以找出哪些组是不同的。这些比较可以通过来自方差分析的合并残差 $MS_{Residual}$ 进行，因此，方差分析仍然比进行 t 检验更具优势。

需要注意，如果有多个级别的组，例如，假设有四个不同的组(命名为 A、B、C 和 D)，就会有六个独特的成对比较。为何会这样？R 语言中的函数 combn() 提供了所有(无序)的组合。第一个参数的元素(在本例中为一个名为 group 的变量，具有字母 A~D)

被组合成大小为 m 的集合(本例中，$m = 2$，因为讨论的是成对比较):

```
groups <- LETTERS[1:4]
combn(groups,
      m = 2)

##      [,1] [,2] [,3] [,4] [,5] [,6]
## [1,] "A"  "A"  "A"  "B"  "B"  "C"
## [2,] "B"  "C"  "D"  "C"  "D"  "D"
```

运行六次假设检验会增加第一类错误率。这并不理想，所以人们经常尝试做一些调整来控制整体错误率。Bonferroni 方法或许是最简单和最保守的选择。Bonferroni 校正很容易应用，只需采用所需的 alpha 值，例如 $\alpha = 0.05$，然后将其除以执行的测试次数，以获得新的 alpha 值。例如，$Bonferroni_\alpha = 0.05/6 = 0.0083$。这是一种非常简单的方法，因为它不需要任何复杂的计算，但众所周知，这种方法过于保守，因为它控制的第一类错误率低于实际所需的总体错误率 0.05。尽管如此，这种方法仍然很受欢迎，因为它既安全又容易。

零假设显著性检验的结果只有"是"或"否"两个选项。也就是说，结果要么在统计上"显著"，$p < 0.05$，要么结果为"不显著"，$p > 0.05$。但现实生活并非非黑即白。此外，统计显著性并不一定具有实际意义(即现实世界的重要性)。显著性测试排除了偶然的影响，但效应有多大？通常，效应量可以解答诸如"有多大"或"有多少"之类的问题。方差分析的一个常见效应量是解释方差的比例，这个量在回归中被称为 R^2，但在方差分析中通常被称为 η^2(eta 平方)，或 ω^2(omega 平方)，与回归中的调整 R^2 基本相同。有了这些背景知识，可以开始运用 R 语言进行一些方差分析。

13.3 单因素方差分析

正如可能预料到的那样，在 R 语言中，计算变得相当容易。接下来，将从单向方差分析开始学习，即只有一个自变量或预测变量的方差分析。这个预测变量是一个分类变量，需要运用 R 语言中的 factor()函数。

13.3.1 示例一

示例一中，将检验压力类别 (0, 1, 2+)是否能够解释积极情绪的变化。将使用 R 语言中的 ez 程序包来运行方差分析。ezANOVA()函数可以进行独立度量、重复度量和混合模型的方差分析，并提供假设检验。在本书中，只介绍独立度量方差分析，但如果需要进行更复杂的方差分析，ezANOVA()函数仍然可以完成。ezANOVA()函数需要以下几个参数:

- data，要分析的数据集。应该是一个数据框，不应该有缺失数据，所以首先需要删除缺失数据。
- dv，结果变量的变量名。
- wid，一个具有每个人 ID 的变量，最好存储为 ezANOVA()函数的一个参数。
- between，独立的预测变量。注意，在具有重复度量的更复杂的方差分析中，也可以对变量使用 within 参数。该参数也需要存储为一个参数。
- type，要计算的平方和的类型。常见的选择是类型 3。但也有其他类型，且并不是每个人都认可某一种类型是最好的，特别是当群体规模不平衡时(即，并非所有群体都有相同的人数时)。

此外，虽然不是必需的，但可以使用更详细的参数来获得更详细的输出，使用 return_aov 参数可以更容易地进行结束后的成对比较。

接下来，使用否定符号 "!" 与 is.na()函数来创建一个没有丢失变量数据的数据集。此外，需要将 UserID 转换为 factor()：

```
aovdata <- acesData[!is.na(PosAff) & !is.na(StressCat)]
aovdata[, UserID := factor(UserID)]
```

不需要删减数据集至数据集中仅有用于方差分析的各个列。但是，仅查看在 R 语言用于方差分析的列可能会对分析有所帮助。特别要注意分辨哪些列是参数列(如分类数据)，哪些列是数字列：

```
str(aovdata[, .(UserID, StressCat, PosAff)])

## Classes 'data.table' and 'data.frame':        187 obs. of 3 variables:
##  $ UserID   : Factor w/ 187 levels "1","2","3","4",..: 1 2 3 4 5 6 7 8 9 10 ...
##  $ StressCat: Factor w/ 3 levels "0","1","2+": 3 2 3 3 1 1 1 3 1 2 ...
##  $ PosAff   : num 1.55 3.17 3.51 1.7 2.22 ...
##  - attr(*, ".internal.selfref")=<externalptr>
```

正确 "清理" 数据并采用正确的格式后，使用如上所述的 ezANOVA()函数拟合方差分析，并将结果存储在 anova1 中。最后，可以使用 print()函数查看方差分析的输出：

```
anova1 <- ezANOVA(
  data = aovdata,
  dv = PosAff,
  wid = UserID,
  between = StressCat,
  type = 3,
  detailed = TRUE,
  return_aov = TRUE)

## Warning: Data is unbalanced (unequal N per group). Make sure you
## specified a well-considered value for the type argument to ezANOVA().
```

```
## Coefficient covariances computed by hccm()

print(anova1)

## $ANOVA
##          Effect DFn DFd     SSn   SSd        F           p p<.05
## 1 (Intercept)   1 184 1325.43 212.2 1149.429 4.643e-81     *
## 2    StressCat   2 184   17.46 212.2    7.569 6.934e-04     *
##      ges
## 0.86201
## 0.07602
##
## $'Levene's Test for Homogeneity of Variance'
##   DFn DFd    SSn   SSd      F      p p<.05
## 1   2 184 0.3051 76.43 0.3673 0.6931
##
## $aov
## Call:
##    aov(formula = formula(aov_formula), data = data)
##
## Terms:
##              StressCat Residuals
## Sum of Squares 17.46    212.17
## Deg. of Freedom    2       184
##
## Residual standard error: 1.074
## Estimated effects may be unbalanced
```

　　需要的主要输出结果在 ANOVA 这个标题下。虽然这里面包括截距，但最需要注意的是第二行，组变量 StressCat。可以看到标记为 DFn 的分子自由度为2(3 个组 - 1)。分母自由度(DFd)为残差自由度($N - k = 187 - 3 = 184$)。还可以看到压力平方和(SS)和残差平方和。压力类别是唯一的预测变量，即模型平方和。这里的 F 比率约为7.6，通过 F 比率和自由度，根据假定的 F 分布查找 p 值。压力类别的 p 值非常小(0.00069)，这表明至少有一个压力类别的平均积极影响不同。注意，这里没有任何关于任何群体的平均积极影响的信息，也没有任何群体在这一点上的差异，稍后会得到这些信息。

　　换句话说，现在已知，这些群体中至少有一个与其他群体不同。

　　最后一列 ges 是广义效应量度量，但对于像本例这样的简单、独立测量的方差分析，它是 η^2，与回归中的 R^2 相同，即预测变量解释的结果中总变异的比例。可以看到，压力类别可以解释大约 7.6% 的积极影响的方差。

　　在 ANOVA 标题之后，是 Levene 方差同质性检验。这是对积极影响方差(标准差的平方)在所有组中是否相同的检验，在本例中组为压力类别 StressCat。

　　因为需要方差相等(以满足方差分析的假设)，所以希望 p 值不显著。Levene 检验

的显著 p 值表明各组之间的方差不同，因此违反了方差同质性假设。这种检验在回归中是不可行的，因为对于连续预测变量，无法定义组来计算其中的方差。

此外，还可以使用在回归中用到的 modelDiagnostics()函数。不直接在 anova1 对象上调用该函数，而需要在 anova1 中存储的 aov 对象上调用它。此外，可以像往常一样使用诊断图来帮助识别极值和正态性，结果如图 13-3 所示。在这种情况下，结果看起来相当不错。残差大致呈正态分布，没有明显的异常值或极值。似乎也满足了方差的同质性，在之前的文本输出中也可以发现，Levene 测试对这一点提供了支持。

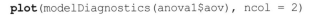

```
plot(modelDiagnostics(anova1$aov), ncol = 2)
```

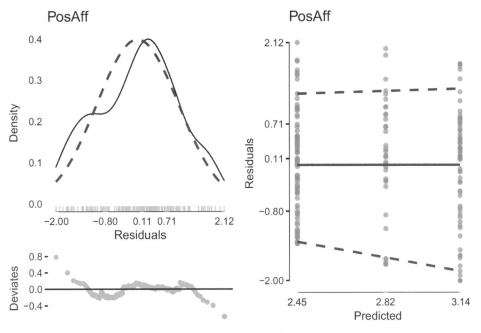

图 13-3　方差分析的诊断图

在所有压力类别中，平均积极影响并不相同，$F(2, 184) = 7.6$，$p < 0.001$。但是，并不知道这些均值是什么，也不知道哪些组是不同的。为了更深入地分析结果，再次使用 emmeans 程序包，将均值存储在 anova1.means 对象中。

```
anova1.means <- emmeans(object = anova1$aov,
                        specs = "StressCat")
```

可以使用 summary()函数查看均值并测试每个均值是否与 0 不同(尽管在本例中，这不是一个非常重要的假设)。换句话说，本例中的 p 值不是很重要。此外，均值为：

```
summary(anova1.means, infer = TRUE)
```

```
##   StressCat emmean    SE  df lower.CL upper.CL t.ratio p.value
##   0           3.14 0.130 184     2.88     3.39  24.090  <.0001
##   1           2.82 0.174 184     2.48     3.16  16.197  <.0001
##   2+          2.45 0.119 184     2.22     2.69  20.549  <.0001
##
## Confidence level used: 0.95
```

观察均值有助于了解压力的影响，而不仅仅由 F 比率得知压力类别与积极影响相关。

为了更好地理解，接下来，可以以图形方式呈现均值。在 mean 对象上，使用 ggplot2 程序包中的 plot()函数。因为它是一个 ggplot2 图形，所以可以使用熟悉的代码对它进行修改并为其添加标签。之后，使用一行新代码 coord_flip()来翻转坐标，使 PosAff 位于 y 轴，StressCat 位于 x 轴。最终结果如图 13-4 所示。通过该图，可以更清楚看到哪两个组彼此不同——具有不重叠的置信区间的两个组(即组 0 和组 2+)：

```
plot(anova1.means) +
  xlab("Positive Affect") +
  ylab("Stress Category") +
  coord_flip() +

  ggtitle("Estimated Means and 95% Confidence Intervals from One-Way ANOVA")
```

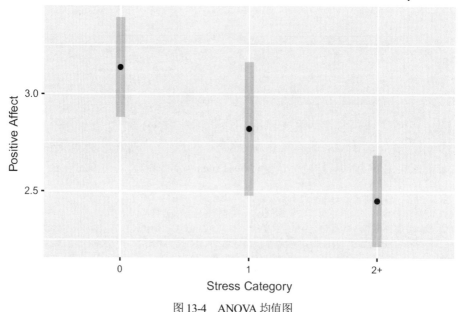

图 13-4　ANOVA 均值图

最后，为了确认观察到的结果，需使用 pair()函数对所有的压力组进行成对比较。这与在第 11 章中用于回归中的分类预测变量的方法相同：

```
pairs(anova1.means)

##  contrast estimate    SE  df t.ratio p.value
##  0 - 1        0.316 0.217 184 1.451   0.3172
##  0 - (2+)     0.685 0.177 184 3.880   0.0004
##  1 - (2+)     0.370 0.211 184 1.751   0.1893
##
## P value adjustment: tukey method for comparing a family of 3 estimates
```

pair()函数会进行一些更复杂的计算，以便使用 Tukey 方法针对多重比较调整 p 值(此处再次关注 p 值)。Tukey 方法比前面提到的 Bonferroni 校正方法效果更好，但更复杂。结果显示，0 和 2+压力组的平均积极影响值有显著差异($p < 0.001$)。根据 p 值可以发现，其他成对比较没有统计学意义。

截至目前，已经看到了一个完整的单因素方差分析示例，其中包括如何检查假设，估计方差分析，进行后续测试，并了解效应量。

13.3.2　示例二

既然已经学习了这个过程的所有机制，便可以尝试另一种分析了。现在将注意力转向企鹅，尤其是居住在所有三个岛屿上的 Adelie 企鹅。可以通过在列操作中使用".N"和一个合适 by 语句来确认：

```
penguinsData[order(species, island),
             .N,
             by = .(species, island)]

##       species    island   N
## 1:    Adelie    Biscoe   44
## 2:    Adelie     Dream   56
## 3:    Adelie Torgersen   52
## 4: Chinstrap     Dream   68
## 5:    Gentoo    Biscoe  124
```

问题仍然是：在哪个岛上，Adelie 企鹅能找到最多的食物？

接下来，只需将 Adelie 企鹅快速保存到方差分析数据集，确定两个变量(岛屿和体重)中没有缺失值：

```
aovPenguins <- penguinsData[ species == "Adelie" &
                             !is.na(body_mass_g) &
                             !is.na(island)]
```

企鹅数据集缺少 ID 变量。请记住，".N" 计算值的总数，而 1:10 将列出数字 1～10。接下来创建一个名为 ID 的新列，其编号从 1 到 Adelie 企鹅的总数。将此列设置为参数变量(以满足 ezANOVA()函数的要求)并快速查看要使用的变量：

```
aovPenguins[ , ID := 1:.N]

aovPenguins[, ID := factor(ID)]

str(aovPenguins[, .(ID, island,body_mass_g)])
## Classes 'data.table' and 'data.frame':  151 obs. Of 3 variables:
## $ ID          : Factor w/ 151 levels "1","2","3","4",..: 1 2 3 4 5 6
7 8 9 10 ...
## $ island      : Factor w/ 3 levels "Biscoe","Dream",..: 3 3 3 3 3 3
3 3 3 3 ...
## $ body_mass_g: int 3750 3800 3250 3450 3650 3625 4675 3475 4250 3300 ...
## - attr(*, ".internal.selfref")=<externalptr>
```

现在，可以使用 ezANOVA()函数并将输出结果分配给 anovaP1。务必注意，分解的分类预测变量是 island，而数字结果是 body_mass_g：

```
anovaP1 <- ezANOVA(
  data = aovPenguins,
  dv = body_mass_g,
  wid = ID,
  between = island,
  type = 3,
  detailed = TRUE,
  return_aov = TRUE)

## Warning: Data is unbalanced (unequal N per group). Make sure you
specified a well-considered value for the type argument to ezANOVA().

## Coefficient covariances computed by hccm()

print(anovaP1)

## $ANOVA
##         Effect DFn DFd      SSn       SSd        F          p p<.05
## 1 (Intercept)   1 148 2.049e+09 31528779 9.616e+03 1.533e-136   *
## 2      island   2 148 1.365e+04 31528779 3.205e-02 9.685e-01
##         ges
## 1 0.9848427
## 2 0.0004329
##
## $'Levene's Test for Homogeneity of Variance'
##    DFn DFd  SSn      SSd       F    p p<.05
```

```
## 1    2 148 16967 11425914 0.1099 0.896
##
## $aov
## Call:
##     aov(formula = formula(aov_formula), data = data)
##
## Terms:
##                  island Residuals
## Sum of Squares    13655   31528779
## Deg. of Freedom       2        148
##
## Residual standard error: 461.6
## Estimated effects may be unbalanced
```

在 print() 函数的输出中，可以观察到，该岛没有显著的 p 值(p=0.9685)。这就否定了存在 Adelie 企鹅可以享受无尽盛宴的理想岛屿(或者，所有的岛屿都同样充满了食物)。Levene 检验显示了不显著的 p 值 0.896，方差很可能是相等的(这很好)。

运行模型诊断可能有点矫枉过正。为了确认这一点，需检查 emmeans() 函数并查看 summary() 函数的结果。虽然 p 值在这个视图中并不重要，但值得注意的是，emmeans 值都非常接近：

```
anovaP1.means <- emmeans(object = anovaP1$aov,
                         specs = "island")

summary(anovaP1.means, infer = TRUE)

##  island    emmean   SE  df lower.CL upper.CL t.ratio p.value
##  Biscoe      3710 69.6 148     3572     3847  53.310  <.0001
##  Dream       3688 61.7 148     3567     3810  59.800  <.0001
##  Torgersen   3706 64.6 148     3579     3834  57.350  <.0001
##
## Confidence level used: 0.95
```

查看图 13-5 可以看到，所有这些置信区间都是重叠的。每个岛屿上的企鹅的体重根本没有区别：

```
plot(anovaP1.means) +
  xlab("body mass in grams") +
  ylab("islands") +
  coord_flip() +
  ggtitle("Estimated Means and 95% Confidence Intervals from One-Way
ANOVA")
```

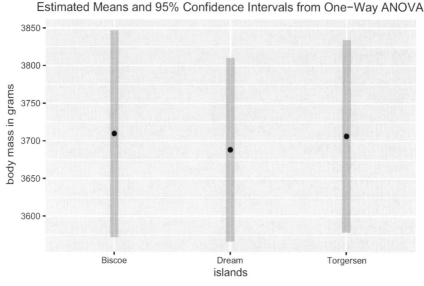

图 13-5   ANOVA 均值图

对 pairs()函数的简要观察证实了这一点。这些组对之间没有显著的 p 值：

```
pairs(anovaP1.means)
```

```
## contrast            estimate   SE   df  t.ratio  p.value
## Biscoe - Dream         21.27 93.0  148    0.229   0.9716
## Biscoe - Torgersen      3.29 95.0  148    0.035   0.9993
## Dream - Torgersen     -17.98 89.3  148   -0.201   0.9779

##
## P value adjustment: tukey method for comparing a family of 3 estimates
```

一旦熟悉了这些类型的分析，在 R 语言中检查假设就不需要花很长时间。在下一节中，将考虑具有两个自变量的示例。

13.4   多因素方差分析

多因素方差分析是具有多个自变量的方差分析，其中包括所有自变量的所有可能组合。这是一个包罗万象的术语，只要参数数量"不止一个"，就属于这一类。

13.4.1   示例一

示例一考虑压力类别(如 StressCat)和生理性别(如女性)，将女性编码为 1，男性为

0。ezANOVA()函数倾向于将所有预测变量存储为参数，因此，首先将女性转换为参数：

```
aovdata[, Female := factor(Female)]
```

要查看交叉因子结构，可以使用标准的 data.table 技术。特别可以通过 ".N" 列运算和合适的 "by =" 语句来计算每一对类别中研究参与者的数量：

```
aovdata[order(StressCat, Female),
        .N,
        by = .(StressCat, Female)]

##    StressCat Female  N
## 1:         0      0 26
## 2:         0      1 42
## 3:         1      0 13
## 4:         1      1 25
## 5:        2+      0 34
## 6:        2+      1 47
```

由于交叉分类因子非常常用，因此，R 语言有一个名为 xtabs()的特殊函数。该函数提供一个频率交叉表，使用熟悉的公式结构显示所有单元格中的人数(频数)。无论使用哪种方式，都需注意所有组合的单元格或行都是相同的值(例如，StressCat 为 1，Female 为 1 时为 25)：

```
xtabs(formula =  StressCat + Female,
      data = aovdata)

##          Female
## StressCat  0  1
##         0 26 42
##         1 13 25
##        2+ 34 47
```

结果显示，有些单元格的人数比其他单元格少，最小的单元格有 13 个人(压力类别为 1 的男性)，最大的单元格有 47 人(压力类别为 2+的女性)。

为了拟合双向(因为有两个自变量)方差分析，需要再次使用 ezANOVA()函数。代码与之前的示例几乎相同，只是在 between 参数中添加了 Female 作为另一个变量。可以再次输出结果：

```
anova2 <- ezANOVA(
  data = aovdata,
  dv = PosAff,
  wid = UserID,
  between = .(StressCat, Female),
  type = 3, detailed = TRUE,
```

```
               return_aov = TRUE)

## Warning: Data is unbalanced (unequal N per group). Make sure you
specified a well-considered value for the type argument to ezANOVA().

## Coefficient covariances computed by hccm()
```

print(anova2)

```
## $ANOVA
##              Effect DFn DFd       SSn   SSd         F      p p<.05
## 1      (Intercept)   1 181 1205.8395 205.5 1062.0816 1.186e-77    *
## 2        StressCat   2 181   15.8228 205.5    6.9682 1.215e-03    *
## 3           Female   1 181    0.6124 205.5    0.5394 4.636e-01
## 4 StressCat:Female   2 181    6.6638 205.5    2.9347 5.568e-02
##        ges
## 1 0.854394
## 2 0.071492
## 3 0.002971
## 4 0.031409
##
## $'Levene's Test for Homogeneity of Variance'
##   DFn DFd   SSn   SSd      F      p p<.05
## 1   5 181 1.378 73.52 0.6787 0.6401
##
## $aov
## Call:
##    aov(formula = formula(aov_formula), data = data)
##
## Terms:
##                 StressCat Female StressCat:Female Residuals
## Sum of Squares      17.46   0.01             6.66    205.50
## Deg.of Freedom          2      1                2       181
##
## Residual standard error: 1.066
## Estimated effects may be unbalanced
```

　　在主方差分析表结果中,现在可以看到 StressCat、Female 及其交互 StressCat:Female
的结果。交互项很接近,但在统计上并不显著, $p = 0.056$。
　　然而,与在第 12 章中看到的具有交互作用的多元回归不同,在因素方差分析中,
即使交互作用在统计上不显著,也不应放弃分析。此外,与多元回归不同,StressCat
和 Female 的结果不仅是在特定的调节值下的简单效应,而是捕获了该变量的整体主效
应,因此仍然可以解释它们。结果表明,独立于生理性别,积极影响的平均值在压力
类别之间存在显著差异。此外,也可以发现,生理性别没有主效应。效应量的度量 ges

可以粗略地解释为由压力类别的主效应、生理性别的主效应及两者的相互作用解释的总方差的比例。这些效应不是回归中的简单效应。

Levene 方差同质性检验的结果在统计上不显著，表明模型没有违反同质性假设。

再次使用 modelDiagnostics()函数查看图表以检查其他假设，可以发现，模型满足正态性假设和方差同质性假设，没有出现新的极值，如图 13-6 所示。

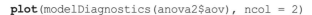

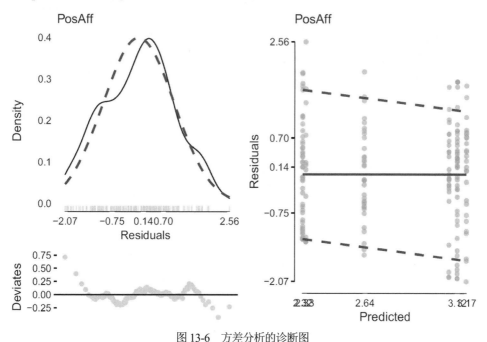

图 13-6　方差分析的诊断图

诊断完成后，可以继续获取估计均值并比较不同的组以查看差异所在。使用因素方差分析将会有很多可能的选项。接下来，将简要概述这些选项，并为每个选项提供一个示例。

- **A**：计算每个"单元格"中的平均值，即压力类别和生理性别的交叉点。分别比较女性和男性压力类别之间的差异。
- **B**：计算每个"单元格"中的平均值，即压力类别和生理性别的交叉点。分别比较每个压力类别的女性和男性之间的差异。
- **C**：计算每个压力类别的平均值，对不同生理性别计算平均值。比较压力类别的成对差异。
- **D**：计算每个生理性别类别的平均值，对不同压力类别计算平均值。比较生理性别类别的成对差异。

选项 A 和 B 都考虑了交互作用，然后将成对测试集中在不同的变量上。选项 C 和 D 都忽略了交互作用，侧重于每个自变量的主效应，考虑到交互作用在统计上不显著，这也不是没有道理的。

现在，查看每个选项的结果。为了明确选项，将把所有代码放在每个选项的组块中。

选项 A：计算每个"单元格"中的平均值，即压力类别和生理性别的交叉点。使用 emmeans()函数的 by = "Female"参数，分别比较女性和男性压力类别之间的差异：

```
anova2.meansA <- emmeans(object = anova2$aov,
                         specs = "StressCat",
                         by = "Female")

summary(anova2.meansA, infer = TRUE)

## Female = 0:
##  StressCat emmean    SE  df lower.CL upper.CL t.ratio p.value
##  0           3.17 0.209 181     2.75     3.58  15.153  <.0001
##  1           2.33 0.296 181     1.75     2.92   7.903  <.0001
##  2+          2.63 0.183 181     2.27     3.00  14.420  <.0001
##
## Female = 1:
##  StressCat emmean    SE  df lower.CL upper.CL t.ratio p.value
##  0           3.12 0.164 181     2.79     3.44  18.969  <.0001
##  1           3.07 0.213 181     2.65     3.50  14.426  <.0001
##  2+          2.32 0.155 181     2.01     2.63  14.922  <.0001
##
## Confidence level used: 0.95
```

图 13-7 中的均值图有一个单独的女性和男性面板，x 轴为压力类别，y 轴为积极影响。可以观察到，按压力类别划分的平均积极影响模式略有不同，男性对压力类别 1 的积极影响最低，女性对压力类别 2+的积极影响最低：

```
plot(anova2.meansA) +
  xlab("Positive Affect") +
  ylab("Stress Category") +
  coord_flip() +
  ggtitle("Estimated Means and 95% Confidence Intervals from Factorial
  ANOVA")
```

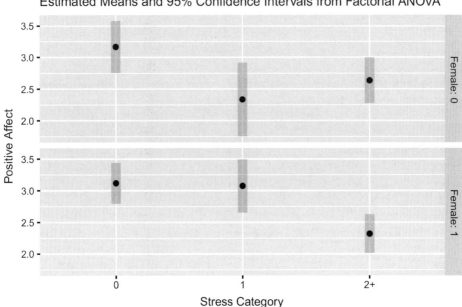

图 13-7　因素方差分析平均数图表——选项 A

在成对比较中，男性(Female = 0)压力类别成对比较均在统计学不显著，女性(Female = 1)压力类别 2+的积极影响显著低于压力类别 0 和 1(两者的 p 值都≤0.01)。

```
pairs(anova2.meansA)

## Female = 0:
##  contrast estimate    SE  df t.ratio p.value
##  0 - 1      0.8311 0.362 181   2.296  0.0589
##  0 - (2+)   0.5314 0.278 181   1.914  0.1375
##  1 - (2+)  -0.2997 0.347 181  -0.863  0.6646
##
## Female = 1:
##  contrast estimate    SE  df t.ratio p.value
##  0 - 1      0.0445 0.269 181   0.165  0.9850
##  0 - (2+)   0.7996 0.226 181   3.534  0.0015
##  1 - (2+)   0.7551 0.264 181   2.863  0.0130
##
## P value adjustment: tukey method for comparing a family of 3 estimates
```

选项 B：计算每个"单元格"中的平均值，即压力类别和生理性别的交叉点。使用 emmeans()函数的 by = "StressCat"参数分别比较每个压力类别的女性和男性之间的差异：

```
## calculate the estimated means
anova2.meansB <- emmeans(object = anova2$aov,
                         specs = "Female",
                         by = "StressCat")

## print the means
summary(anova2.meansB, infer = TRUE)

## StressCat = 0:
##  Female emmean    SE  df lower.CL upper.CL t.ratio p.value
##  0        3.17 0.209 181     2.75     3.58  15.153  <.0001
##  1        3.12 0.164 181     2.79     3.44  18.969  <.0001
##
## StressCat = 1:
##  Female emmean    SE  df lower.CL upper.CL t.ratio p.value
##  0        2.33 0.296 181     1.75     2.92   7.903  <.0001
##  1        3.07 0.213 181     2.65     3.50  14.426  <.0001
##
## StressCat = 2+:
##  Female emmean    SE  df lower.CL upper.CL t.ratio p.value
##  0        2.63 0.183 181     2.27     3.00  14.420  <.0001
##  1        2.32 0.155 181     2.01     2.63  14.922  <.0001
##
## Confidence level used: 0.95
```

图 13-8 中的均值图针对每个压力类别都有一个单独的面板，x 轴为生理性别，y 轴为积极影响。可以观察到，按压力类别划分的平均积极影响模式略有不同。注意，这些实际上与选项 A 中的均值和置信区间相同，只是进行了重新排列，以不同的布局呈现：

```
plot(anova2.meansB) +
  xlab("Positive Affect") +
  ylab("Female") +
  coord_flip() +
  ggtitle("Estimated Means and 95% Confidence Intervals from Factorial
ANOVA")
```

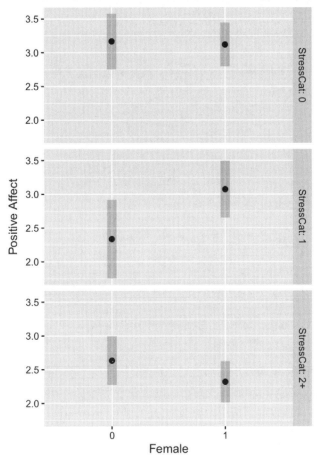

图 13-8　因素方差分析平均数图表——选项 B

在成对比较中，确认当压力类别为 1 ($p = 0.040$)时，男性和女性在积极影响方面有显著差异。其模式为，当压力类别为 1 时，男性的积极影响低于女性：

```
pairs(anova2.meansB)
## StressCat = 0:
##  contrast estimate     SE  df t.ratio p.value
##  0 - 1      0.0477 0.266 181   0.180  0.8577
##
## StressCat = 1:
##  contrast estimate     SE  df t.ratio p.value
##  0 - 1     -0.7389 0.364 181  -2.028  0.0440
##
## StressCat = 2+:
```

```
## contrast estimate   SE  df t.ratio p.value
## 0 - 1       0.3159 0.240 181  1.317  0.1896
```

选项 C: 计算每个压力类别的平均值, 对不同生理性别计算平均值。比较压力类别的成对差异。

这个选项是根据生理性别的均值的成对比较, 由此可得知压力类别的影响:

```
anova2.meansC <- emmeans(object = anova2$aov,
                         specs = "StressCat",
                         by = NULL)

## NOTE: Results may be misleading due to involvement in interactions

summary(anova2.meansC, infer = TRUE)

## StressCat emmean    SE  df lower.CL upper.CL t.ratio p.value
## 0           3.14 0.133 181    2.88     3.40  23.639  <.0001
## 1           2.70 0.182 181    2.35     3.06  14.848  <.0001
## 2+          2.48 0.120 181    2.24     2.71  20.652  <.0001
##
## Results are averaged over the levels of: Female
## Confidence level used: 0.95
```

这些均值均不会与选项 A 或 B 中的均值完全相同, 因为单个单元格均值已经被折叠, 得到的这些均值是"边际"均值, 因为它们位于表格平均的"边际"上。

图 13-9 中的均值图现在仅显示按压力类别划分的均值, 未按生理性别划分。可以看到, 总体而言, 随着压力类别的增加, 积极影响会下降:

```
plot(anova2.meansC) +
  xlab("Positive Affect") +
  ylab("Stress Category") +
  coord_flip() +
  ggtitle("Estimated Means and 95% Confidence Intervals, averaged across
  sex")
```

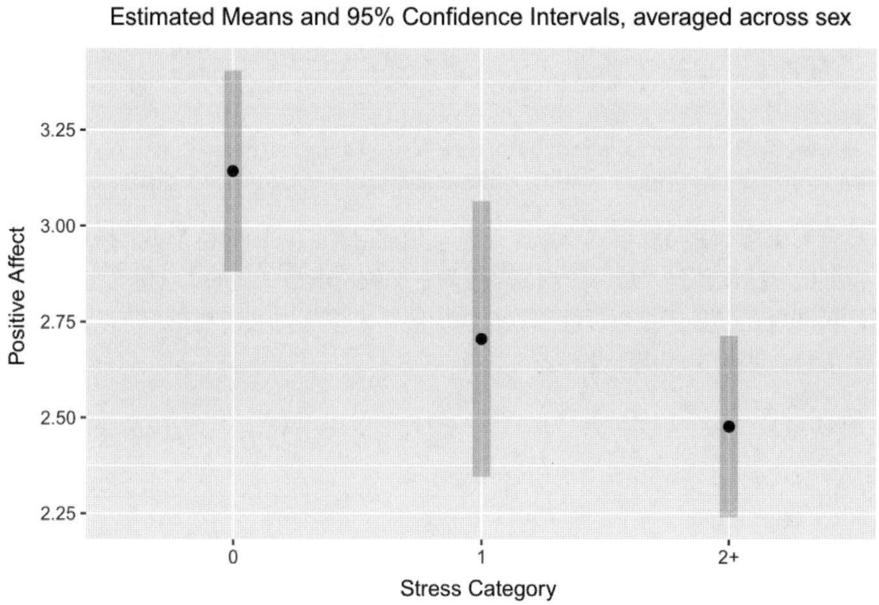

Estimated Means and 95% Confidence Intervals, averaged across sex

图 13-9　因素方差分析平均数图表——选项 C

　　成对比较表明，总体而言，只有压力类别 0 和 2+在统计上存在显著差异，其他成对比较未达到统计显著性：

```
pairs(anova2.meansC)
```

```
##   contrast  estimate    SE   df  t.ratio  p.value
##   0 - 1       0.438  0.226  181   1.941    0.1301
##   0 - (2+)    0.665  0.179  181   3.717    0.0008
##   1 - (2+)    0.228  0.218  181   1.044    0.5502
##
## Results are averaged over the levels of: Female
## P value adjustment: tukey method for comparing a family of 3 estimates
```

　　选项 D：计算每个生理性别类别的平均值，对不同压力类别计算平均值。比较生理性别类别的成对差异。

　　这个选项是根据压力类别的平均值的成对比较，从而得知生理性别的影响：

```
anova2.meansD <- emmeans(object = anova2$aov,
                         specs = "Female",
                         by = NULL)
```

```
## NOTE: Results may be misleading due to involvement in interactions
```

```
summary(anova2.meansD, infer = TRUE)
```

```
##  Female emmean    SE  df lower.CL upper.CL t.ratio p.value
##  0          2.71 0.135 181     2.45     2.98  20.069  <.0001
##  1          2.84 0.104 181     2.63     3.04  27.387  <.0001
##
## Results are averaged over the levels of: StressCat
## Confidence level used: 0.95
```

这些均值均不会与选项 A 或 B 中的均值完全相同，因为单个单元格均值已被折叠，得到的这些均值是"边际"均值，因为它们位于表格平均的"边际"上。图 13-10 中的均值图现在仅显示按生理性别划分的均值，未按压力类别划分。可以看到，总体而言，女性的积极影响高于男性：

```
plot(anova2.meansD) +
  xlab("Positive Affect") +
  ylab("Female") +
  coord_flip() +
  ggtitle("Estimated Means and 95% Confidence Intervals, averaged across
  stress category")
```

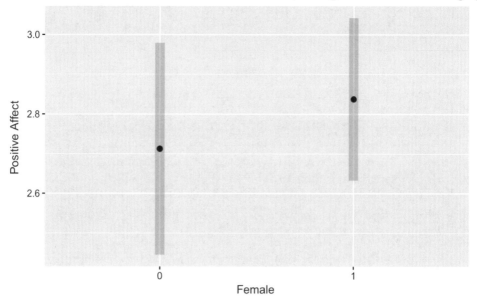

图 13-10　因素方差分析平均数图表——选项 D

女性和男性的成对比较显示，虽然平均值并不完全相同，但在统计上并无显著差异：

```
pairs(anova2.meansD)
```

```
## contrast estimate   SE  df t.ratio p.value
```

```
## 0 - 1       -0.125 0.17 181 -0.735  0.4636
##
## Results are averaged over the levels of: StressCat
```

这就是因素方差分析的全部内容。在实践中，人们不会计算和报告估计均值和成对比较的所有选项(A~D)。但是，本书为完整起见，展示了所有这些选项，并显示了所有可能的情况。通常，人们会选择一个或两个最容易解释且适合数据的选项。

例如，如果交互作用在统计学上不显著，则关注选项C或D可能是有意义的。如果交互作用显著，则一个变量的平均值可能没有意义，因此最好从A和B选项中选择。但这些选项其实是同一种手段，只是排列不同，分析数据的人可以自行选择展示结果的最佳方式。

13.4.2　示例二

在本书的最后，将介绍有关企鹅的更多信息。已经能确定，岛屿的不同不能解释体重的差异，现在决定尝试不同的物种和生理性别。假设企鹅的体重(以克为单位)可以通过物种和性别来预测。这种类型的方差分析需要因子预测变量(因此称为因素方差分析)。通过 str()函数快速查看企鹅数据集，可以发现，这两个变量已经是因子了。这是一个好的开始：

```
str(penguinsData)

## Classes 'data.table' and 'data.frame': 344 obs. of 8 variables:
##  $ species          : Factor w/ 3 levels "Adelie","Chinstrap",.. : 1 1 1
##                       1 1 1 1 1 1 ...
##  $ island           : Factor w/ 3 levels "Biscoe","Dream",..: 3 3 3 3
##                       3 3 3 3 3 ...
##  $ bill_length_mm   : num 39.1 39.5 40.3 NA 36.7 39.3 38.9 39.2 34.1 42 ...
##  $ bill_depth_mm    : num 18.7 17.4 18 NA 19.3 20.6 17.8 19.6 18.1 20.2 ...
##  $ flipper_length_mm: int 181 186 195 NA 193 190 181 195 193 190 ...
##  $ body_mass_g      : int 3750 3800 3250 NA 3450 3650 3625 4675 3475
##                       4250 ...
##  $ sex              : Factor w/ 2 levels "female","male": 2 1 1 NA 1 2 1
##                       2 NA NA ...
##  $ year             : int 2007 2007 2007 2007 2007 2007 2007 2007 2007
##                       2007 ...
##  - attr(*, ".internal.selfref")=<externalptr>
```

现在需要排除缺失值。由于这次需要考虑所有企鹅物种，因此之前示例中的数据集不会起任何作用。使用 is.na()函数的行选择操作和求反(即 !)，可以删除任何缺少一种或多种关于体重、物种或性别数据的企鹅数据：

```
aovPenguinsFull <- penguinsData[!is.na(body_mass_g) &
                                !is.na(species) &
                                !is.na(sex)]
```

前面提到，ezANOVA()函数需要一个 ID 变量(必须是一个因子)。再次使用之前的解决方案，将 ID 列添加到数据集中：

```
aovPenguinsFull[ , ID := 1:.N]
aovPenguinsFull[, ID := factor(ID)]
```

使用 xtabs()函数，可以发现，频率交叉表中似乎有很多物种的企鹅：

```
xtabs(formula =   species + sex,
      data = aovPenguinsFull)


##           sex
## species    female male
##   Adelie       73   73
##   Chinstrap    34   34
##   Gentoo       58   61
```

下面是对前面示例中代码的简单重新利用。替换一些变量就可以得到一个双向因素方差分析：

```
anovaP2 <- ezANOVA(
  data = aovPenguinsFull, dv = body_mass_g,
  wid = ID,
  between = .(species, sex),
  type = 3, detailed = TRUE,
  return_aov = TRUE)

## Warning: Data is unbalanced (unequal N per group). Make sure you
specified a well-considered value for the type argument to ezANOVA().

## Coefficient covariances computed by hccm()
```

print(anovaP2)

```
## $ANOVA
##           Effect DFn DFd       SSn       SSd         F        p p<.05
## 1 (Intercept)   1 327 5.233e+09 31302628 54661.828  0.000e+00     *
## 2     species   2 327 1.430e+08 31302628   746.924 1.185e-122     *
## 3         sex   1 327 2.985e+07 31302628   311.838   1.761e-49     *
## 4 species:sex   2 327 1.677e+06 31302628     8.757   1.973e-04     *
##         ges
## 1 0.99405
## 2 0.82041
```

```
## 3 0.48813
## 4 0.05084
##
## $'Levene's Test for Homogeneity of Variance'
##   DFn DFd   SSn      SSd     F      p p<.05
## 1   5 327 240535 11310528 1.391 0.2272
##
## $aov
## Call:
##    aov(formula = formula(aov_formula), data = data)
##
## Terms:
##                    species       sex species:sex Residuals
## Sum of Squares 145190219 37090262      1676557 31302628
## Deg.of Freedom         2         1            2       327
##
## Residual standard error: 309.4
## Estimated effects may be unbalanced
```

与前面的示例不同，交互项 species:sex 在 $\alpha = 0.05$ 时也很显著，很显然需要保留这一项。现在已经了解到物种之间的差异部分取决于性别。

回顾 Levene 检验法，理想情况下，p 值是不显著的。本例中显示的就是理想情况。

查看图 13-11，可以看到左下方没有异常值，偏差大多在线上，右侧大致平行。一切似乎符合预期：

```
plot(modelDiagnostics(anovaP2$aov), ncol = 2)
```

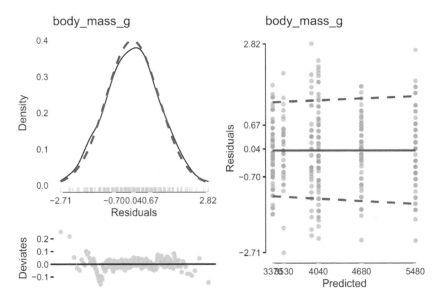

图 13-11　方差分析的诊断图

因为交互项显著，所以可以选择前面示例中讨论的选项 A 或 B 中的一个。现在使用 A 模型，在该模型中计算每个单独"单元格"的平均值，即物种和生理性别的交叉。现在，分别比较雌性和雄性物种(如 Adelie、Chinstrap 和 Gentoo)之间的差异。

```
anovaP2.meansA <- emmeans(object = anovaP2$aov,
                          specs = "species",
                          by = "sex")
summary(anovaP2.meansA, infer = TRUE)

## sex = female:
##  species   emmean   SE  df lower.CL upper.CL t.ratio p.value
##  Adelie      3369 36.2 327     3298     3440  93.030  <.0001
##  Chinstrap   3527 53.1 327     3423     3632  66.470  <.0001
##  Gentoo      4680 40.6 327     4600     4760 115.190  <.0001
##
## sex = male:
##  species   emmean   SE  df lower.CL upper.CL t.ratio p.value
##  Adelie      4043 36.2 327     3972     4115 111.660  <.0001
##  Chinstrap   3939 53.1 327     3835     4043  74.230  <.0001
##  Gentoo      5485 39.6 327     5407     5563 138.460  <.0001
##
## Confidence level used: 0.95
```

与往常一样，虽然可以以数值形式进行总结(从数值可以观察到 p 值很显著)，但图表通常能更直观地展现结果。在图 13-12 中，可以观察到物种和性别之间的相互作用。从图表中可以看出，雄性 Gentoo 企鹅的体重比其他物种大得多，甚至比雌性 Gentoo 企鹅还要大。正是物种和性别的结合使得 Gentoo 企鹅的雄性体型如此庞大：

```
plot(anovaP2.meansA) +
  xlab("Body Mass") +
  ylab("species") + coord_flip() +
  ggtitle("Estimated Means and 95% Confidence Intervals from Factorial
ANOVA")
```

在成对比较中，除 Adelie 和 Chinstrap 雄性外，其余均存在显著差异。在图 13-12 中，可以看到 Adelie 和 Chinstrap 雄性都非常接近 4000 这条线：

```
pairs(anovaP2.meansA)

## sex = female:
##  contrast           estimate   SE  df t.ratio p.value
##  Adelie - Chinstrap     -158 64.2 327  -2.465  0.0377
##  Adelie - Gentoo       -1311 54.4 327 -24.088  <.0001
##  Chinstrap - Gentoo    -1152 66.8 327 -17.246  <.0001
```

```
##
## sex = male:
##  contrast             estimate   SE   df t.ratio p.value
##  Adelie - Chinstrap        104 64.2  327   1.627 0.2357
##  Adelie - Gentoo         -1441 53.7  327 -26.855 <.0001
##  Chinstrap - Gentoo      -1546 66.2  327 -23.345 <.0001
##
## P value adjustment: tukey method for comparing a family of 3 estimates
```

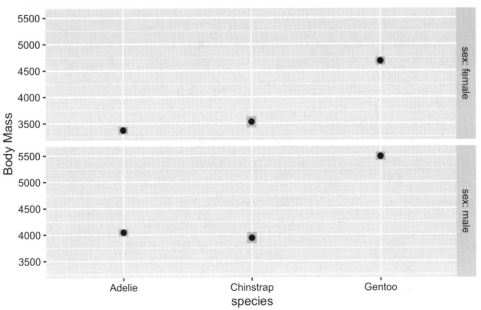

图 13-12　因素方差分析平均数图表——选项 A

截至目前，已经找到了一个预测企鹅体重的好方法。

13.5　总结

　　随着本章对方差的单向和双向(因素)分析的探索，本书也将告一段落。与大多数事情一样，练习得越多，就越能流利地使用这些不同的分析技术。更重要的是，现在你可以像数据科学家一样思考，且通过对本书内容的了解，已经对 RStudio 和 R 语言非常熟悉。

特别是，现在已经发现 R 语言遵循的是一个通用框架。相同的公式"="参数是计算统计模型函数的常见特点。难点在于需要了解如何选择和使用恰当的模型。这在一定程度上是通过练习和反复巩固来实现的。重读这本书时，可能会注意到更有意义的细节和假设。

从现在开始，在研究数据时，可以考虑采用两条相关但可能不同的路径，如果需要对模型背后的假设和数学高度精通，那么正式研究统计理论是很有价值的。这条路的尽头是微积分的学习。另一条路则是继续 R 语言之旅。许多 R 语言专家的知识背景不属于数学、计算机科学或统计学的特定领域。尽管如此，他们仍能够通过在 CRAN上使用许多 R 语言程序包来做一些相当惊人的科学研究。

好消息是，可以选择其中一条或两条路径(并在它们之间随意转换)。本书作者之一是接受过正规编程课程训练的数学家，另一位则是心理学家，他在 CRAN 上创建了多个 R 语言的程序包。R 语言社区有一个非常好的特性，就是它欢迎所有的终身学习者并拥有自己的多样性。

表 13-1 是本章所学知识的总结。

表 13-1　章总结

条目	概念
ezANOVA()	函数拟合单向和因素方差分析
emmeans()	根据方差分析估计单元格或边际均值
xtab()	显示两个或多个类别之间的汇总计数

13.6　练习与融会贯通

本节将通过一些练习题来检查你的进步与成长。理论核查部分会提出批判性思维的问题，最好用书面方式或口头方式来解答。统计学的美妙之处在于将结果成功地传达给利益相关者或者其他听众。有时这些听众非常专业，有时则不是。练习题部分则对本章探讨过的概念进行更直接的应用。

13.6.1　理论核查

1. 在方差分析中，如果交互作用不显著，是否需要将其删除?
2. 方差分析的预测变量可以是比率数据吗?

13.6.2　练习题

1. 能不能将最后一个示例中的物种换成岛屿? 试验一下，看看会发生什么。

2. 重做最后一个关于企鹅物种和生理性别的示例，但是用鳍状肢长度代替体重。现在能得到什么结果？选项 A、B、C 和 D(考虑倒数第二个示例)中的哪一种是最恰当的探索途径？

3. 重做最后一个关于企鹅物种和生理性别的示例，但是用喙的深度代替体重。现在能得到什么结果？选项 A、B、C 和 D(考虑倒数第二个示例)中的哪一种是最恰当的探索途径？

参考文献

[1] Motor trend car road tests. Motor Trend, 1974.

[2] Comprehensive R Archive Network CRAN, Accessed February 15, 2020.

[3] Texas Dept. of State Health Services, Accessed February 16, 2020.

[4] American Community Survey (ACS) Summary File, Accessed February 29, 2020.

[5] Leona S. Aiken and Stephen G. West. Multiple regression: Testing and interpreting interactions. Sage, 1991.

[6] Heds 1 at English Wikipedia/Public domain. The Normal Distribution, Accessed July 16, 2020.

[7] Patrick Breheny and Woodrow Burchett. Visualization of regression models using visreg. The R Journal, 9(2):56–71, 2017.

[8] Jacob Cohen. Statistical Power Analysis for the Behavioral Sciences. Lawrence Erlbaum Associates, USA, 1988.

[9] Matt Dowle and Arun Srinivasan. data.table: Extension of 'data.frame', 2019. R package version 1.12.8.

[10] Richard Iannone. DiagrammeR: Graph/Network Visualization, 2020. R package version 1.0.6.1.

[11] Gorman KB, Williams TD, and Fraser WR. Ecological sexual dimorphism and environmental variability within a community of antarctic penguins (genus pygoscelis). PLoS ONE, 9(3)(e90081):–13, 2014.

[12] Michael A. Lawrence. ez: Easy Analysis and Visualization of Factorial Experiments, 2016. R package version 4.4-0.

[13] Russell Lenth. emmeans: Estimated Marginal Means, aka Least-Squares Means, 2020. R package version 1.4.6.

[14] Jeroen Ooms. writexl: Export Data Frames to Excel 'xlsx' Format, 2019. R package version 1.2.

[15] R Core Team. R: A Language and Environment for Statistical Computing. R Foundation for Statistical Computing, Vienna, Austria, 2019.

[16] R Core Team. R: A Language and Environment for Statistical Computing. R

Foundation for Statistical Computing, Vienna, Austria, 2020.

[17] Hadley Wickham. ggplot2: Elegant Graphics for Data Analysis. Springer-Verlag New York, 2016.

[18] Hadley Wickham and Jennifer Bryan. readxl: Read Excel Files, 2019. R package version 1.3.1.

[19] Hadley Wickham and Evan Miller. haven: Import and Export 'SPSS', 'Stata' and 'SAS' Files, 2019. R package version 2.2.0.

[20] Joshua F. Wiley. extraoperators: Extra Binary Relational and Logical Operators, 2019. R package version 0.1.1.

[21] Joshua F. Wiley. JWileymisc: Miscellaneous Utilities and Functions, 2020. R package version 1.1.1.

[22] M. Wiley and J. F. Wiley. Advanced R Statistical Programming and Data Models: Analysis, Machine Learning, and Visualization. Apress, 2019.

[23] M. Wiley and J. F. Wiley. Advanced R 4 Data Programming and the Cloud: Using PostreSQL, AWS, and Shiny. Apress, 2020.

[24] Yang Yap, Danica C. Slavish, Daniel J. Taylor, Bei Bei, and Joshua F. Wiley. Bi-directional relations between stress and self-reported and actigraphy-assessed sleep: a daily intensive longitudinal study. Sleep, 43(3):zsz250, 2020.